U0269222

计算机组成原理

（第2版）

谷　赫　主编

邹凤华　李念峰　戴银飞　冯　萍　副主编

清华大学出版社

北　京

内 容 简 介

本书系统地介绍了计算机各组成部件的工作原理、逻辑实现、设计方法，以及相互连接构成整机系统的相关问题。全书共8章：计算机系统概论、运算方法和运算器、存储器、指令系统、中央处理器、总线系统、外围设备、输入输出系统。

本书概念清晰、深入浅出、通俗易懂，同时又具有一定的理论高度，贴近当前的新技术和新思想，内容安排符合教学规律，具有广泛的适应层面。书中例题由浅入深，具有实用性、典型性，并力求与当代计算机技术紧密结合。

本书可作为工科院校专科生、本科生计算机专业教材，也可作为其他科技人员的参考书。

图书在版编目（CIP）数据

计算机组成原理 / 谷赫主编. -- 2版. -- 北京：清华大学出版社，2025. 2. --（21世纪高等学校系列教材）. -- ISBN 978-7-302-68317-9

Ⅰ. TP301

中国国家版本馆 CIP 数据核字第 20258AB710 号

责任编辑：贾　斌
封面设计：傅瑞学
责任校对：韩天竹
责任印制：丛怀宇

出版发行：清华大学出版社
　　　　网　　　址：https://www.tup.com.cn，https://www.wqxuetang.com
　　　　地　　　址：北京清华大学学研大厦 A 座　　　　　　　邮　　编：100084
　　　　社 总 机：010-83470000　　　　　　　　　　　　　　邮　　购：010-62786544
　　　　投稿与读者服务：010-62776969，c-service@tup.tsinghua.edu.cn
　　　　质量反馈：010-62772015，zhiliang@tup.tsinghua.edu.cn
　　　　课件下载：https://www.tup.com.cn，010-83470236
印 装 者：三河市君旺印务有限公司
经　　销：全国新华书店
开　　本：185mm×260mm　　　印　张：19　　　　　　　字　数：477 千字
版　　次：2013 年 1 月第 1 版　2025 年 2 月第 2 版　　　印　次：2025 年 2 月第 1 次印刷
印　　数：1～1500
定　　价：59.00 元

产品编号：104729-01

"计算机组成原理"是高等学校计算机科学与技术专业及其他相关专业的一门核心专业基础课程,也是非计算机专业的学生学习和掌握计算机应用技术的一门专业基础课程。从课程地位来说,它在先导课和后继课之间起着承上启下的作用。自 2009 年起,"计算机组成原理"成为计算机类专业研究生入学考试的全国统考课程,更加奠定了该课程的核心地位。为适应人才培养和研究生入学考试的需要,本书以全国硕士研究生入学统一考试中"计算机组成原理"综合考试大纲为依据,在参考国内外高校使用的教材和文献的基础上,结合编者多年教学经验编写而成。该教材着力于提高大学生的学习能力、实践能力和创新能力,培养造就具有较强综合能力的人才,通过本教材的学习,学生能够比较系统地掌握计算机的组成结构和工作原理,能够运用所学的基本原理和方法分析、判断和解决相关理论和实际问题。

本教材共分为 8 章,各章内容如下。

第 1 章计算机系统概论,介绍了计算机的分类、发展及层次结构,并对冯·诺依曼计算机硬件结构中的各组成部分进行了概要介绍,为以后章节的学习打下了基础。

第 2 章运算方法与运算器,从数的表示格式出发,详细介绍了机器码的表现形式,定点数与浮点数的表示,二进制数的运算法则以及运算器的组成。

第 3 章内部存储器,介绍了存储器的分类、层次结构和技术指标,主存储器工作原理,存储器与 CPU 的连接方法,并行存储器,高速缓冲存储器,以及由各种存储器组成多级存储系统的工作原理。

第 4 章指令系统,主要介绍了指令格式及指令的寻址方式,常见指令的分类、CISC 和 RISC 指令的特点。

第 5 章中央处理器,CPU 设计是计算机组成原理课程中的重要组成部分,此处介绍了 CPU 的组成及其功能、指令的执行过程、时序及微操作信号的产生,并对控制器的组合逻辑实现方法和微程序实现方法进行了说明,通过这一章的学习,读者可以形成 CPU 的完整概念和设计方法。

第 6 章总线系统,介绍了总线的概念与分类、输入输出的基本控制方式、计算机总线、主机与外围设备之间的连接方式。

第 7 章外围设备,介绍了除 CPU 与存储器以外的常用外围设备的工作原理。

第 8 章输入/输出系统,介绍了输入/输出的基本控制方式,各方式的特点及逻辑实现方法。

本课程的参考教学时数为 60～70。在教学顺序上,可按编写顺序讲授,即计算机如何运算、如何存储信息、如何执行指令、如何连接输入/输出子系统以构成整体系统;也可将存储器一章放在 CPU 之后讲授,即先建立 CPU 整体概念,再构造主机与系统的连接。

本书由谷赫担任主编,负责第 1 章、第 2 章、第 4 章、第 6 章、第 8 章的编写以及全书统稿。邹凤华负责第 3 章、第 5 章的编写工作,李念峰负责第 7 章的编写及教材审核工作。戴银飞、冯萍负责习题编写、资源提供及线上教材资源库的建设。

限于时间和编者水平,本书在选材和对理论及先进技术的理解上可能有不妥之处,敬请读者批评指正。衷心希望本教材能够为我国高等院校计算机科学与技术等专业的教学作出贡献,欢迎广大读者广为选用。

编　者

2024 年 12 月

目　录

第 1 章

计算机系统概论

　　"计算机组成原理"课程的主要教学目的是建立对计算机系统的整体概念,以及各部分的基本组成。计算机系统不同于一般的电子设备,它是一个由硬件、软件组成的复杂的自动化设备。本章首先介绍计算机的分类及发展过程,然后阐明冯·诺依曼计算机的体系结构,最后指出衡量计算机性能的主要技术指标及计算机系统的层次结构。

1.1 计算机的分类

　　电子计算机按照处理的数据类型可以分为"模拟计算机"和"数字计算机"。

　　电子模拟计算机所处理的电信号在时间上是连续的(称为模拟量),采用的是模拟技术。"模拟"就是相似的意思,例如计算尺是用长度来标识数值;时钟是用指针在表盘上转动来表示时间;电表是用角度来反映电量大小,这些都是模拟计算装置。模拟计算机的特点是数值由连续量来表示,运算过程也是连续的。

　　电子数字计算机所处理的电信号在时间上是离散的(称为数字量),采用的是数字技术。它是在算盘的基础上发展起来的,用数目字来表示数量的大小。数字计算机的主要特点是按位运算,并且不连续地跳动计算。计算机将信息数字化之后具有易保存、易表示、易计算、方便硬件实现等优点,所以数字计算机已成为信息处理的主流。表 1.1 列出了电子数字计算机与电子模拟计算机的主要区别。

表 1.1　数字计算机与模拟计算机的主要区别

比 较 内 容	数字计算机	模拟计算机
数据表示方式	数字 0 和 1	电压
计算方式	数字计算	电压组合和测量值
控制方式	程序控制	盘上连线
精度	高	低
数据存储量	大	小
逻辑判断能力	强	无

　　电子模拟计算机由于精度和解题能力都有限,所以应用范围较小。电子数字计算机则与模拟计算机不同,它是以近似于人类的"思维过程"来进行工作的,所以有人把它叫作"电脑"。它的发明和发展是 20 世纪人类最伟大的科学技术成就之一,也是现代科学技术发展水平的主要标志。习惯上所称的电子计算机,一般是指现在广泛应用的电子数字计算机。

　　数字计算机按其用途又可分为专用计算机和通用计算机。专用和通用是根据计算机的效率、速度、价格、运行的经济性和适应性来划分的。通用计算机具有功能强、兼容性强、应用面广、操作方便等优点,通常使用的计算机都是通用计算机。专用计算机一般功能单一,操作复杂,用于完成特定的工作任务。专用机是最有效、最经济和最快速的计算机,但是它的适应性很差。通用计算机适应范围很广,但是牺牲了效率、经济性和速度。

　　按照1980年由IEEE科学巨型机委员会提出的运算速度分类法,通用计算机又可分巨型机、大型机、中型机、小型机、工作站和微型机六类,它们的区别在于体积、简易性、功率损耗、性能指标、数据存储容量、指令系统规模,它们之间的关系如图1.1所示。

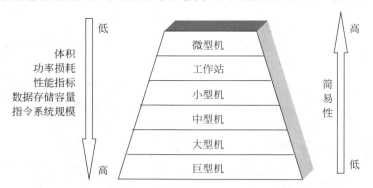

图1.1　巨型机、大型机、中型机、小型机、工作站、微型机的区别

1. 巨型机

　　研究巨型机是现代科学技术,尤其是国防尖端技术发展的需要。巨型机的特点是运算速度快、存储容量大。目前世界上只有少数几个国家能生产巨型机。中国第一台每秒运算一亿次以上的"银河"巨型计算机,1983年由国防科技大学计算机研究所在长沙研制成功。它填补了国内巨型计算机的空白,标志着中国进入了世界研制巨型计算机的行列。目前我国的巨型机有银河系列、天河系列、曙光系列、神威系列等,主要用于核武器、空间技术、大范围天气预报、石油勘探等领域。

2. 大型机

　　大型机的特点表现在通用性强、具有很强的综合处理能力、性能覆盖面广,主要应用在公司、银行、政府部门、社会管理机构和制造厂家等,通常人们称大型机为企业计算机。大型机在未来将被赋予更多的使命,如大型事务处理、企业内部的信息管理与安全保护、科学计算等。

3. 中型机

中型机是介于大型机和小型机之间的一种机型。

4. 小型机

　　小型机规模小,结构简单,设计周期短,便于及时采用先进工艺。这类机器可靠性高,对运行环境要求低,易于操作且便于维护。小型机符合部门性的要求,为中小型企业事业单位所常用。具有规模较小、成本低、维护方便等优点。

5．工作站

工作站是一种高档微机系统。它具有较高的运算速度，具有大小型机的多任务、多用户功能，且兼具微型机的操作便利和良好的人机界面，它可以连接多种 I/O 设备。它具有易于联网、处理功能强等特点。其应用领域也已从最初的计算机辅助设计扩展到商业、金融、办公领域，并充当网络服务器的角色。

6．微型机

微型机又称个人计算机（Personal Computer，PC），它是日常生活中使用最多、最普遍的计算机，具有价格低廉、性能强、体积小、功耗低等特点。现在微型计算机已进入到了千家万户，成为人们工作、生活的重要工具。

随着超大规模集成电路的迅速发展，微型机、工作站等彼此之间的概念也在发生变化，因为今天的工作站可能就是明天的微型机，而今天的微型机可能就是明天的单片机。

1.2 计算机的发展

世界上第一台电子数字计算机是 1946 年在美国宾夕法尼亚大学研制而成的。在第二次世界大战期间，美国宾夕法尼亚大学的物理学家约翰·莫克利（John Mauchly）参与了马里兰州阿伯丁试验基地的火力射程表的编制工作，当时虽然使用了一台布什微分分析仪，并且雇用了 100 名年轻助手做辅助人工计算，但是速度仍很慢，而且错误百出。形势促使莫克利与工程师普雷斯伯·埃克特（Presper Eckert）一起加快了研究新的计算工具的步伐。他们第一次采用电子管作为计算机的基本部件。1946 年 2 月 15 日，第一台全自动计算机 ENIAC（即"电子数学积分计算机"）正式交付使用，它有 5 种功能：①每秒 5000 次加法运算；②每秒 50 次乘法运算；③平方和立方计算；④sin 和 cos 函数数值运算；⑤其他更复杂的计算。到 1955 年 10 月最后切断电源，ENIAC 服役长达 9 年。该台计算机使用了 18800 个电子管，占地 $170m^2$，重达 30t，功率 140kW，价格 140 万美元，真可谓"庞然大物"。尽管这台机器只有少数专家才会使用，但它把过去借助台式计算器需 7～20h 才能计算出的一条发射弹道轨迹的工作量缩短到只用 30s，使科学家们从奴隶般的计算中解放出来。至今人们仍公认，ENIAC 的问世，表明了电子数字计算机时代的到来，具有划时代的伟大意义，是科学技术发展史上的重大里程碑。

自这台计算机问世 70 多年来，从使用的器件角度来说，计算机的发展大致经历了五代的变化：

第一代为 1946—1957 年，电子管计算机，计算机运算速度为每秒几千次至几万次。第一代计算机的特点是体积庞大、成本很高、可靠性较低。操作指令是为特定任务而编制的，每种机器有各自不同的机器语言，功能受到限制，速度也慢。另一个明显特征是使用真空电子管和磁鼓存储数据。但在此期间，形成了计算机的基本体系，确定了程序设计的基本方法，数据处理机开始得到应用。

第二代为 1958—1964 年，晶体管计算机。运算速度提高到每秒几万次至几十万次，可靠性提高、体积缩小、成本降低。在此期间,工业控制机开始得到应用。

1948 年,晶体管的发明大大促进了计算机的发展,晶体管代替了体积庞大的电子管,电子设备的体积不断减小。1956 年晶体管在计算机中被使用,晶体管和磁芯存储器导致了第二代计算机的产生。第二代计算机体积小、速度快、功耗低、性能更稳定。首先使用晶体管技术的是早期的超级计算机,主要用于原子科学的大量数据处理,这些机器价格昂贵,生产数量极少。

1960 年,出现了一些成功地用在商业领域、大学和政府部门的第二代计算机。还出现了现代计算机的一些部件:打印机、磁带、磁盘、内存、操作系统等。计算机中存储的程序使得计算机有很好的适应性,可以更有效地用于商业用途。在这一时期出现了更高级的COBOL(Common Business-Oriented Language)和 FORTRAN(Formula Translator)等语言,以单词、语句和数学公式代替了含混晦涩的二进制机器码,使计算机编程更容易。新的职业(程序员、分析员和计算机系统专家)和整个软件产业由此诞生。

第三代为 1965—1971 年,中小规模集成电路计算机。可靠性进一步提高,体积进一步缩小,成本进一步下降,运算速度提高到每秒几十万次至几百万次。在此期间产生的机器具有机种多样化、生产系列化、使用系统化的特点,小型计算机开始出现。

虽然晶体管比起电子管是一个明显的进步,但晶体管还是产生大量的热量,这会损害计算机内部的敏感部件。1958 年德州仪器的工程师 Jack Kilby 发明了集成电路(Integrated Circuit,IC),将三种电子元件结合到一片小小的硅片上。科学家使更多的元件集成到单一的半导体芯片上。于是,计算机变得更小、功耗更低、速度更快。这一时期的发展还包括计算机系统使用了操作系统,使得计算机在中心程序的控制协调下可以同时运行许多不同的程序。

第四代为 1973—1990 年,大规模和超大规模集成电路计算机,可靠性得到更大的提高,体积更进一步缩小,成本更进一步降低,速度提高到每秒 1000 万次至 1 亿次。由几片大规模集成电路组成的微型计算机开始出现。

出现集成电路后,唯一的发展方向是扩大规模。大规模集成电路(Large Scale Integration,LSI)可以在一个芯片上容纳几百个元件。到了 20 世纪 80 年代,超大规模集成电路(Very Large Scale Integration,VLSI)在芯片上容纳了几十万个元件,后来的特大规模集成电路(Ultra Large Scale Integration,ULSI)将数字扩充到百万级。可以在硬币大小的芯片上容纳如此数量的元件使得计算机的体积和价格不断下降,而功能和可靠性不断增强。

20 世纪 70 年代中期,计算机制造商开始将计算机带给普通消费者,这时的小型机带有友好界面的软件包,并提供非专业人员使用的程序和最受欢迎的字处理和电子表格程序。这一领域的先锋有 Commodore、Radio Shack 和 Apple Computers 等。

1981 年,IBM 推出个人计算机(Personal Computer,PC)用于家庭、办公室和学校。20 世纪 80 年代个人计算机的竞争使得价格不断下跌,微机的拥有量不断增加,计算机继续缩小体积,从桌上到膝上到掌上。与 IBM PC 竞争的 Apple Macintosh 系列于 1984 年推出,Macintosh 提供了友好的图形界面,用户可以用鼠标方便地操作。

第五代为 1991 年开始的巨大规模集成电路计算机,运算速度提高到每秒 10 亿次。

由一片巨大规模集成电路实现的单片计算机开始出现。第五代计算机是为适应未来社会信息化的要求而提出的,与前四代计算机有着本质的区别,是计算机发展史上的一次重要变革。第五代计算机基本结构通常由问题求解与推理、知识库管理和智能化人机接口三个基本子系统组成。当前第五代计算机的研究领域大体包括人工智能、系统结构、软件工程和支持设备,以及对社会的影响等。第五代计算机的发展必然引起新一代软件工程的腾飞,极大地提高软件的生产率和可靠性。为改善软件和软件系统的设计环境,将研制各种智能化的支持系统,包括智能程序设计系统、知识库设计系统、智能超大规模集成电路辅助设计系统、以及各种智能应用系统和集成专家系统等。在硬件方面,将出现一系列新技术,如先进的微细加工和封装测试技术、砷化镓器件、约瑟夫森器件、光学器件、光纤通信技术以及智能辅助设计系统等。另外,第五代计算机将推动计算机通信技术发展,促进综合业务数字网络的发展和通信业务的多样化,并使多种多样的通信业务集中于统一的系统之中,有力地促进了社会信息化。

总之,从 1946 年计算机诞生以来,大约每隔五年运算速度提高 10 倍,可靠性提高 10 倍,成本降低到原来的 1/10,体积缩小到原来的 1/10。而 20 世纪 70 年代以来,计算机的生产数量每年以 25% 的速度递增。

值得一提的是,计算机从第三代起,与集成电路技术的发展密切相关。LSI 的采用,一块集成电路芯片上可以放置 1000 个元件,VLSI 达到每个芯片 1 万个元件,现在的 ULSI 芯片超过了 100 万个元件。1965 年摩尔观察到芯片上的晶体管数量每年翻一番,1970 年这种态势减慢成每 18 个月翻一番,这就是人们所称的摩尔定律。直到目前,这个增长速率仍在持续下去。

计算机的未来将向着巨型化、微型化、网络化、智能化的方向发展。

(1)巨型化:计算机的反应速度更快、储存容量更大、功能更完善、可靠性更高,天文、军事、仿真、科学计算等领域需要进行的大量计算,要求计算机有更高的运算速度、更大的存储量,这就需要研制功能更强的巨型计算机。

(2)微型化:体积更小、重量更轻。专用微型机已经大量应用于仪器、仪表和家用电器中。笔记本计算机已经大量进入办公室和家庭,但是便携性、续航能力仍不够人们全天候使用,应运而生的便携式互联网设备(Mobile Internet Device,MID)、智能手机、平板电脑不断涌现,迅速普及。

(3)网络化:计算机和通信技术紧密结合,移动通信和互联网成为当今世界发展最快、市场潜力最大、前景最诱人的两大业务,它们的增长速度是任何预测家未曾预料到的,它对商业经济、信息交流、社会文化方面带来前所未有的影响。

(4)智能化:计算机能够模拟人类的智力活动、思维过程、情感交互等,目前的计算机已经能够部分地代替人的脑力劳动,但是人们希望计算机具有更多人类智慧,例如自行思考、智能识别、自动升级等。

1.3　计算机的组成

一台完整的计算机应包括硬件部分和软件部分。硬件与软件的结合才能使计算机正常运行,发挥作用。

1.3.1　冯·诺依曼计算机的特点

ENIAC 是第一台使用电子线路来执行算术和逻辑运算,以及按信息存储方式工作的计算机器,它的研制成功显示了电子线路的巨大优越性。但是 ENIAC 的结构在很大程度上是依照机电系统设计的,还存在着重大的电路结构问题。1946 年 6 月,美国杰出的数学家冯·诺依曼(Von Neumann)及其同事完成了"关于电子计算机装置逻辑结构设计"的研究报告,具体介绍了制造电子计算机和程序设计的新思想,给出了电子计算机由控制器、运算器、存储器、输入设备和输出设备 5 类部件组成,冯·诺依曼型计算机(或存储程序式计算机)的组织结构以及实现它们的方法,为现代计算机研制奠定了基础。至今为止,大多数计算机采用的仍是冯·诺依曼型计算机的组织结构,只是做了一些改进而已。因此,冯·诺依曼被人们誉为"计算机之父"。

冯·诺依曼机计算机的主要特点如下:

(1)采用二进制形式表示数据和指令。数据和指令在代码的外形上并无区别,都是由 0 和 1 组成的代码序列,只是各自约定的含义不同而已。采用二进制使信息数字化容易实现,可以用布尔代数进行处理。程序信息本身也可以作为被处理对象,进行加工处理,例如对程序进行编译,就是将源程序当作被加工处理的对象。

(2)采用存储程序方式。这是冯·诺依曼思想的核心内容。主要是将事先编好的程序(包括指令和数据)存入主存储器中,计算机在运行程序时就能自动、连续地从存储器中依次取出指令并执行,不需要人工干预,直到程序执行结束为止。这是计算机能高速自动运行的基础。计算机的工作体现为执行程序,计算机功能的扩展在很大程度上表现为所存储程序的扩展。计算机的许多具体工作方式也是由此派生的。

冯·诺依曼计算机的这种工作方式,可称为控制流(指令流)驱动方式。即按照指令的执行序列,依次读取指令,根据指令所含的控制信息,调用数据进行处理。因此在执行程序的过程中,始终以控制信息流为驱动工作的因素,而数据信息流则是被动地被调用处理。

为了控制指令序列的执行顺序,需设置一个程序计数器(Program Counter,PC),让它存放当前指令所在的存储单元的地址。如果程序现在是顺序执行的,每取出一条指令后 PC 内容加 1,指示下一条指令该从何处取得。如果程序将转移到某处,就将转移后的地址送入 PC,以便按新地址读取后继指令。所以,PC 就像一个指针,一直指示着程序的执行进程,也就是指示控制流的形成。虽然程序和数据都采用二进制代码,仍可按照 PC 的内容作为地址读取指令,再按照指令给出的操作数的地址去读取数据。由于多数情况下程序是顺序执行的,所以大多数指令需要依次地紧挨着存放,除了个别需及时使用的数据可以紧挨着指令存放外,一般将指令和数据分别存放在不同的区域。

(3)由运算器、存储器、控制器、输入设备和输出设备 5 大部分组成计算机系统,并规定了 5 部分的基本功能。

上述这些概念奠定了现代计算机的基本结构思想,并开创了程序设计的新时代。

1.3.2　计算机的硬件系统

计算机的硬件是指计算机中的电子线路和物理装置。它们是看得见、摸得着的实体,如集成电路芯片、印制线路板、接插件、电子元件和导线等装配成的中央处理器、存储器及外部设备等,它们组成了计算机的硬件系统,是计算机的物质基础。

　　图1.2以粗框图的形式表示数字计算机的基本硬件组成,典型的数字计算机硬件由五大部分组成,即运算器、存储器、控制器、输入设备、输出设备。

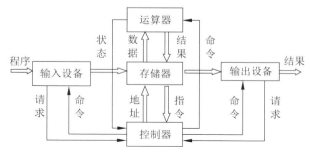

图1.2　计算机基本结构图

1. 运算器

　　运算器是一个用于信息加工的部件,又称执行部件,它对数据编码进行算术运算和逻辑运算。

　　算术运算是按照算术规则进行的运算,如加、减、乘、除及它们的复合运算。逻辑运算一般泛指非算术性运算,例如:逻辑与、逻辑或、逻辑非、比较、移位、取反等。

　　运算器通常由算术逻辑运算单元(Arithmetic and Logic Unit,ALU)和一系列寄存器组成,图1.3给出了基本运算器的逻辑示意图。

　　ALU是具体完成算术运算与逻辑运算的部件,寄存器用于存放运算操作数。现代计算机的运算器有多个寄存器,如8个、16个或32个等,称之为通用寄存器组,设置通用寄存器组可以减少访问存储器的次数,进而提高运算速度。

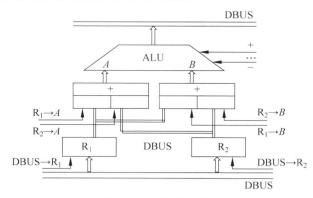

图1.3　运算器示意图

2. 存储器

　　存储器的主要功能是存放程序和数据。程序是计算机操作的依据,数据是计算机操作的对象,不管是程序还是数据,在存储器中都采用二进制的形式表示,统称为信息。存储器组成框图如图1.4所示。

　　为实现自动计算,信息必须先存放在存储器中,存储体就是用来存放这些信息的,它是

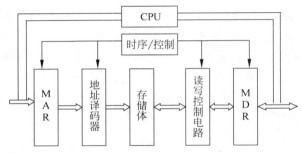

图 1.4　存储器组成框图

由存储介质组成的。20 世纪 70 年代中期之前,存储体的主要介质是磁芯,现在已经被半导体存储器所取代。存储体由许多小单元组成,每个单元存放一个数据或一条指令。存储单元按某种顺序编号,每个存储单元对应一个编号,称为单元地址,用二进制编码表示,存储单元的地址与存储在其中的信息是一一对应的。

　　向存储单元存入或从存储单元取出信息,都称访问存储器。访问存储器的时候,先由地址译码器将送来的单元地址进行译码,找到相应的存储单元,再由读写控制电路确定访问存储器的方式,即取出(读)或存入(写),然后按规定的方式具体完成取出或存入的操作。

3. 控制器

　　控制器是全机的指挥中心,它使计算机各部件自动协调地工作,控制器工作的实质就是解释程序,它每次从存储器读取一条指令,经过分析译码,产生一串操作命令,发向各个部件,控制各部件工作,使整个机器连续地、有条不紊的运行。简单结构如图 1.5 所示。

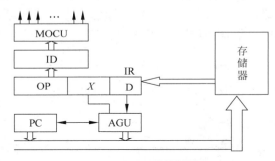

图 1.5　控制器结构简图

　　控制信息的发源地是控制器,机器运行时按照程序计数器(Program Counter,PC)的内容到存储器中对应的单元取出指令,将其存放在指令寄存器(Instruction Register,IR)中,经指令译码器(Instruction truction Decoder,ID)译码出对应的指令,经由微操作控制部件(Micro-operation Control Unit,MOCU)产生所需的操作控制命令,完成计算所要求完成的操作。

4. 输入设备

　　输入设备是变换输入形式的部件,它将人们熟悉的信息形式变换成计算机能接收并识别的信息形式。输入信息形式有数字、字母、文字、图形、图像、声音等多种形式。送入计算机只有一种形式,就是二进制形式。一般输入设备只用于原始数据和程序的输入。

5.　输出设备

输出设备是变换计算机输出信息形式的部件,它将计算机运算结果的二进制信息转换成人类或其他设备接收和识别的形式,如字符、文字、图形、图像、声音等。输出设备与输入设备一样需要通过接口与主机相联系。

总之,计算机硬件系统是运行程序的基本组成部分,人们通过输入设备将程序与数据存入存储器,运行时,控制器从存储器逐条取出指令,将其解释成控制命令,去控制各部件的动作,数据在运算器中加工处理,处理后的结果通过输出设备输出。

计算机的5大部分在控制器的统一指挥下,有条不紊地自动工作。由于运算器和控制器在逻辑关系和电路结构上联系十分紧密,尤其在大规模集成电路制作工艺出现后,这两大部件往往合在同一芯片上,因此,将它们合起来统称为中央处理器(Central Processing Unit,CPU),它的主要功能是控制计算机的操作并完成数据处理工作。输入设备和输出设备简称I/O设备,主要功能是在计算机和外部环境之间传输数据。

1.3.3　计算机的软件系统

计算机的软件通常泛指各类程序和文件。它们实际上是由一些算法(说明如何完成任务的指令序列就是算法的程序体现)以及它们在计算机中的表示所构成,体现为一些触摸不到的二进制信息,所以称为软件。软件的实体主要表现为程序,因此有人简单地定义为:软件即程序。有些则主张将软件的含义描述得更广泛一些,把编制程序、维护运行程序所依赖的文件也归入软件范畴。按照这种概念,在系统中除去硬件实体的其余部分都可以称之为软件。

一般把软件分为两大类:系统软件和应用软件。

1.　系统软件

软件系统的最内层是系统软件,这是一组为保证计算机系统良好运行而设置的基础软件,通常作为系统资源即软件设备提供给用户使用。它负责系统的调度管理,向用户提供服务。从配置的角度看,它是用户所使用的计算机系统的一部分,由操作系统、数据库管理系统、语言处理程序等组成。

(1) 操作系统。操作系统是方便用户管理和控制计算机软硬件资源的系统软件(或程序集合)。从用户角度看,操作系统可以看成是对计算机硬件的扩充;从人机交互方式来看,操作系统是用户与机器的接口;从计算机的系统结构看,操作系统是一种层次、模块结构的程序集合,属于有序分层法,是无序模块的有序层次调用。操作系统在设计方面体现了计算机技术和管理技术的结合。

操作系统是软件,而且是系统软件。它在计算机系统中的作用,大致可以从两方面体会:对内,操作系统管理计算机系统的各种资源,扩充硬件的功能;对外,操作系统提供良好的人机界面,方便用户使用计算机。它在整个计算机系统中具有承上启下的地位。

(2) 数据库管理系统。在计算机中对数据的管理极为重要,特别在计算机信息管理系统中更为突出,为此出现了数据库技术。数据库是计算机存储设备上合理存放的、相互关联的数据的集合,能提供给所有可能的不同用户共享使用、独立维护。相应地,可在计算机中配置数据库管理系统软件,它负责装配数据、更新内容、查询检索、通信控制,对用数据库语言编写的程序进行翻译、控制有关的操作等。目前常用的数据库有 DB-2、Access、MySQL、Oracle 等。

(3) 语言处理程序。计算机能识别的语言与机器能直接执行的语言并不一致。计算机能识别的语言很多,如汇编语言、高级语言(C、C++、Python、Java),它们各自规定了一套基本符号和语法规则。这些语言编制的程序叫源程序。"0"和"1"的机器代码按一定规则组成的语言,称为机器语言,用机器语言编的程序称为目标程序。语言处理程序的任务就是将源程序翻译成目标程序。

常见的语言处理程序,按其翻译的方法不同,可分为解释程序和编译程序两大类。前者对源程序的翻译采用边解释、边执行的方法,并不产生目标程序,称解释执行;后者必须将源程序翻译成目标程序后,才能执行,称为编译执行。

2. 应用软件

应用软件是用户可以使用的各种程序设计语言,以及用各种程序设计语言编制的应用程序的集合,由于计算机的应用领域极其广泛,这类软件可以说是不胜枚举,较常见的如:

(1) 字处理软件。用于输入、存储、修改、编辑、打印文字材料等,如 WORD、WPS 等。

(2) 信息管理软件。用于输入、存储、修改、检索各种信息,例如工资管理软件、人事管理软件、仓库管理软件、计划管理软件等。这种软件发展到一定水平后,各个单项的软件相互联系起来,计算机和管理人员组成一个和谐的整体,各种信息在其中合理地流动,形成一个完整、高效的管理信息系统(Management Information System,MIS)。

(3) 辅助设计软件。用于高效地绘制、修改工程图纸,进行设计中的常规计算,帮助人们寻求更好的设计方案。

(4) 实时控制软件。用于随时搜集生产装置、飞行器等的运行状态信息,以此为依据按预定的方案实施自动或半自动控制,安全、准确地完成任务。

1.3.4　非冯·诺依曼计算机

典型的冯·诺依曼计算机从本质上讲是采取串行顺序处理的工作机制,即使有关数据已经准备好,也必须逐条执行指令序列,而提高计算机性能的根本方向之一是并行处理。因此,近年来人们在谋求突破传统冯·诺依曼体制的束缚,这种努力被称为非冯·诺依曼化。对所谓的非冯·诺依曼化的探讨仍在争议中,一般认为它表现为以下 3 方面的内容:

(1) 在冯·诺依曼体制范畴内,对传统冯·诺依曼计算机进行改造,如采用多个处理部件形成流水处理,依靠时间上的重叠提高处理效率;又如,组成阵列机结构,形成单指令流多数据流,提高处理速度。这些方向已比较成熟,已称为标准结构。

(2) 用多个冯·诺依曼计算机组成多机系统,支持并行算法结构。这方面研究目前比较活跃。

(3) 从根本上改变冯·诺依曼计算机的控制流驱动方式。例如,采用数据流驱动工作方式的数据流计算机,只要数据已经准备好,有关的指令就可以并行地执行。这是真正非冯·诺依曼化的计算机,它为并行处理开辟了新的前景,但由于控制的复杂性,仍处于实践探索之中。

1.4 计算机系统的层次结构

1.4.1 多级组成的计算机系统

计算机不能简单地认为是一种电子设备,而是一个十分复杂的硬件、软件结合而成的整体。它通常由 5 个以上不同的级组成,每一级都能进行程序设计,如图 1.6 所示。

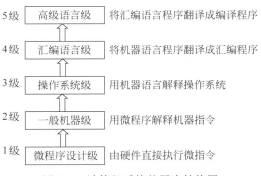

5级	高级语言级	将汇编语言程序翻译成编译程序
4级	汇编语言级	将机器语言程序翻译成汇编程序
3级	操作系统级	用机器语言解释操作系统
2级	一般机器级	用微程序解释机器指令
1级	微程序设计级	由硬件直接执行微指令

图 1.6 计算机系统的层次结构图

第 1 级是微程序设计级或逻辑电路级。这是一个实在的硬件级,由硬件直接执行。如果某一个应用程序直接用微指令来编写,那么可以直接在这一级上运行应用程序。

第 2 级是一般机器级,也称为机器语言级,它由微程序解释机器指令系统。这一级也是硬件级。

第 3 级是操作系统级,它由操作系统程序实现。这些操作系统由机器指令和广义指令组成,广义指令是操作系统定义和解释的软件指令,所以这一级也称为混合级。

第 4 级是汇编语言级,它给程序人员提供一种符号形式语言,以减少程序编写的复杂性。这一级由汇编程序支持和执行。如果应用程序采用汇编语言编写,则机器必须要有这一级的功能;如果不采用汇编语言编写,则这一级可以不要。

第 5 级是高级语言级,它是面向用户的,为方便用户编写应用程序而设置的。这一级由各种高级语言编译程序支持和执行。

图 1.6 中,除第 1 级外,其他各级都得到它下级的支持,同时也受到运行在下面各级上的程序的支持。第 1 级到第 3 级编写程序采用的语言,基本是二进制数字化语言,机器执行和解释容易。第 4、5 两级编写程序所采用的语言是符号语言,用英文字母和符号来表示程序,因而便于大多数不了解硬件的人们使用。显然,采用这种用一系列的级来组成计算机的概念和技术,对了解计算机如何组成提供了一种好的结构和体制。而且用这种分级的观点来设计计算机,对保证产生一个优良系统结构也是很有帮助的。

1.4.2 软件与硬件的逻辑等价性

随着大规模集成电路技术的发展和软件硬化的趋势,计算机系统的软件、硬件已经变得模糊了。因为任何操作可以由软件来实现,也可以由硬件来实现;任何指令执行可以由硬件来完成,也可以由软件来完成。对于某一机器功能采用硬件方案还是软件方案,取决于器件价格、速度、可靠性、存储容量、变更周期等因素。

当研制一台计算机的时候,设计者必须明确分配每一级的任务,确定哪些情况使用硬件,哪些情况使用软件,而硬件始终放在最低级。就目前而言,一些计算机的特点把原来明显地在一般机器级通过编制程序实现的操作,如整数乘除法指令、浮点运算指令、处理字符串指令等,改为直接由硬件完成。总之,随着大规模集成电路和计算机系统结构的发展,实体硬件机的功能范围不断在扩大。换句话说,第 1 级和第 2 级的范围,要向第 3 级乃至更高级扩展。这是因为容量大、价格低、体积小、可改写的只读存储器提供了软件固化的良好物质手段。现在已经可以把许多复杂的、常用的程序制作成所谓固件。就它的功能来说,是软件,但从形态来说,又是硬件。其次,目前在一片硅单晶芯片上制作复杂的逻辑电路已经是实际可行的,这就为扩大指令的功能奠定了物质基础,因此本来通过软件手段来实现的某种功能,现在可以通过硬件来直接执行。进一步的发展,就是设计所谓面向高级语言的计算机,这样的计算机,可以利用硬件直接解释执行高级语言的语句,而不需要先经过编译程序的处理。因此传统的软件,今后完全有可能"固化"甚至"硬化"。

1.5 计算机的性能指标

全面衡量一台计算机的性能要考虑多种指标,不同用途的计算机其侧重点也有所不同。

1. 机器字长

机器字长是指 CPU 一次能处理二进制数据的位数,常用的计算机字长有 8 位、16 位、32 及 64 位。寄存器、累加器及存储单元的长度应与 ALU 的字长相等或是它的整数倍。通常称处理字长为 8 位数据的 CPU 叫 8 位 CPU,32 位 CPU 就是在同一时间内处理字长为 32 位的二进制数据,它标志着机器的计算精度。位数越多,精度越高,但硬件成本也越高,它决定着寄存器、运算部件、数据总线的位数。

2. 吞吐量

表征一台计算机在某一时间间隔内能够处理的信息量,一般指单位时间内流水线所完成的任务数量或输出的结果数量。

3. 总线宽度

也称为总线位宽,是指总线上同时能够传输的数据位数。它是衡量计算机系统性能和数据传输效率的重要指标之一。总线宽度通常是指数据总线一次所能传输的最大数据位数,即数据总线所包含的信号线条数,如 8 位、16 位、32 位、64 位等。每次传输的数据量由总线的宽度决定,即每个时钟周期可以传输的比特数。如果总线宽度为 32 位(4 字节),则每个时钟周期可以传输 32 位的数据。

总线宽度的大小受以下几个因素的影响:

总线位宽:指总线能够同时传送的数据位数,即所谓的 8 位、16 位、32 位或 64 位等数据信号个数。

工作频率：指总线信号的时钟频率(工作频率)，常以兆赫兹(MHz)为单位，时钟频率越高，工作速度越快。

总线带宽：指总线在单位时间内可以传输的数据总量，它等于总线位宽与工作频率的乘积。

4. 存储器容量

存储器的容量应该包括主存容量和辅存容量。主存容量是指主存中存放二进制代码的总位数。即：存储容量＝存储单元个数×存储字长。

图 1.4 中 MAR 的位数反映了存储单元的个数，MDR 的位数反映了存储字长。例如：MAR 为 16 位，译码后 $2^{16}=65536$，表明此存储体内有 65536 个存储单元，即 64K 个存储字；而 MDR 为 32 位，表示存储容量为 $2^{16}\times32=2^{21}=2M$ 位。

现代计算机中常以字节数来描述存储容量的大小，一个字节被定义为 8 位二进制代码，故用字节数能反映出主存容量。如上述存储容量 2M 位可以表示成 $2^{18}B$ 或 256KB。

辅存容量通常用字节数表示，如某辅存容量为 80GB。容量单位与二进制的对应关系为：$2^{10}=1K$，$2^{20}=1M$，$2^{30}=1G$，$2^{40}=1T$。

5. 存储器带宽

单位时间内从存储器读出的二进制数信息量，单位为字节/秒。

6. 主频/时钟周期

CPU 的工作节拍受主时钟控制，主时钟不断产生固定频率的时钟，主时钟的频率(f)叫 CPU 的主频，度量单位是 MHz(兆赫兹)、GHz(吉赫兹)。主频的倒数称为 CPU 的时钟周期(T)，$T=1/f$，度量单位是 μs(微秒)、ns(纳秒)。

7. CPU 执行时间

表示 CPU 执行一段程序所占用的 CPU 时间，可用下式计算：

$$CPU 执行时间＝CPU 时钟周期数×CPU 时钟周期$$

8. 平均指令周期数

平均指令周期数(Cycle Per Instruction，CPI)表示每条指令周期数，即执行一条指令所需的平均时钟周期数。用下式计算：

$$CPI＝执行某段程序所需的 CPU 时钟周期数÷程序包含的指令条数$$

9. 百万条指令每秒

百万条指令每秒(Million Instructions Per Second，MIPS)即单位时间(每秒)内处理的百万级机器指令数，用下式计算：

$$MIPS＝指令条数÷(程序执行时间\times10^{6})$$

10. 百万次浮点操作运算每秒

百万次浮点操作运算每秒(Million Floating-point Operations Per Second，MFLOPS)用来衡量机器浮点操作的性能。用下式计算：

$$\text{MFLOPS}=程序中的浮点操作次数\div(程序执行时间\times 10^6)$$

【例 1.1】 假设总线的时钟频率为 100MHz,总线的传输周期为 4 个时钟周期,总线的宽度为 32 位,试求总线的数据传输率,若想数据传输率提高一倍,可采取什么措施?

解:根据总线的时钟频率为 100MHz,得

$$1 个时钟周期为 1\div 100\text{MHz}=0.01\mu s$$

一个总线传输周期等于 4 个时钟周期:$0.01\mu s\times 4=0.04\mu s$

由于总线的宽度为 32 位,等于 4 字节,故总线的数据传输率为

$$4B\div(0.04\mu s)=100\text{MB/s}$$

也可以根据下述公式计算

$$总线数据传输率=总线带宽\times 总线频率$$

式中的总线频率等于总线时钟频率除以每个总线周期的时钟数。本例中

$$总线数据传输率=4B\times 100\text{MHz}\div 4=100\text{MB/s}$$

若想数据传输率提高一倍,有两种方法:

(1) 在不改变时钟频率的前提下,将数据线的宽度改为 64 位。

(2) 仍保持数据宽度为 32 位,但使总线的时钟频率增加到 200MHz。

本章小结

计算机的硬件是由有形的电子器件构成的,它包括运算器、存储器、控制器、输入设备和输出设备。早期将运算器和控制器合在一起称为 CPU(中央处理器)。目前的 CPU 包含了部分存储器,因此称为中央处理机。存储程序并按地址执行,这是冯·诺依曼计算机的工作原理,也是 CPU 自动工作的关键。

计算机的软件是计算机系统结构的重要组成部分,也是计算机不同于一般电子设备的本质所在。计算机的软件一般分为系统软件和应用软件两大类,系统软件用来简化程序设计,简化使用方法,提高计算机的使用效率,发挥和扩展计算机的功能和用途;应用程序是针对某一应用课题领域开发的软件。

计算机系统是一个由硬件、软件组成的多层次结构,它通常由微程序级、一般机器级、操作系统级、汇编语言级、高级语言级组成,每一级上都能进行程序设计,并得到下面各级的支持。

习题

题库

习题答案

1. 完整的计算机系统包括_____。

    A. 运算器、存储器、控制器   B. 外部设备和主机

    C. 主机和实用程序   D. 配套的硬件设备和软件系统

2. 至今为止,计算机的所有信息仍以二进制方式表示的理由是_____。

    A. 节约元件   B. 运算速度快

    C. 由物理器件的性能决定   D. 信息处理方便

3. 计算机硬件能直接执行的语言是_____。

    A. 符号语言　　　　　B. 高级语言　　　　　C. 机器语言　　　　　D. 汇编语言

4. 下列说法中不正确的是_____。

    A. 部分由软件实现的操作也可以由硬件来完成

    B. 在计算机系统的多级层次结构中,汇编语言级和高级语言级是软件级,其他三级都是硬件级

    C. 在计算机系统中,硬件是物质基础,软件是解题灵魂

    D. 面向高级语言的机器是可以实现的

5. 冯·诺依曼计算机工作方式的基本特点是_____。

    A. 多指令流单数据流　　　　　　　　B. 接地址访问并顺序执行指令

    C. 堆栈指令　　　　　　　　　　　　D. 存储器按内部选择地址

6. 计算机经历了从器件角度划分的四代发展历程,但从体系结构来看,至今为止绝大多数计算机仍是_____计算机。

    A. 实时处理　　　　　B. 智能化　　　　　C. 并行　　　　　D. 冯·诺依曼

7. 数字机如何分类? 分类的依据是什么?

8. 冯·诺依曼计算机的主要设计思想是什么? 它包括哪些主要组成部分?

9. 计算机的软件包括哪几类? 说明它们的用途。

10. 为什么软件能够转化成硬件? 硬件能够转化成软件吗? 实现这种转化的媒介是什么?

11. 画出计算机硬件组成框图,说明各部分的作用及计算机硬件的主要技术指标。

12. 解释英文代号:CPU、PC、IR、CU、ALU、ACC、MAR、MDR、MIPS、CPI、I/O。

13. 什么是指令? 什么是数据? 指令和数据都存在于存储器中,计算机如何区分它们?

14. 什么是计算机系统? 简单说明计算机系统的层次结构。

15. 机器语言、汇编语言、高级语言有何区别?

第2章 运算方法和运算器

计算机的应用领域极其广泛,但不论应用在什么地方,信息在机器内部的形式都是一致的,即均为 0 和 1 组成的各种编码。本章首先讲述计算机中数据与文字的表示方法,以及它们在计算机中的运算方法,然后讲述定点运算器及浮点运算器的组成。

2.1 无符号数和有符号数

2.1.1 无符号数

计算机中的数均以二进制的形式表示并存放在寄存器中,通常称寄存器的位数为机器字长。所谓无符号数,即没有符号的数,寄存器内表示的范围是非负数的,全部二进制均代表有效数值,所有的位都用于直接表示该值的大小。以机器字长 8 位为例,无符号数可以表示的范围为 0~255,共 256 个数。

2.1.2 有符号数

对于有符号数而言,则需要留出位置存放符号,通常选择数值位的最高位来代表符号,"0"代表"+","1"代表"-";其余数位用作数值位,代表数值。由于相差一位符号位,所以无符号数和有符号数表示的范围是不同的。例如对于一字节而言,无符号数的最大值是255,而有符号数的表示范围是-127~+127,最大值是 127。原因是有符号数中的最高位被挪去表示符号了。

1. 机器数与真值

对有符号数而言,符号的"正""负"机器是无法识别的,那么在计算机中对数据进行运算操作时,符号位如何表示呢? 是否也能同数值位一道参加运算操作呢? 如参加,会给运算操作带来什么影响呢? 为了妥善地处理好这些问题,就产生了把符号位和数值位一起编码来表示相应的数的各种表示方法。由于"正""负"恰好是两个截然不同的状态,如果用"0"表示"正",用"1"表示"负",这样符号就被数字化了,并且规定将它放在有效数字的前面,这样就组成了带符号的数的形式。把符号"数字化"的数称为机器数或机器码,而把带"+"或"-"符号的数称为真值。一旦符号数字化后,符号和数值就形成了一种新的编码,如原码、补码、反码、移码。

2．原码表示法

原码是机器数中最简单的一种表示方法，若定点整数的原码形式为 $x_n x_{n-1} x_{n-2} \cdots x_1 x_0 (x_n$ 为符号位)，则原码表示的定义为

$$定点整数：[x]_原 = \begin{cases} x & 0 \leqslant x \leqslant 2^n - 1 \\ 2^n - x = 2^n + |x| & -(2^n - 1) \leqslant x \leqslant 0 \end{cases} \qquad (2.1)$$

式中 $[x]_原$ 是机器数，x 是真值，n 为整数的位数，该机器字长为 $n+1$ 位。

例如，$x = +1001$，则 $[x]_原 = \mathbf{0}1001$；

$\quad\quad x = -1001$，则 $[x]_原 = \mathbf{1}1001$。

一般情况下：

对于正数 $x = + x_{n-1} x_{n-2} \cdots x_1 x_0$，则有：$[x]_原 = \mathbf{0} x_{n-1} x_{n-2} \cdots x_1 x_0$；

对于负数 $x = - x_{n-1} x_{n-2} \cdots x_1 x_0$，则有：$[x]_原 = \mathbf{1} x_{n-1} x_{n-2} \cdots x_1 x_0$。

对于 0，原码在机器中往往有"$+0$"，"-0"之分，故有两种形式：

$$[+0]_原 = \mathbf{0}00 \cdots 0$$
$$[-0]_原 = \mathbf{1}00 \cdots 0$$

$$定点小数：[x]_原 = \begin{cases} x & 0 \leqslant x < 1 \\ 1 + |x| = 1 - x & -1 < x \leqslant 0 \end{cases} \qquad (2.2)$$

定点小数中：

对于正小数 $x = +0. x_{n-1} x_{n-2} \cdots x_1 x_0$，则有：$[x]_原 = \mathbf{0}. x_{n-1} x_{n-2} \cdots x_1 x_0$；

对于负小数 $x = -0. x_{n-1} x_{n-2} \cdots x_1 x_0$，则有：$[x]_原 = \mathbf{1}. x_{n-1} x_{n-2} \cdots x_1 x_0$。

采用原码表示法简单易懂，即符号位加上二进制数的绝对值，但它的最大缺点是加法运算复杂。这是因为，当两数相加时，如果是同号则数值相加；如果是异号，则要进行减法。而在进行减法时，还要比较绝对值的大小，然后大数减去小数，最后还要给结果选择恰当的符号。为了解决这些矛盾，人们找到了补码表示法。

3．补码表示法

我们先以钟表对时为例说明补码的概念。假设现在的标准时间为 4 点整，而有一只表已经 7 点了，为了校准时间，可以采用两种方法：一是将时针逆时针向后退 3 格；二是将时针顺时针向前拨 9 格。这两种方法都能对准到 4 点，如果把逆时针定义为"$-$"，顺指针定义为"$+$"，由此看出，减 3 和加 9 在模为 12 的情况下是等价的。也就是说 9 是 (-3) 对 12 的补码，可以用数学公式表示为：

$$-3 = +9 \quad (\bmod 12)$$

$\bmod 12$ 的意思就是以 12 为模数，这个"模"表示被丢掉的数值。上式在数学上称为同余式。

上例中之所以 $7-3$ 和 $7+9 \ (\bmod 12)$ 等价，原因就是表指针超过 12 时，将 12 自动丢掉，所以 16 等价于 4，即 $16-12 = 4$。同样的，3 时、15 时、27 时等在时钟上看都是 3 时，即

$$3 = 15 = 27 \qquad\qquad (\bmod 12)$$

也即 $\qquad\qquad 3 = 3 + 12 = 3 + 12 + 12 = 3 \qquad\qquad (\bmod 12)$

同理

$$-4 = +8 \qquad (\text{mod } 12)$$
$$-5 = +7 \qquad (\text{mod } 12)$$

从这里可以得到一个启示,就是负数用补码表示时,可以把减法转化为加法,而正数相对于"模"的补数就是正数本身。

上述补数的概念可以用到任意"模"上,如:

$$-3 = +7 \qquad (\text{mod } 10)$$
$$+7 = +7 \qquad (\text{mod } 10)$$
$$-3 = +97 \qquad (\text{mod } 100)$$
$$+97 = +97 \qquad (\text{mod } 100)$$
$$-0.1001 = +1.0111 \qquad (\text{mod } 2)$$
$$+0.1001 = +0.1001 \qquad (\text{mod } 2)$$

由此可得知如下结论:

(1) 一个负数可以用与它等价的正补数来代替,而这个正补数可以用模加上负数本身得到。

(2) 一个正数和一个负数互为补数时,它们的绝对值之和即为模数。

(3) 正数的补数即该正数本身。

将补数的定义用到计算机中,便出现了补码这种机器数。

对定点整数,补码形式为 $x_n x_{n-1} x_{n-2} \cdots x_1 x_0$,$x_n$ 为符号位,则补码表示的定义是:

$$\text{定点小数:} [x]_{\text{补}} = \begin{cases} x & 0 \leqslant x < 1 \\ 2 + x = 2 - |x| & -1 \leqslant x \leqslant 0 \end{cases} \qquad (2.3)$$

$$\text{定点整数:} [x]_{\text{补}} = \begin{cases} x & 0 \leqslant x \leqslant 2^n - 1 \\ 2^{n+1} + x = 2^{n+1} - |x| & -2^n \leqslant x \leqslant 0 \end{cases} \qquad (2.4)$$

采用补码表示法进行减法运算比原码方便多了。因为不论数是正或负,机器总是做加法,减法运算可变成加法运算。但根据补码定义,求负数的补码还要做减法,这显然不方便,为此可通过反码来解决。

4. 反码表示法

利用二进制数的逻辑性,我们可以知道原变量与反变量的关系,即原变量 x 的反变量为 $\bar{x}$,由此可以将反码定义如下:

$$\text{定点小数:} [x]_{\text{反}} = \begin{cases} x & 0 \leqslant x < 1 \\ 2 - 2^{-n} - |x| & -1 < x \leqslant 0 \end{cases} \qquad (2.5)$$

$$\text{定点整数:} [x]_{\text{反}} = \begin{cases} x & 0 \leqslant x \leqslant 2^n - 1 \\ 2^{n+1} - 1 - |x| & -(2^n - 1) \leqslant x \leqslant 0 \end{cases} \qquad (2.6)$$

我们利用反码找到其与补码的关系,以定点整数为例:

$$x = -x_1 \cdots x_n$$
$$[x]_{\text{反}} = 1\bar{x}_1 \bar{x}_2 \cdots \bar{x}_n$$
$$|x| + [x]_{\text{反}} = 111 \cdots 1 = 2^{n+1} - 1$$
$$[x]_{\text{反}} = 2^{n+1} - 1 - |x|$$

由此我们可以看到,反码与补码的关系只差了最后的一位 1,所以反码通常用来作为由原码求补码,或由补码求原码的中间过渡。

综上所述,三种机器码的特点可归纳如下:

(1) 三种机器数的最高位均为符号位。符号位和数值位之间可以用"·"(对于小数)或","(对于整数)隔开。

(2) 当真值为正时,原码、补码、反码的表示形式均相同,即符号位用 0 表示,数值部分与真值相同。

(3) 当真值为负时,原码、补码、反码的表示形式不同,其符号位都用 1 表示,而数值部分有这样的关系,即补码是原码的"取反加 1",反码是原码的"按位取反"。

5. 移码表示法

移码通常用于表示浮点数的阶码。由于阶码是个 k 位的整数,假定定点整数移码形式为 $e_k e_{k-1} \cdots e_0$(最高位为符号位)时,移码的传统定义是

$$[e]_{移} = 2^k + e \quad -2^k \leqslant e \leqslant 2^k \tag{2.7}$$

式中 $[e]$ 为机器数,e 为真值,2^k 是一个固定的偏移值常数,k 为有效数值位。

【例 2.1】 将十进制真值 $x(-127, -1, 0, +1, +127)$ 列表表示成二进制数及其原码、反码、补码、移码形式。

解:二进制真值及其各种机器码用 8 位二进制表示,列表如下:

真值与机器码对照表

真值(十进制)	真值(二进制)	$[x]_原$	$[x]_反$	$[x]_补$	$[x]_移$
−127	−01111111	11111111	10000000	10000001	00000001
−1	−00000001	10000001	11111110	11111111	01111111
0	00000000	10000000	00000000	00000000	10000000
		00000000	11111111		
+1	+00000001	00000001	00000001	00000001	10000001
+127	+01111111	01111111	01111111	01111111	11111111

2.2 数的定点表示和浮点表示

在选择计算机的数的表示方式时,需要考虑以下几个因素:①要表示的数的类型(小数、整数、实数和复数);②可能遇到的数值范围;③数值精确度;④数据存储和处理所需要的硬件代价。

计算机中常用的数据表示格式有两种,一是定点格式,二是浮点格式。一般来说,定点格式允许的数值范围有限,但要求的处理硬件比较简单。而浮点格式允许的数值范围很大,但要求的处理硬件比较复杂。

2.2.1 定点数的表示方法

所谓定点格式,即约定机器中所有的数据的小数点的位置是固定不变的,由于约定在固

定的位置,小数点就不用使用记号"·"来表示。原理上讲,小数点固定在哪个位置都可以,但通常把数据表示成纯小数或纯整数的形式。

假设用一个 $n+1$ 位字来表示一个定点数 x,其中一位 x_n 用来表示数的符号位,其余 n 位数代表它的数值。这样,对于任意定点数 $x = x_n x_{n-1} x_{n-2} \cdots x_0$,其在机器中的定点数表示如下:

x_n	x_{n-1}	x_{n-2}	$\cdots$	x_1	x_0

符号 $\longleftarrow$ 量值(尾数) $\longrightarrow$

若小数点位于 x_n 和 x_{n-1} 之间,则为纯小数,x_n 为符号位,x_n 为 0,则表示正数,x_n 为 1 则表示负数。当 $x = x_n \cdot x_{n-1} x_{n-2} \cdots x_1 x_0$ 的各位均为 0 时,数 x 的绝对值最小,即 $|x|_{\min} = 0$;当各位均为 1 时,x 的绝对值最大,即 $|x|_{\max} = 1 - 2^{-n}$,故数的表示范围为

$$0 \leqslant |x| \leqslant 1 - 2^{-n} \tag{2.8}$$

若小数点位于最低位 x_0 的右边,则为纯整数,此时数的表示范围为

$$0 \leqslant |x| \leqslant 2^n - 1 \tag{2.9}$$

在采用定点数表示的机器中,对于非纯整数或非纯小数的数据在处理前必须先通过合适的比例因子转换成相应的纯整数或纯小数,运算结果再按比例转换回去。目前计算机中多采用定点纯整数表示,因此将定点数表示的运算简称为整数运算。

2.2.2　浮点数的表示方法

电子的质量(9×10^{-28} g)和太阳的质量(2×10^{33} g)相差甚远,在定点计算机中无法直接来表示这个数值范围。要使它们送入定点计算机进行某种运算,必须对它们分别取不同的比例因子,使其数值部分绝对值小于 1,即

$$9 \times 10^{-28} = 0.9 \times 10^{-27}$$
$$2 \times 10^{33} = 0.2 \times 10^{34}$$

这里的比例因子 10^{-27} 和 10^{34} 要分别存放在计算机的某个存储单元中,便于以后对计算结果按这个比例增大或减小。显然这要占用一定的存储空间和运算时间。

从定点机取比例因子中我们得到一个启示,在计算机中还可以这样来表示数据:把一个数的有效数字和数的范围在计算机的一个存储单元中分别予以表示。这种把数的范围和精度分别表示的方法,相当于数的小数点位置随比例因子的不同而在一定范围内可以自由浮动,所以称为浮点表示法。

任意一个十进制数 N 可以写成

$$N = 10^{\pm e} \times (\pm M) \tag{2.10}$$

同样,在计算机中一个任意二进制数 N 可以写成

$$N = 2^{\pm e} \times (\pm M) \tag{2.11}$$

其中 M 称为浮点数的尾数,是一个纯小数。e 是比例因子的指数,称为浮点数的指数,是一个整数。比例因子的基数 $R = 2$ 对二进制计数制的机器来说是一个常数。

1. 浮点数表示格式

早期计算机中,一个机器浮点数由阶码和尾数及其符号位组成。在机器中表示一个浮

点数时,一是要给出尾数,用定点小数形式表示,尾数部分给出有效数字的位数,因而决定了浮点数的表示精度。二是要给出指数,用整数形式表示,常称为阶码,阶码指明小数点在数据中的位置,因而决定了浮点数的表示范围。

E_s	$E_1E_2 \cdots E_m$	M_s	$M_1M_2 \cdots M_n$
阶符	阶码	尾符	尾码

【例 2.2】 设浮点数字长 16 位,其中阶码 5 位(含 1 位阶符),尾数 11 位(含 1 位数符/尾符),将十进制数 $+\dfrac{11}{64}$ 写成二进制的形式,请分别写出它的原码、反码、补码在浮点机中的机器数形式。

解:令 $X = +\dfrac{11}{64} = 11 \times 2^{-6}$,

其二进制形式为 $1011 \times 2^{-6} = 0.001011 = 0.1011 \times 2^{-2}$。

在浮点数机器中:

$[X]_原$:

1	0010	0	1011000000
阶符	阶码	尾符	尾码

$[X]_反$:

1	1101	0	1011000000

$[X]_补$:

1	1110	0	1011000000

尾数不足 11 位要补足 11 位(含符号位)。

2. 浮点数的规格化

若不对浮点数的表示作出明确规定,同一个浮点数的表示就不是唯一的。例如上题中,$\left(+\dfrac{11}{64}\right)_{10}$ 可以表示成二进制的 0.1101×2^{-2}、0.01101×2^{-1}、0.001101×2^0 等多种形式。为了提高数据的表示精度,当尾数的值不为 0 时,尾数域的最高有效位应为 1,这称为浮点数的规格化表示。

根据范围和精度要求合理分配阶码和尾数,为了使尾数的有效数字不会丢失,要求尾数的最高位为非 0 数码。也就是说尾数必须为规格化的数,如果不是规格化的数,就要通过修改阶码并同时左右移尾数的方法,使其变成规格化的数。将非规格化的数转换成规格化数的过程称为规格化。在二进制中,当基数为 2 时,尾数最高位为 1 的数为规格化的数。在规格化的时候,尾数左移一位,阶码减 1,这种规格化称为向左规格化,简称左归;尾数右移 1 位,阶码加 1,这种规格化称为向右规格化,简称右归。

【例 2.3】 已知二进制数 $x = -0.000011001$,设浮点数字长 16 位,其中阶码 6 位(含 1 位阶符),尾数 10 位(含 1 位数符),将其在浮点机中表示成补码的规格化形式。

解:$x = -0.000011001 = -0.11001 \times 2^{-4}$

[阶码]$_补 = 1\ 11100$

[尾数]$_补 = 1\ 001110000$

机器数形式为:

1	11100	1	001110000

3. IEEE 754 标准格式

为便于软件移植,在现代计算机中,浮点数一般采用 IEEE 制定的国际标准,称 IEEE 754 标准,该标准中定义了 32 位浮点数和 64 位浮点数的格式。

IEEE 754 标准中 32 位浮点数表示格式:

31 30	⋯ 23	22 ⋯ 0
S	E(8位)	M(23位)

IEEE 754 标准中 64 位浮点数表示格式:

63 62	⋯ 52	51 ⋯ 0
S	E(11位)	M(52位)

不论是 32 位浮点数还是 64 位浮点数,规定基数 $R=2$。由于基数 2 是固定常数,对每一个浮点数都一样,所以不必用显式方式来表示它。

32 位的浮点数中,S 是浮点数的符号位,占 1 位,安排在最高位,$S=0$ 表示正数,$S=1$ 表示负数。M 是尾数,放在低位部分,占用 23 位,小数点位置放在尾数域最左(最高)有效位的右边。E 是阶码,占用 8 位,阶符采用隐含方式,即采用移码方法来表示正负指数。移码方法对两个指数大小的比较和对阶操作都比较方便,因为阶码域值大者其指数值也大。采用这种方式时,将浮点数的指数真值 e 变成阶码 E 时,应将指数 e 加上一个固定的偏移值 127(01111111),即 $E=\text{e}+127$。

在 IEEE 754 标准中,一个规格化的 32 位浮点数 x 的真值表示为

$$x=(-1)^S \times (1.M) \times 2^{E-127}$$
$$\text{e}=E-127$$

(2.12)

其中尾数域所表示的值是 $1.M$。因为规格化的浮点数的尾数域最左位(最高有效位)总是 1,故这一位经常不予存储,而认为隐藏在小数点的左边。

64 位的浮点数中符号位 1 位,阶码域 11 位,尾数域 52 位,指数偏移值是 1023。因此规格化的 64 位浮点数 x 的真值为

$$x=(-1)^S \times (1.M) \times 2^{E-1023}$$
$$\text{e}=E-1023$$

(2.13)

当阶码 E 为全 0 且尾数 M 也为全 0 时,表示的真值 x 为零,结合符号位 S 为 0 或 1,有正零和负零之分。当阶码 E 为全 1 且尾数 M 为全 0 时,表示的真值 x 为无穷大,结合符号位 S 为 0 或 1,也有 $+\infty$ 和 $-\infty$ 之分。这样在 32 位浮点数表示中,要除去 E 用全 0 和全 1(255_{10})表示零和无穷大的特殊情况,指数的偏移值不选 128(10000000),而选 127(01111111)。对于规格化浮点数,E 的范围变为 1 到 254,真正的指数值 e 则为 -126 到 $+127$。因此 32 位浮点数表示的绝对值的范围是 $10^{-38} \sim 10^{38}$(以 10 的幂表示)。

浮点数所表示的范围远比定点数大。一台计算机中究竟采用定点表示还是浮点表示,要根据计算机的使用条件来确定。

【例2.4】 若浮点数 x 的 IEEE 754 标准在计算机中定点存储格式为 $(41360000)_{16}$，求其浮点数的十进制数值。

解：将十六进制数展开后，可得二制数格式为

0 100 0001 0011 0110 0000 0000 0000 0000

↑
S 　阶码(8位)　　　　尾数(23位)

指数 e＝阶码－127＝ 10000010－01111111＝00000011＝ $(3)_{10}$

包括隐藏位1的尾数 1.M＝1.011 0110 0000 0000 0000 0000＝1.011011

于是有： $x = (-1)^S \times (1.M) \times 2^e$

$\quad\quad = +(1.011011) \times 2^3 = 1011.011 = (11.375)_{10}$

【例2.5】 将数 $(20.59375)_{10}$ 转换成 IEEE 754 标准的 32 位浮点数的二进制存储格式。

解：首先分别将整数和分数部分转换成二进制数

$$(20.59375)_{10} = (10100.10011)_2$$

然后移动小数点，使其在第 1、2 位之间

$$10100.10011 \quad = 1.010010011 \times 2^4$$

其中 e＝4，于是得 $S=0$，$E=4+127=131$，$M=010010011$，

最后得到 32 位浮点数的二进制存储格式为

$$0100\ 0001\ 1010\ 0100\ 1100\ 0000\ 0000\ 0000 = (41A4C000)_{16}$$

需要注意的是以上对 IEEE 754 标准的描述和使用是适用于大多数情况，也就是阶码 E 的取值在 $1 \leqslant E \leqslant 254$ 的情况。除此以外 IEEE 754 标准格式中还存在一些特殊的位序列（如阶码全 0 或全 1），需要对其进行特殊的解释。表 2.1 给出了 IEEE 754 标准对各种形式的解释。

表 2.1 IEEE 754 浮点数的详细解释

数 的 类 型	单精度（32 位）				双精度（64 位）			
	阶符	阶码	尾数	值	阶符	阶码	尾数	值
正 0	0	0	0	0	0	0	0	0
负 0	1	0	0	－0	1	0	0	－0
正无穷大	0	255	0	∞	0	2047	0	∞
负无穷大	1	255	0	$-\infty$	1	2047	0	$-\infty$
无定义	0 或 1	255	$\neq 0$	NAN(非数)	0 或 1	2047	$\neq 0$	NAN(非数)
规格化非 0 正数	0	$0 < E < 255$	M	$2^{E-127}(1.M)$	0	$0 < E < 2047$	M	$2^{E-1023}(1.M)$
规格化非 0 负数	1	$0 < E < 255$	M	$-2^{E-127}(1.M)$	1	$0 < E < 2047$	M	$-2^{E-1023}(1.M)$
非规格化正数	0	0	$M \neq 0$	$2^{-126}(0.M)$	0	0	$M \neq 0$	$2^{-1022}(0.M)$
非规格化负数	1	0	$M \neq 0$	$-2^{-126}(0.M)$	1	0	$M \neq 0$	$-2^{-1022}(0.M)$

2.2.3 定点数和浮点数的比较

定点数和浮点数可从如下几方面进行比较。

（1）当浮点机和定点机中数的位数相同时，浮点数的表示范围比定点数的大得多。

（2）当浮点数为规格化数时，其相对精度远比定点数高。

（3）浮点数运算要分阶码部分和尾数部分，而且运算结果都要求规格化，故浮点运算步骤比定点运算步骤多，运算速度比定点运算的低，运算线路比定点运算的复杂。

（4）在溢出的判断方法上，浮点数是对规格化数的阶码进行判断，而定点数是对数值本身进行判断。例如，小数定点机中的数，其绝对值必须小于1，否则"溢出"，此时要求机器停止运算，进行处理。为了防止溢出，上机前必须选择比例因子，这个工作比较麻烦，给编程带来不便。而浮点数的表示范围远比定点数大，仅当"上溢"时机器才停止运算，故一般不必考虑比例因子的选择。

总之，浮点数在数的表示范围、数的精度、溢出处理和程序编程方面（不取比例因子）均优于定点数。但在运算规则、运算速度及硬件成本方面又不如定点数。因此，究竟选用定点数还是浮点数，应根据具体应用综合考虑。一般来说，通用的大型计算机大多采用浮点数，或同时采用定、浮点数；小型、微型及某些专用机、控制机则大多采用定点数。当需要作浮点运算时，可通过软件实现，也可外加浮点扩展硬件（如协处理器）来实现。

2.3　十进制数串和非数值数据的表示

2.3.1　十进制数串的表示方法

大多数通用性较强的计算机都能直接处理十进制形式表示的数据。十进制数串在计算机内主要有两种表示形式：

（1）字符串形式，即一个字节存放一个十进制的数位或符号位。在主存中这样的一个十进制数占用连续的多个字节，故为了指明这样一个数，需要给出该数在主存中的起始地址和位数（串的长度）。这种方式表示的十进制字符串主要用在非数值计算的应用领域中。

（2）压缩的十进制数串形式，即一个字节存放两个十进制的数位。它比前一种形式节省存储空间，又便于直接完成十进制数的算术运算，是广泛采用的较为理想的方法。

用压缩的十进制数串表示一个数，也要占用主存连续的多个字节。每个数位占用半个字节（即4个二进制位），其值可用二-十编码（Binary Coded Decimal，BCD 码）或数字符的ASCII 码的低4位表示。符号位也占半个字节并放在最低数字位之后，其值选用四位编码中的六种冗余状态中的有关值，如用 12（C）表示正号，用 13（D）表示负号。在这种表示中，规定数位加符号位之和必须为偶数，当和不为偶数时，应在最高数字位之前补一个 0。例如 +123 和 −12 分别被表示成：

| 1 | 2 | 3 | C | (+123) | | 0 | 1 | 2 | D | (−12) |

在上述表示中，一个实线框表示一个字节，虚线把一个字节分为高低各半个字节，每一个小框内给出一个数值位或符号位的编码值（用十六进制形式给出）。符位在数值位之后。与第一种表示形式类似，要指明一个压缩的十进制数串，也得给出它在主存中的首地址和数字位个数（不含符号位），又称位长，位长为 0 的数其值为 0。十进制数串表示法的优点是位

长可变,许多机器中规定该长度从 0 到 31,有的甚至更长。

2.3.2 字符与字符串的表示方法

现代计算机不仅处理数值领域的问题,而且处理大量非数值领域的问题,这样一来,必然要引入文字、字母以及某些专用符号,以便表示文字语言、逻辑语言等信息。例如人机交换信息时使用英文字母、标点符号、十进制数以及诸如 $、%、+ 等符号。然而数字计算机只能处理二进制数据,因此,上述信息应用到计算机中时,都必须编写成二进制格式的代码,也就是字符信息用数据表示,称为符号数据。

ASCII 码规定 8 个二进制位的最高一位为 0,余下的 7 位可以给出 128 个编码,表示 128 个不同的字符。其中 95 个编码,对应着计算机终端能敲入并且可以显示的 95 个字符,打印机设备也能打印这 95 个字符,如大小写各 26 个英文字母,0~9 这 10 个数字符,通用的运算符和标点符号+、-、*、\、>、=、<等。

另外的 33 个字符,其编码值为 0~31 和 127,则不对应任何一个可以显示或打印的实际字符,它们被用作控制码,控制计算机某些外围设备的工作特性和某些计算机软件的运行情况。ASCII 编码和 128 个字符的对应关系如表 2.2 所示。

表 2.2 ASCII 编码和 128 个字符的对应关系

	0	1	2	3	4	5	6	7	8	9	A	B	C	D	E	F
0	NUL	SOH	STX	ETX	EOT	ENQ	ACK	BEL	BS	HT	LF	VT	FF	CR	SO	SI
1	DLE	DC1	DC2	DC3	DC4	NAK	SYN	ETB	CAN	EM	SUB	ESC	FS	GS	RS	US
2	SP	!	"	#	$	%	&	'	(	)	*	+	,	-	.	/
3	0	1	2	3	4	5	6	7	8	9	:	;	<	=	>	?
4	@	A	B	C	D	E	F	G	H	I	J	K	L	M	N	O
5	P	Q	R	S	T	U	V	W	X	Y	Z	[	\	]	^	_
6	`	a	b	c	d	e	f	g	h	i	j	k	l	m	n	o
7	p	q	r	s	t	u	v	w	x	y	z	{			}	~	DEL

2.3.3 汉字的表示方法

1. 汉字的输入编码

为了能直接使用西文标准键盘把汉字输入到计算机,就必须为汉字设计相应的输入编码方法。当前采用的方法主要有以下三类:

(1) **数字编码**。常用的是国际区位码,用数字串代表一个汉字输入。区位码是将国家标准局公布的 6763 个两级汉字分为 94 个区,每个区分 94 位,实际上把汉字表示成二维数组,每个汉字在数组中的下标就是区位码。区码和位码各两位十进制数字,因此输入一个汉字需按键四次。例如"中"字位于第 54 区 48 位,区位码为 5448。

数字编码输入的优点是无重码,且输入码与内部编码的转换比较方便,缺点是代码难以记忆。

(2) **拼音码**。拼音码是以汉语拼音为基础的输入方法。凡掌握汉语拼音的人,不需训练和记忆,即可使用。但汉字同音字太多,输入重码率很高,因此按拼音输入后还必须进行同音字选择,影响了输入速度。

（3）**字形编码**。字形编码是用汉字的形状来进行的编码。汉字总数虽多,但是均由一笔一画组成,全部汉字的部件和笔画是有限的。因此,把汉字的笔画部件用字母或数字进行编码,按笔画的顺序依次输入,就能表示一个汉字。例如五笔字型编码是最有影响的一种字形编码方法。

除了上述三种编码方法之外,为了加快输入速度,在上述方法基础上,发展了词组输入、联想输入等多种快速输入方法。但是都利用了键盘进行"手动"输入。理想的输入方式是利用语音或图像识别技术"自动"将拼音或文本输入到计算机内,使计算机能认识汉字,听懂汉语,并将其自动转换为机内代码表示。目前这种理想已经成为现实。

2．汉字内码

汉字内码是用于汉字信息的存储、交换、检索等操作的机内代码,一般采用两字节表示。英文字符的机内代码是七位的 ASCII 码,当用一字节表示时,最高位为"0"。为了与英文字符能相互区别,汉字机内代码中两字节的最高位均规定为"1"。例如汉字操作系统 CCDOS 中使用的汉字内码是一种最高位为"1"的两字节内码。

有些系统中字节的最高位用于奇偶校验位,这种情况下用三字节表示汉字内码。

3．汉字字模码

字模码是用点阵表示的汉字字形代码,它是汉字的输出形式。

根据汉字输出的要求不同,点阵的多少也不同。简易型汉字为 16×16 点阵,提高型汉字为 24×24 点阵、32×32 点阵,甚至更高。因此字模点阵的信息量是很大的,所占存储空间也很大。以 16×16 点阵为例,每个汉字要占用 32 字节,国标两级汉字要占用 256K 字节。因此字模点阵只能用来构成汉字库,而不能用于机内存储。字库中存储了每个汉字的点阵代码,当显示输出或打印输出时才检索字库,输出字模点阵,得到字形。注意,汉字的输入编码、汉字内码、字模码是计算机中用于输入、内部处理、输出三种不同用途的编码,不要混为一谈。

2.4　数据信息的校验

元件故障、噪声干扰等各种因素常常导致计算机在处理信息过程中出现错误。例如将 4 位二进制数 x 从部件 A 传送到部件 B,可能由于传送信道中的噪声干扰而受到破坏,以至于在接收部件 B 收到的是 $\bar{x}$ 而不是 x。为了防止这种错误,可将信号采用专门的逻辑电路进行编码以检测错误,甚至校正错误。通常的方法有奇偶校验码、海明校验码、CRC 循环冗余校验码。

2.4.1　奇偶校验码

奇偶校验码(Parity Check Code)是奇校验码和偶校验码的统称。它们都是通过在要校验的编码上加一位校验位组成。数据传输以前通常会确定是奇校验还是偶校验,以保证发送端和接收端采用相同的校验方法进行数据校验。假如校验位不符,则认为传输出错。

奇校验是在每字节后增加一个附加位,使得"1"的总数为奇数。奇校验时,校验位按如下规则设定:假如每字节的数据位中"1"的个数为奇数,则校验位为"0";若为偶数,则校验位为"1"。奇校验通常用于同步传输。

而偶校验是在每字节后增加一个附加位,使得"1"的总数为偶数。偶校验时,校验位按如下规则设定:假如每字节的数据位中"1"的个数为奇数,则校验位为"1";若为偶数,则校验位为"0"。偶校验常用于异步传输或低速传输。

【例 2.6】 已知一组字符,假设最低一位为校验位,其余高 8 位为数据位,分别为下列字符填写奇偶校验位。奇偶校验码如表 2.3 所示。

表 2.3 奇偶校验码

数　据	偶校验编码 C	奇校验编码 C
10101010	10101010 **0**	10101010 **1**
01010100	01010100 **1**	01010100 **0**
00000000	00000000 **0**	00000000 **1**
01111111	01111111 **1**	01111111 **0**
11111111	11111111 **0**	11111111 **1**

从表中可以看出,校验位的值取 0 还是取 1,是由数据位中 1 的个数决定的。

在计算机中校验位通过异或 $\oplus$ 运算实现。设 $x=(x_0x_1\cdots x_{n-1})$ 是一个 n 位字,则奇校验位 C 定义为:

$$C=\overline{x_0 \oplus x_1 \oplus x_2 \oplus \cdots \oplus x_{n-1}} \tag{2.14}$$

当然 $C=x_0\oplus x_1\oplus x_2\oplus\cdots\oplus x_{n-1}\oplus 1$ 也得到的是相同的效果。

在传输的 x 中包含奇数个 1 时,需要加"0"做校验位,传输的 x 中包含偶数个 1 时,需要加"1"做校验位,所以添加的校验位正好是 x 各位进行 $\oplus$ 运算的结果的取反。

偶校验位 C 定义为

$$C=x_0 \oplus x_1 \oplus x_2 \oplus \cdots \oplus x_{n-1} \tag{2.15}$$

即 x 中包含偶数个 1 时,才使 $C=0$。

奇偶校验提供奇数个错误检测,无法检测出偶数个错误,更无法识别错误信息的位置。

事实上,在传输中偶尔 1 位出错的机会最多,故奇偶校验法常常被采用。然而,奇偶校验法并不是一种安全的检错方法,其识别错误的能力较低。

假如发生错误的位数为奇数,那么错误可以被识别,而当发生错误的位数为偶数时,错误就无法被识别了,这是因为错误互相抵消了。

常用的奇偶校验法为垂直奇偶校验、水平奇偶校验和水平垂直奇偶校验。

2.4.2　海明校验码

海明校验码(Hamming Code)由 Richard Hamming 于 1950 年提出,是被广泛采用的一种很有效的校验方法,它不仅具有检测错误的能力,同时还具有给出错误所在准确位置的能力。

1. 海明码的编码方法

海明码的实现原理是在 n 个数据位之外加上 k 个校验位,从而形成一个 $n+k$ 位的新的码字,使新的码字的码距比较均匀地拉大。把数据的每一个二进制位分配在几个不同的奇偶校验位的组合中,当某一位出错后,就会引起相关的几个校验位的值发生变化,这不但可以发现出错,还能指出是哪一位出错,为进一步自动纠错提供了依据。

若真实需要传输的有效信息码为 n 位,需添加的校验码为 k 位,如何确定 k 的位数呢?有如下对应关系

$$(2^k-1)-k \geqslant n \Rightarrow 2^k-1 \geqslant k+n$$

这个式子的意思是,可以用来校验错误的数字个数 (2^k-1) 要大于或等于原数据位数 (n) 和校验位数 (k) 的和。显然在 2^k 中我们要留出一个数表示数据正确,所以我们用 2^k-1 来代表出错的位数。表 2.4 列出了校验个数 k 和可校验信息码的最大位数 n 之间的关系。

表 2.4　海明码中信息位与校验位的关系

校验位 k	最大有效信息位 n	海明码位数 2^k-1	校验位 k	最大有效信息位 n	海明码位数 2^k-1
1	0	1	5	26	31
2	1	3	6	57	63
3	4	7	7	120	127
4	11	15	8	247	255

海明码也是由信息位和校验位两部分组成,不过这里的校验位不是 1 位,而是由若干位构成,下面通过具体的例子说明它的编码方法。

设需要传输的信息码为 11 位二进制码,即

$$M = a_1 a_2 a_3 a_4 a_5 a_6 a_7 a_8 a_9 a_{10} a_{11}$$

为了实现海明校验,根据表 2.4 需要增加 4 个校验位 b_1、b_2、b_3 和 b_4,称它们为海明奇偶校验位。将这 4 位校验位分别设置在 2^i 的码位上 $(i=0,1,2,3)$。即 b_1 置于 $2^0=1$ 码位上,b_2 置于 $2^1=2$ 码位上,b_3 置于 $2^2=4$ 码位上,b_4 置于 $2^3=8$ 码位上。$a_1,a_2,a_3,\cdots,a_{11}$ 按顺序填在剩余的位置上。这样,由信息码和校验码构成的海明码排列如表 2.5 所示。

表 2.5　海明码中信息位于校验位的排列次序

码位	码　　位														
	1	2	3	4	5	6	7	8	9	10	11	12	13	14	15
校验码	b_1	b_2		b_3				b_4							
信息码			a_1		a_2	a_3	a_4		a_5	a_6	a_7	a_8	a_9	a_{10}	a_{11}
海明码	b_1	b_2	a_1	b_3	a_2	a_3	a_4	b_4	a_5	a_6	a_7	a_8	a_9	a_{10}	a_{11}

那么校验位 b_1、b_2、b_3 和 b_4 的取值又应该如何确定呢?为了对校验位进行编码,需要将 15 位海明码进行分组,4 个校验位就需要分成 4 组进行奇偶校验。分组方法如表 2.6 所示。

表 2.6 海明码分组表

分组	码 位														
	1	2	3	4	5	6	7	8	9	10	11	12	13	14	15
S_1	b_1		a_1		a_2		a_4		a_5		a_7		a_9		a_{11}
S_2		b_2	a_1			a_3	a_4			a_6	a_7			a_{10}	a_{11}
S_3				b_3	a_2	a_3	a_4				a_7	a_8	a_9	a_{10}	a_{11}
S_4								b_4	a_5	a_6	a_7	a_8	a_9	a_{10}	a_{11}

将码位号用二进制码表示,在列的方向由下向上填,S_4 为高位,S_1 为低位,先将 b_1、b_2、b_3 和 b_4 填在每组对应的 2^i 对应的位置上,然后将每位相应的码元在列的方向填在该码位有"1"的位置上,如码位号 13,对应的二进制编码为 1101,其对应的码元为 a_9,则在码位 13 的位置,由下向上填写三个 a_9,分别对应在 $S_4 S_3 S_1$ 的位置。

根据表 2.6 可以看出,校验位 b_1、b_2、b_3 和 b_4 分别列在 4 个组中,可分成 4 组进行奇偶校验,即按 S_4、S_3、S_2、S_1 延横向取所有码元(除校验位)异或运算获得(对于偶校验)。具体实现如下:

$$b_1 = a_1 \oplus a_2 \oplus a_4 \oplus a_5 \oplus a_7 \oplus a_9 \oplus a_{11}$$
$$b_2 = a_1 \oplus a_3 \oplus a_4 \oplus a_6 \oplus a_7 \oplus a_{10} \oplus a_{11}$$
$$b_3 = a_2 \oplus a_3 \oplus a_4 \oplus a_8 \oplus a_9 \oplus a_{10} \oplus a_{11}$$
$$b_4 = a_5 \oplus a_6 \oplus a_7 \oplus a_8 \oplus a_9 \oplus a_{10} \oplus a_{11}$$

由这 4 个表达式分别求出 b_1、b_2、b_3、b_4,就完成了海明码的编码。

2. 海明码的校验

发送端将编码好的海明码发送出去后,在接收端根据接收到的信息码和校验码进行检错和纠错,可通过下列奇偶校验方程组来实现(对于偶校验):

$$S_1 = b_1 \oplus a_1 \oplus a_2 \oplus a_4 \oplus a_5 \oplus a_7 \oplus a_9 \oplus a_{11}$$
$$S_2 = b_2 \oplus a_1 \oplus a_3 \oplus a_4 \oplus a_6 \oplus a_7 \oplus a_{10} \oplus a_{11}$$
$$S_3 = b_3 \oplus a_2 \oplus a_3 \oplus a_4 \oplus a_8 \oplus a_9 \oplus a_{10} \oplus a_{11}$$
$$S_4 = b_4 \oplus a_5 \oplus a_6 \oplus a_7 \oplus a_8 \oplus a_9 \oplus a_{10} \oplus a_{11}$$

根据求得 S_1、S_2、S_3、S_4 的值就能检测错误和定位错误:

情况一:如果接收到的代码是正确的,则 $S_4 S_3 S_2 S_1 = 0000$。

情况二:如果接收到的代码有错误(依然只考虑 1 位出错的情况),则由 $S_4 S_3 S_2 S_1$ 所构成的二进制数就是错误的码位号。

例如,校验结果 $S_4 S_3 S_2 S_1 = 0011$,说明错误发生在 S_2 和 S_1 这两组中,二进制数 0011 指出码位号为 3,由表 2.5 可知,是 a_1 发生了错误。只要将该位取反,即得到正确的结果。

以上的讨论均是以偶校验为例,若是奇校验,只需将各码源相异或后取反,或将各码源相异或后再与"1"相异或即可。

4 个校验方程形成的校验结果共有 16 种不同取值,除"0000"表示没有错误外,其余 15 种编码分别指出 15 个码位的错误。

【例 2.7】 将 8421BCD 码编成奇校验的海明码。

解：设 BCD 码的信息码为 a_1、a_2、a_3、a_4，

（1）根据 $n=4$，根据表可知 k 的取值为 3，共同构成 7 个。

（2）设置校验位 b_1、b_2、b_3 并分别放置在 1、2、4 的码位上，根据分组规则，可以分为三组，如表 2.7 所示。

表 2.7   BCD 码的海明码分组

分　　组	码　位						
	1	2	3	4	5	6	7
S_1	b_1		a_1		a_2		a_4
S_2		b_2	a_1			a_3	a_4
S_3				b_3	a_2	a_3	a_4

（3）根据表 2.7，列出校验位的表达式为

$$b_1 = a_1 \oplus a_2 \oplus a_4 \oplus 1$$
$$b_2 = a_1 \oplus a_3 \oplus a_4 \oplus 1$$
$$b_3 = a_2 \oplus a_3 \oplus a_4 \oplus 1$$

计算每组 BCD 码相应位的校验位值，即可得到完整的 BCD 码的海明码表，如表 2.8 所示。

表 2.8   BCD 码的海明码表

信息码序号	b_1	b_2	a_1	b_3	a_2	a_3	a_4
0	1	1	0	1	0	0	0
1	0	0	0	0	0	0	1
2	1	0	0	0	0	1	0
3	0	1	0	1	0	1	1
4	0	1	0	0	1	0	0
5	1	0	0	1	1	0	1
6	0	0	0	1	1	1	0
7	1	1	0	0	1	1	1
8	0	0	1	1	0	0	0
9	1	1	1	0	0	0	1

以 BCD 码 5 为例，$a_1 a_2 a_3 a_4 = 0101$，代入校验位表达式

$$b_1 = 0 \oplus 1 \oplus 1 \oplus 1 = 1$$
$$b_2 = 0 \oplus 0 \oplus 1 \oplus 1 = 0$$
$$b_3 = 1 \oplus 0 \oplus 1 \oplus 1 = 1$$

所以 BCD 码 5 对应的海明码为 1001101。

假设发送 BCD 码 5 的海明码为 1001101，接收到的海明码为 1011101，判断传输的数据是否已有错误，若有，是在哪位上（奇校验海明码）？

根据校验方程组，有

$$S_3 = b_3 \oplus a_2 \oplus a_3 \oplus a_4 \oplus 1 = 1 \oplus 1 \oplus 0 \oplus 1 \oplus 1 = 0$$

$$S_2 = b_2 \oplus a_1 \oplus a_3 \oplus a_4 \oplus 1 = 0 \oplus 1 \oplus 0 \oplus 1 \oplus 1 = 1$$

$$S_1 = b_1 \oplus a_1 \oplus a_2 \oplus a_4 \oplus 1 = 1 \oplus 1 \oplus 1 \oplus 1 \oplus 1 = 1$$

由 $S_3 S_2 S_1 = 011$，可判断第 3 码位 a_1 出现错误，直接将接收到的 a_1 由 1 改成 0，就可以纠正错误了。

2.4.3　循环冗余校验码

除奇偶校验码和海明码外，在计算机网络、同步通信以及磁表面存储器中广泛使用循环冗余校验（Cyclic Redundancy Check，CRC）码。循环冗余校验码可以发现并纠正信息在存储或传送过程中连续出现的多位错误代码，尤其像磁表面存储器，由于磁介质表面的缺陷、尘埃等原因，经常出现多个错误码，因此多数使用 CRC。

循环冗余校验码是一种基于模 2 运算建立编码规则的校验码。

1. 模 2 运算

模 2 运算是一种二进制算法，CRC 技术中的核心部分。与四则运算相同，模 2 运算也包括模 2 加、模 2 减、模 2 乘、模 2 除四种二进制运算。而且，模 2 运算也使用与四则运算相同的运算符，即"＋"表示模 2 加，"－"表示模 2 减，"×"或"·"表示模 2 乘，"÷"或"/"表示模 2 除。与四则运算不同的是模 2 运算不考虑进位和借位，这样，两个二进制位相运算时，这两个位的值就能确定运算结果，不受前一次运算的影响，也不对下一次造成影响。

1）模 2 加、减运算

模 2 加、减运算就是没有进位和借位的二进制加法和减法运算。

$$0 \pm 0 = 0, 0 \pm 1 = 1, 1 \pm 0 = 1, 1 \pm 1 = 0$$

相同的两个二进制数的模 2 加法与模 2 减法的结果相同，采用异或门即可实现。

2）模 2 乘运算

模 2 乘运算即根据模 2 加法运算求部分积之和，运算过程不考虑进位。

例如，按模 2 运算求 1010 与 101 之积。

```
        1 0 1 0
  ×       1 0 1
      ─────────
        1 0 1 0
      0 0 0 0
    1 0 1 0
  ─────────────
    1 0 0 0 1 0
```

3）模 2 除运算

模 2 除法运算即根据模 2 减法求部分余数。上商的原则是：

（1）部分余数首位为 1 时，商上 1，按模 2 运算减除数。

（2）部分余数首位为 0 时，商上 0，减 0。

（3）部分余数位数小于除数的位数时，该余数为最后余数。

例如，按模 2 运算求 $10010 \div 101$。

$$
\begin{array}{r}
101 \quad\quad 商 \\
101\overline{)10010} \quad 首位为1 \\
\underline{101} \quad\quad 模2减,商上1 \\
011 \quad\quad 首位为0 \\
\underline{000} \quad\quad 减0,商上0 \\
110 \quad 首位为1 \\
\underline{101} \quad 模2减,商上1 \\
11 \quad\quad 最后余数
\end{array}
$$

2．循环冗余校验码的编码方法

循环冗余校验码由两个部分组成,如图2.1所示。左边为信息位,右边为检验位。若信息位为 n 位,校验位为 k 位,则该校验码被称为 $(n+k,n)$ 码。

图 2.1　CRC 循环冗余校验码格式

设待编码的信息码组为 $D_{n-1}D_{n-2}\cdots D_2 D_1 D_0$,共 n 位,它可以用多项式 $M(x)$ 表示:
$$M(x)=D_{n-1}x_{n-1}+D_{n-2}x_{n-2}\cdots+D_1 x_1 D_0 x_0$$

将信息码组左移 k 位,得 $M(x)\cdot x^k$,即成 $n+k$ 位信息码组:
$$D_{n-1+k}D_{n-2+k}+\cdots+D_{2+k}D_{1+k}D_{0+k}\underbrace{000\cdots0}_{k位}$$

空出的 k 位用来拼接 k 位校验位。

CRC 码就是用多项式 $M(x)\cdot x^k$ 除以生成多项式 $G(x)$,所得的余数作为校验位。$G(x)$ 是产生校验码的多项式,为了得到 k 位余数,$G(x)$ 必须是 $k+1$ 位。

现归纳循环冗余校验码的编码如下:

(1) 将待编码的 N 位有效信息表示为多项式 $M(x)$。

(2) 将 $M(x)$ 左移 k 位,得到 $M(x)\cdot x^k$,空余的 k 位用来拼装 k 位余数(即校验位)。

(3) 选取一个 $k+1$ 位的生成多项式 $G(x)$,对 $M(x)\cdot x^k$ 进行模 2 运算。
$$\frac{M(x)\times x^k}{G(x)}=Q(x)+\frac{R(x)}{G(x)} \quad (Q(x)\ 为商,R(x)\ 为余数)$$

(4) 把左移 k 位的有效信息与 $R(x)$ 进行模 2 加减运算,拼接形成 CRC 码,此时的 CRC 码共 $n+k$ 位,即 $M(x)\cdot x^k+R(x)$。

【例 2.8】　已知有效信息为 1100,试用生成多项式 $G(x)=1011$ 将其编成 CRC 码。

解：有效信息的多项式 $M(x)=1100=x^3+x^2$ 　　 $(n=4)$

生成多项式　　　　 $G(x)=1011=x^3+x+1$ 　　 $(k=3)$
$$M(x)\cdot x^k=(x^3+x^2)\cdot x^3=x^6+x^5=1100000$$
$$\frac{M(x)\cdot x^3}{G(x)}=\frac{1100000}{1011}=1110+\frac{010}{1011}$$

进行模 2 除法后,余数为 010,将余数补在移位后的编码后即得到传输的 CRC 码。

CRC 码为:$M(x)\times x^3+R(x)=1100000+010=1100010$。

总的信息位为 7 位,有效信息位为 4 位,故上述 1100010 码又称(7,4)码。这里的(7,4)

码即为码制,除此之外还可以有(7,3)码制和(7,6)码制等。

3．CRC 码的译码和纠错

将收到的循环冗余校验码用约定的生成多项式 $G(x)$ 去除,如果无错,则余数应为 0,如果某一位出错,则余数不为 0,不同的出错位其余数也不同,表 2.9 给出了生成多项式 $G(x)=1011$ 的出错模式。

表 2.9 对应 $G(x)=1011$ 的(7,4)码循环的出错模式

序 号	$N_1\ N_2\ N_3\ N_4\ N_5\ N_6\ N_7$	余 数	出 错 位
正确	1100010	000	无
错误	1100011	001	7
	1100000	010	6
	1100110	100	5
	1101010	011	4
	1110010	110	3
	1000010	111	2
	0100010	101	1

如果循环码有一位出错,被 $G(x)$ 模 2 除将得到一个不为 0 的余数。如果对余数补 0 继续下去,将发现各次所得余数将按表 2.9 的顺序循环。例如,第 7 位出错,其余数为 001,补 0 后第二次余数为 010,此后依次为 100、011、110、111、101,然后又回到 001,反复循环,这就是"循环码"一词的由来。这个特点正好用来纠错,即当出现不为零的余数后,一方面对余数补 0 继续做模 2 除,另一方面将被检校验码字循环左移。由表 2.9 可知,当出现余数为 101 时,原来的出错位 N_7 也移到了 N_1 位置。通过或门将其纠正后在下一次移位时送回 N_7,这样当移满一个循环(7 次)后[对(7,4)码共移 7 次],就到一个纠正后的码字。

4．生成多项式的选择

值得指出的是,并不是任何一个 $(k+1)$ 位多项式都可以作为生成多项式。从检错和纠错的要求出发,生成多项式应满足以下要求:

(1)任何一位发生错误,都应该使余数不为零。

(2)不同位发生错误,应使余数不同。

(3)对余数继续做模 2 除,应使余数循环。

(4)生成多项式的最高位和最低位必须为 1。

将这些要求反映为数学关系是比较复杂的,但可以从有关资料查到常用的对应于不同码制的生成多项式,如表 2.10 所示。

表 2.10 常用生成多项式及应用场合

CRC 码	用 途	多项表达式
CRC-3	GSM 移动网络	x^3+x+1
CRC-4	ITU-T G.704	x^4+x+1
CRC-5-ITU	ITU-T G.704	$x^5+x^4+x^2+1$
CRC-5-EPC	二代 RFID	x^5+x^3+1

续表

CRC 码	用　　途	多项表达式
CRC-5-USB	USB 令牌包	x^5+x^2+1
CRC-6-GSM	GSM 移动网络	$x^6+x^5+x^3+x^2+x+1$
CRC-7	MMC/SD 卡	x^7+x^3+1
CRC-16-CCITT	USB、Bluetooth	$x^{16}+x^{15}+x^2+1$
CRC-32	Ethernet，SATA，MPEG-2，PKZIP,Gzip 等	$x^{32}+x^{26}+x^{23}+x^{22}+x^{16}+x^{12}+x^{11}+x^{10}+x^8+$ $x^7+x^5+x^4+x^2+x+1$

2.5　定点运算

2.5.1　定点加减运算

计算机中将数用补码表示后,针对一个负数,在计算的时候就可以和正数一样处理,这样,运算器里只需要一个加法器就可以了,不必为负数的加法运算再配一个减法器。

1．补码加法

加法运算是计算机中最基本的运算,因为减法运算可以看作一个被减数加上一个减数的补数,补码加法运算公式为

$$[x]_补+[y]_补=[x+y]_补 \quad (\mathrm{mod}\ 2) \tag{2.16}$$

我们根据二进制数 x、y 的各种情况来证明公式的正确性：

(1) $x>0,y>0$,则 $x+y>0$。

相加的两数都是正数,故其和也一定是正数。正数的补码和原码是一样的,根据数据补码定义可得：

$$[x]_补+[y]_补=x+y=[x+y]_补 \quad (\mathrm{mod}\ 2)$$

(2) $x>0,y<0$,则 $x+y>0$ 或 $x+y<0$。

相加的两个数一个为正,一个为负,因此相加结果有正、负两种可能。根据补码定义

$$[x]_补=x, \quad [y]_补=2+y$$

所以

$$[x]_补+[y]_补=x+2+y=2+(x+y)=[x+y]_补$$

若 $x+y>0,2+(x+y)>2$,进位 2 丢失,又因为 $x+y>0$,所以

$$[x]_补+[y]_补=x+y=[x+y]_补 \quad (\mathrm{mod}\ 2)$$

若 $x+y<0,2+(x+y)<2$,又因为 $x+y<0$,所以

$$[x]_补+[y]_补=2+(x+y)=[x+y]_补 \quad (\mathrm{mod}\ 2)$$

(3) $x<0,y>0$,则 $x+y>0$ 或 $x+y<0$。 (证明略)

(4) $x<0,y<0$,则 $x+y<0$。

$$[x]_补=2+x, \quad [y]_补=2+y$$

$$[x]_补+[y]_补=2+x+2+y=2+(2+x+y)=2+x+y=[x+y]_补 \quad (\mathrm{mod}\ 2)$$

由以上证明可知,任意两个数的补码之和等于该两数之和的补码。这是补码加法的理

论基础。

【例2.9】 已知 $x = +0.1001, y = +0.0101$，求 $[x+y]_补$。

解：$[x]_补 = 0.1001, [y]_补 = 0.0101$

$$
\begin{array}{rr}
[x]_补 & 0.1011 \\
+\quad [y]_补 & 0.0101 \\
\hline
[x+y]_补 & 0.1110
\end{array}
$$

故 $\qquad\qquad\qquad\qquad [x+y]_补 = 0.1110$

【例2.10】 已知 $x = +0.1011, y = -0.0101$，求 $[x+y]_补$。

解：$[x]_补 = 0.1011, [y]_补 = 1.1011$

$$
\begin{array}{rr}
[x]_补 & 0.1011 \\
+\quad [y]_补 & 1.1011 \\
\hline
[x+y]_补 & \boxed{1}\,0.0110
\end{array}
$$

丢掉

按模2的意义，最左边的1丢掉，故 $[x+y]_补 = 0.0110$，结果正确。

所以，由以上两例看到补码加法的特点，一是符号位要作为数的一部分一起参加运算，二是要在模2的意义下相加，即超过2的进位要丢掉。

2. 补码减法

负数的加法要利用补码化为加法来做，减法运算当然也要设法化为加法来做。之所以使用这种方法而不使用直接减法，是因为它可以和常规的加法运算使用同一个加法器电路，从而简化了计算机的设计。

数用补码表示时，减法运算的公式为

$$[x-y]_补 = [x]_补 + [-y]_补 = [x]_补 - [y]_补$$

证明如下：

$$[x+y]_补 = [x]_补 + [y]_补$$
$$[y]_补 = [x+y]_补 - [x]_补 \tag{2.17}$$
$$[x-y]_补 = [x+(-y)]_补 = [x]_补 + [-y]_补$$
$$[-y]_补 = [x-y]_补 - [x]_补 \tag{2.18}$$

式(2.17)+式(2.18)得：

$$[-y]_补 + [y]_补 = [x+y]_补 - [x]_补 + [x-y]_补 - [x]_补$$
$$= [x+y+x-y]_补 - [x]_补 - [x]_补$$
$$= [x+x]_补 - [x]_补 - [x]_补 = 0$$

故 $\qquad\qquad\qquad [-y]_补 = -[y]_补 \quad (\mod\ 2)$

从 $[y]_补$ 求 $[-y]_补$ 的法则是：

对 $[y]_补$ 包括符号位"取反且最末位加1"，即得 $[-y]_补$：

$$[-y]_补 = \neg [y]_补 + 2^{-n}$$

【例2.11】 已知 $x_1 = -0.1110, x_2 = +0.1101$，求：$[x_1]_补, [-x_1]_补, [x_2]_补, [-x_2]_补$。

解：$[x_1]_{补}=1.0010$

$\quad\quad [-x_1]_{补}=0.1110$

$\quad\quad [x_2]_{补}=0.1101$

$\quad\quad [-x_2]_{补}=1.0011$

【例2.12】　已知 $x=+1101,y=+0110$，求 $x-y$。

解：$[x]_{补}=01101,[y]_{补}=00110,[-y]_{补}=11010$

$$
\begin{array}{r}
[x]_{补} \quad\quad 0\ 1101 \\
+\quad [-y]_{补} \quad\quad 1\ 1010 \\
\hline
[x+y]_{补} \quad \boxed{1}\ 0\ 0111 \\
\text{丢掉} \leftarrow
\end{array}
$$

所以　　　　　　　　　　　　　　$x-y=+0111$

【例2.13】　设机器字长为8位(含1位符号位)，若 $x=+15,y=+24$，求 $[x-y]_{补}$ 并还原成真值。

解：因为 $x=+15=+0001111,y=+24=+0011000$

$\quad\quad$ 所以 $[x]_{补}=0\ 0001111,[y]_{补}=0\ 0011000,[-y]_{补}=1\ 1101000$

$$
\begin{array}{r}
[x]_{补} \quad\quad 0\ 0001111 \\
+\quad [-y]_{补} \quad\quad 1\ 1101000 \\
\hline
[x-y]_{补} \quad\quad 1\ 1110111
\end{array}
$$

所以　　　　　　　$[x-y]_{补}=[x]_{补}+[-y]_{补}=1\ 1110111$

故　　　　　　　　　　$x-y=-0001001=-9$

可见，不论操作数是正还是负，在做补码加减法时，只需要将符号位和数值部分一起参加运算，并且将符号位产生的进位自然丢掉即可。

【例2.14】　某台机器，设机器字长为8位，其中1位符号位，若 $x=-93,y=+45$，求 $[x-y]_{补}$。

解：因为 $x=-93=-1011101$　$[x]_{补}=1\ 0100011$

$\quad\quad y=+45=+0101101,[y]_{补}=0\ 0101101,[-y]_{补}=1\ 1010011$

$$
\begin{array}{r}
[x]_{补} \quad\quad 1\ 0100011 \\
+\quad [-y]_{补} \quad\quad 1\ 1010011 \\
\hline
[x-y]_{补} \quad \boxed{1}\ 0\ 1110110 \\
\text{丢掉} \leftarrow
\end{array}
$$

所以　　　　　　　$[x-y]_{补}=[x]_{补}+[-y]_{补}=0\ 1110110$

按模 2^{n+1} 的意义，最左边的"1"自然丢掉，故 $[x-y]_{补}=01110110$，还原成真值得 $x-y=118$，结果出错，这是因为 $x-y=-138$ 超出了计算机字长所能表示的范围。在计算机中，这种超出计算机字长的现象叫溢出。为此，在补码定点加减运算过程中，必须对结果是否溢出做出明确的判断。

3．溢出判断与检测

在定点机器中，小数的表示范围 $-1\leqslant x<1$，整数的表示范围 $-2^n\leqslant x<2^n$（机器字长为

$n+1$)。在运算过程中如果出现大于字长绝对值的现象,称为"溢出"。在定点机器中,正常情况下溢出是不允许的。

【例 2.15】 已知 $x=+1011,y=+1001$,求 $x+y$。

解:$[x]_补=01011,[y]_补=01001$

$$
\begin{array}{r}
[x]_补 \quad \mathbf{0}\ 1011 \\
+\ [y]_补 \quad \mathbf{0}\ 1001 \\
\hline
[x+y]_补 \quad \mathbf{1}\ 0100
\end{array}
$$

两个正数相加的结果为负数,这显然是错误的。

【例 2.16】 已知 $x=-1101,y=-1011$,求 $x+y$。

解:$[x]_补=10011,[y]_补=10101$

$$
\begin{array}{r}
[x]_补 \quad \mathbf{1}\ 0011 \\
+\ [y]_补 \quad \mathbf{1}\ 0101 \\
\hline
[x+y]_补 \quad \mathbf{1}\ 1000
\end{array}
$$

两个负数相加的结果为正数,这同样是错误的。

之所以发生错误,是因为运算结果产生了溢出。两个正数相加,结果大于机器字长所能表示的最大正数,称为正溢。而两个负数相加,结果小于机器所能表示的最小负数,称为负溢,其在数轴上对应的数值关系如图 2.2 所示。

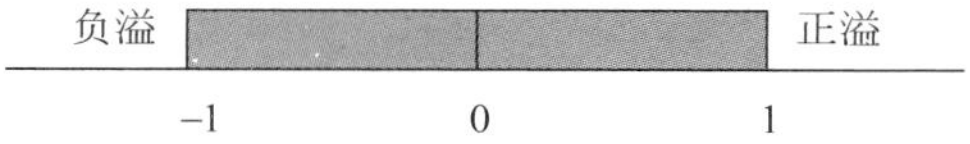

图 2.2 定点小数表示范围

为了判断"溢出"是否发生,可采用以下的检测方法。

1) 根据符号位判断

两个同号相加,结果与其符号相反,则溢出。利用逻辑关系可以得出以下结论

$$\mathrm{ov}=\bar{x}_f\bar{y}_f s_f+x_f y_f \bar{s}_f \tag{2.19}$$

溢出时,$\mathrm{ov}=1$。

2) 利用进位值判断

观察以下 4 组运算

$$
\begin{array}{r}
[x]_补 \quad \mathbf{0}.0011 \\
+\ [y]_补 \quad \mathbf{0}.1001 \\
\hline
[x+y]_补 \quad \mathbf{0}.1100
\end{array}
\qquad
\begin{array}{r}
[x]_补 \quad \mathbf{0}.1011 \\
+\ [y]_补 \quad \mathbf{0}.1001 \\
\hline
[x+y]_补 \quad \mathbf{1}.0100
\end{array}
$$

式一:结果正确 　　　　　　　　式二:结果溢出

$$
\begin{array}{r}
[x]_补 \quad \mathbf{1}.0101 \\
+\ [y]_补 \quad \mathbf{1}.1100 \\
\hline
[x+y]_补 \quad \mathbf{1}.0001
\end{array}
\qquad
\begin{array}{r}
[x]_补 \quad \mathbf{1}.0011 \\
+\ [y]_补 \quad \mathbf{1}.0101 \\
\hline
[x+y]_补 \quad \mathbf{0}.1000
\end{array}
$$

式三:结果正确 　　　　　　　　式四:结果溢出

从上面发生溢出和未发生溢出的计算可以看出最高数值位有进位,符号位无进位或最高数值位无进位而符号位有进位则溢出产生。用 C_n 表示最高位向符号位的进位,C_{n-1} 表示低位向最高数值位的进位,即

$$\text{ov} = \overline{c_n}c_{n-1} + c_n\overline{c_{n-1}} = c_n \oplus c_{n+1} \tag{2.20}$$

3)采用变形补码判断

采用双符号位法,这称为"变形补码",即利用模 4 补码,00 表示正,11 表示负,两个符号位同时参与运算,符号位相同则无溢出,若为 01,则为上溢,若为 10,则为下溢。

$$
\begin{array}{ll}
[x]_{\!补} & \mathbf{00}.1011 \\
+\ [y]_{\!补} & \mathbf{00}.1001 \\
\hline
[x+y]_{\!补} & \mathbf{01}.0100
\end{array}
\qquad
\begin{array}{ll}
[x]_{\!补} & \mathbf{11}.0011 \\
+\ [y]_{\!补} & \mathbf{11}.0101 \\
\hline
[x+y]_{\!补} & \mathbf{10}.1000
\end{array}
$$

式中双符号位分别用 sf_1,sf_2 表示,溢出判断关系为

$$\text{ov} = \text{sf}_1 \oplus \text{sf}_2 \tag{2.21}$$

为了得到两数变形补码之和等于两数和的变形补码,同样必须:①两个符号位都看作数码一样参加运算;②两数进行以 2^{n+2} 为模的加法,即最高符号位上产生的进位要丢掉。

采用变形补码后,任何正数的两个符号位都是"0",即 $00.x_{n-1}x_{n-2}\cdots x_1x_0$;任何负数的两个符号位都是"1",即 $11.x_{n-1}x_{n-2}\cdots x_1x_0$。如果两个数相加后,其结果的符号位出现"01"或"10"两种组合,表示发生溢出。最高符号位永远表示结果的正确符号。

【例 2.17】 $x=+0.1100,y=+0.1000$,求 $x+y$。

解:$[x]_{\!补}=00.1100,[y]_{\!补}=00.1000$

$$
\begin{array}{ll}
[x]_{\!补} & \mathbf{00}.1100 \\
+\ [y]_{\!补} & \mathbf{00}.1000 \\
\hline
[x+y]_{\!补} & \mathbf{01}.0100
\end{array}
$$

两个符号位出现"01",表示正溢出,即结果大于 +1。

【例 2.18】 $x=-0.1100,y=-0.1000$,求 $x+y$。

解:$[x]_{\!补}=11.0100,[y]_{\!补}=11.1000$

$$
\begin{array}{ll}
[x]_{\!补} & \mathbf{11}.0100 \\
+\ [y]_{\!补} & \mathbf{11}.1000 \\
\hline
[x+y]_{\!补} & \mathbf{10}.1100
\end{array}
$$

两个符号位出现"10",表示负溢出,即结果小于 −1。

上述结论对于整数也同样适用,在浮点机中,当阶码用两位符号位表述时,判断溢出的原则与小数的完全相同。

这里需要说明一点,采用双符号位方案时,寄存器或主存中的操作数只需要保存一位符号位即可。因为任何正确的数,两个符号位的值总是相同的,而双符号位在加法器中又是必要的,故在相加时,寄存器中一位符号的值要同时送到加法器的两位符号的输入端。

2.5.2 定点乘法运算

在计算机中,乘法运算是一种很重要的运算,有的机器由硬件乘法器直接完成乘法运

算,有的机器内没有乘法器,但可以按机器做乘法运算的方法,用软件编程来实现。因此学习乘法运算的方法不仅有助于乘法器的设计,也有助于乘法编程。

1. 原码一位乘

1) 人工算法与机器算法的区别

在定点计算机中,两个原码表示的数相乘的运算规则是:乘积的符号位由两数的符号共同决定,运算的过程与十进制乘法相似:从乘数 y 的最低位开始,若这一位为"1",则将被乘数照样写下;若这一位为"0",则写下结果全为 0。然后再对乘数 y 的高一位进行乘法运算,其规则同上,不过这一位乘数的权与最低位乘数的权不一样,因此被乘数要左移一位。依次类推,直到乘数各位乘完为止,最后将它们统统加起来,便得到最后乘积。

设 $A = 0.1101, B = 0.1011$,求 $A \times B$

$$
\begin{array}{r}
0.1101 \\
\times\ 0.1011 \\
\hline
\end{array}
$$

$\ \ \ \ 1011$	$A \times 2^0$　A 不移位
$\ \ \ 1011$	$A \times 2^1$　A 左移 1 位
$\ \ 0000$	0×2^2　0 左移 2 位
1011	$A \times 2^3$　A 左移 3 位

$$0.10001111$$

可见运算中包括被乘数 A 的多次左移,以及 4 个位积的相加运算,由此得出 n 位数乘法运算中手算与机器运算是有区别的。

首先,在运算器内很难实现多个数据同时相加,通常只能完成对两个数的求和操作。这一点比较容易解决,可以每求得一个相加数,就同时完成与上一次部分积的相加操作。

其次是在手工计算时,各相加数逐个左移一位,最终相加数的位数为相乘两数位数的两倍,而在计算机中,加法器的位数一般与寄存器的位数相同,而不是寄存器的两倍。这实际上也可以用另外的办法加以解决。手工计算时,各相加数是逐位左移一位,但很容易发现,在计算机内,在每次计算本次部分积之和时,前一次部分积的最低一位是不再参加相加计算的。这就意味着,若采用每求得一次部分积之后使其右移一位,则可以只用 n 位的加法器就能实现两个 n 位的数相乘,并有可能求得双倍位数的乘积。显而易见,若前一次部分积已经右移一位,就可以用其高位部分,再用加被乘数或加零的方法求得本次的部分积。

最后在手工计算时,乘数每一位的值是 0 还是 1 都能直接看见,而在计算机内,若采用放乘数的寄存器的每一位来直接决定本次相加数是被乘数还是零,实现起来是不方便的,若均采用该寄存器的最低一位来执行这种判断就简便多了。为此,可以在每求一次部分积,使放乘数的寄存器执行一次右移操作即可实现。若移位时,使其最高一位数值位接收加法器最低位的移位输出,则完成乘法运算后,该寄存器中保存的将是乘积的低位部分,而原来的乘数在逐位移位过程中已经丢失。

2) 原码一位乘法逻辑结构的实现

通过上述的说明,我们可以得到图 2.3 所示的实现原码一位乘法运算的逻辑电路图。

图中 R_0 寄存器被清零,作为初始部分积,被乘数原码放在 R_2 寄存器中,乘数原码放在

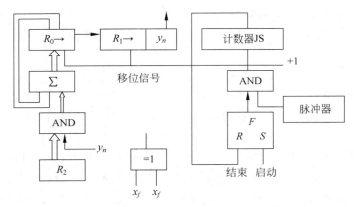

图 2.3 原码一位乘法运算逻辑电路图

R_1 寄存器中,移位和加法控制电路受 R_1 的末位 y_n 控制(当 $y_n = 1$ 时,R_0 和 R_2 内容相加后,R_0、R_1 右移一位;当 $y_n = 0$ 时,只 R_0、R_1 做右移一位操作)。计数器 JS 用于控制逐位相乘的次数,结果的符号由被乘数、乘数相异或得到。

原码一位乘法控制的流程图如图 2.4 所示。

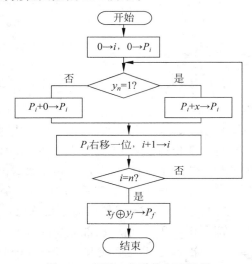

图 2.4 原码一位乘控制流程图

3) 原码一位乘运算法则

从流程图上可以清楚地看到,这里的原码一位乘是通过循环迭代的办法实现的,即按一定的时间顺序重复地使用最少量的硬件(寄存器、加法器、移位和门电路等),把整个乘法过程变成为数据经过选通门和加法器实现相加、移位和寄存器接收的时序控制过程,现将运算规则推导如下:

以定点小数为例:

设 $[x]_原 = x_0.x_1x_2\cdots x_n$

$[y]_原 = y_0.y_1y_2\cdots y_n$

则 $[x]_原 \cdot [y]_原 = x_0 \oplus y_0.(0.x_1x_2\cdots x_n)(0.y_1y_2\cdots y_n)$

式中 $0.x_1x_2\cdots x_n$ 为 x 的绝对值,这里记作 x',$0.y_1y_2\cdots y_n$ 为 y 的绝对值,这里记作 y'。

$$x' \cdot y' = x(0.y_1 y_2 \cdots y_n)$$
$$= x(y_1 \cdot 2^{-1} + y_2 \cdot 2^{-2} + \cdots y_n \cdot 2^{-n})$$
$$= 2^{-1}(xy_1 + 2^{-1}(xy_2 + 2^1(xy_3 + \cdots + 2^{-1}(xy_n + 0)\cdots)))$$

用 P_i 表示第 i 次部分积,则上式写成递推公式

$$P_0 = 0$$
$$P_1 = 2^{-1}(y_n x + P_0)$$
$$P_2 = 2^{-1}(y_{n-1} x + P_1)$$
$$\cdots$$
$$P_i = 2^{-1}(y_{n-1+1} x + P_{i-1})$$
$$\cdots$$
$$P_n = 2^{-1}(y_1 x + P_{n-1})$$

【例 2.19】 已知 $x = 0.1101, y = -0.1011$,求 $[x \times y]$ 的原码。

解:$[x]_{原} = 0.1101, [y]_{原} = 1.1011, s_f = x_f \oplus y_f = 0 \oplus 1 = 1$,为负,参与运算采用 x、y 的绝对值 $|x| = 0.1101, |y| = 0.1011$,部分积的初值为 0.0000。

部 分 积	乘数 y_n	说 明
0.0000 + 0.1101	1011	部分积+1101
0.1101 右移 0.0110 + 0.1101	1 101	移出 1,部分积+1101
1.0011 右移 0.1001 + 0.0000	11 10	移出 11,部分积+0000
0.1001 右移 0.0100 + 0.1101	111 1	移出 011,部分积+1101
1.0001 右移 0.1000	1111	移出 1011,得结果

结果加上符号位,结果为 $[x \cdot y] = -0.10001111$。

2. 补码一位乘法运算

1) 补码一位乘法运算的运算规则

设   被乘数 $[x]_{补} = x_0.x_1 x_2 \cdots x_n$

                 乘数 $[y]_{补} = y_0.y_1 y_2 \cdots y_n$

被乘数 $[x]_{补}$ 的符号任意,乘数 $[y]_{补}$ 的符号为正

$$[y]_{补} = x_0.x_1 x_2 \cdots x_n$$
$$[y]_{补} = 0.y_1 y_2 \cdots y_n$$
$$[x]_{补} = 2 + x = 2^{n+1} + x$$

$$[y]_{补} = y$$
$$[x]_{补} \cdot [x]_{补} = (2^{n+1} + x)y$$
$$= 2^{n+1} \cdot y + xy = 2(y_1 y_2 \cdots y_n) + xy$$

式中 $y_1 y_2 \cdots y_n = 2^n \cdot y$ 为整数。

根据模的运算性质,有 $2(y_1 y_2 \cdots y_n) = 2$,所以 $[x]_{补}[y]_{补} = 2 + xy = [xy]_{补} = [x]_{补} \cdot y$。

被乘数 $[x]_{补}$ 符号任意,乘数 y 为负

$$[x]_{补} = x_0 . x_1 x_2 \cdots x_n$$
$$[y]_{补} = 1 . y_1 y_2 \cdots y_n = 2 + y$$
$$y = [y]_{补} - 2 = 0 . y_1 y_2 \cdots y_n - 1$$
$$x \cdot y = x(0 . y_1 y_2 \cdots y_n) - x$$
$$[x \cdot y]_{补} = [x(0 . y_1 y_2 \cdots y_n)]_{补} - [x]_{补}$$

将两种情况合并,得 $[x \cdot y]_{补} = [x]_{补} \cdot (0 . y_1 y_2 \cdots y_n) - [x]_{补} \cdot y_0$。

由以上情况可知,当乘数 y 为正数时,不管被乘数 x 符号为何,都可按原码乘法的规则运算。当乘数为负时,把乘数的补码 $[y]_{补}$ 去掉符号位,当成一个正数与 $[x]_{补}$ 相乘,然后加上 $[-x]_{补}$ 进行校正,这种方法也称校正法,由于该方法是由 Booth 夫妇首先提出的,故又称 Booth 算法。

2) 分步算法推导

$$[x \cdot y]_{补} = [x]_{补} \cdot (0 . y_1 y_2 \cdots y_n) - y_0 [x]_{补}$$
$$= [x]_{补} (2^{-1} y_1 + 2^{-2} y_2 + \cdots 2^{-n} y_n) - [x]y_0$$
$$= [x]_{补} (-y_0 + (y_1 - 2^{-1} y_1) + (2^{-1} y_2 - 2^{-2} y_2) + \cdots (y_n 2^{-(n-1)} - 2^{-n} y_n))$$
$$= [x]_{补} [(y_1 - y_0) + (y_2 - y_1)2^{-1} + \cdots (y_n - y^{n-1})2^{-(n-1)} + (0 - y_n)2^{-n}]$$

写出递推公式如下:

P_i 为部分积

$$[P_0]_{补} = 0$$
$$[P_1]_{补} = 2^{-1} \{ [P_0]_{补} + (y_{n+1} - y_n)[x]_{补} \}$$
$$[P_2]_{补} = 2^{-1} \{ [P_1]_{补} + (y_n - y_{n-1})[x]_{补} \}$$
$$\cdots$$
$$[P_i]_{补} = 2^{-1} \{ [P_i]_{补} + (y_{n-i+2} - y_{n-i+1})[x]_{补} \}$$
$$\cdots$$
$$[P_n]_{补} = 2^{-1} \{ [P_{n-1}]_{补} + (y_2 - y_1)[x]_{补} \}$$
$$[x \cdot y] = [P_{n+1}]_{补} = [P_n]_{补} + (y_1 - y_0)[x]_{补}$$

其中 y_0 是 y 的符号位,y_{n+1} 是人为附加位,其值为 0。

3) 补码一位乘法的运算法则总结

被乘数采用双符号位参与运算。

乘数取单符号位以决定最后一步是否需要校正，即是否加$[-x]_{补}$。

乘数末尾增设附加位 y_{n+1}，且初值为 0。

求得一次部分积右移一位，y_n 与 y_{n+1} 构成判断位，对应的操作如表 2.11 所示。

按上述算法进行 $n+1$ 步操作，但第 $n+1$ 步不移位，只根据 y_0 和 y_1 的比较作出相应的运算。

表 2.11　y_n、y_{n+1} 的状态对操作的影响

y_n	y_{n+1}	$y_{n+1}-y_n$	操　作
0	0	0	部分积右移一位
0	1	1	部分积加$[x]_{补}$右移一位
1	0	-1	部分积加$[-x]_{补}$右移一位
1	1	0	部分积右移一位

4）补码一位乘逻辑实现

实现补码一位乘的逻辑电路如图 2.5 所示。图中 R_0、R_1、R_2 均为 $n+2$ 位寄存器，其中 R_2 存放被乘数的补码（含两位符号位），R_1 存放乘数的补码（含最高 1 位符号位和最末 1 位附加位），R_0 存放部分积，并置初始值为 0，运算由 R_1 寄存器的末两位 y_n,y_{n+1} 控制，当其为 01 时，R_0 和 R_2 内容相加后 R_0、R_1 右移一位；当其为 10 时，R_0 和 R_2 内容相减后 R_0、R_1 右移一位；若为 00，直接将 R_0、R_1 右移一位。计数器用于控制逐位相乘的次数。

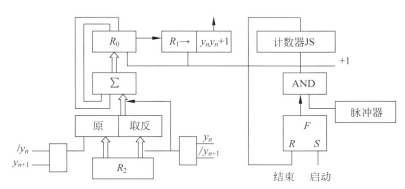

图 2.5　补码一位乘运算的逻辑实现

5）算法流程

补码一位乘比较法的控制流程图如图 2.6 所示。乘法计算前 R_0 寄存器清零，作为初始部分积。R_1 寄存器末位（y_{n+1}）清 0，作为附加位的初始值。被乘数的补码存在 R_2 中（双符号位）。乘法开始后，根据 R_1 的末两位 y_n、y_{n+1} 的状态决定部分积与被乘数相加还是相减，或是不加也不减，然后按补码规则进行算术移位，这样重复 n 次，最后，根据 R_1 的末两位状态决定部分积是否与被乘数相加或相减，或不加也不减，但不必移位，这样便可得到最后的结果。补码乘法乘积的符号位在运算中自然形成。

【例 2.20】　$[x]_{补}=1.0101$，$[y]_{补}=1.0011$，利用补码一位乘计算$[x\cdot y]_{补}$。

解：设部分积为 0，运算中直接采用补码进行，$[x]_{补}=1.0101$，$[y]_{补}=1.0011$，$[-x]_{补}=0.1011$。

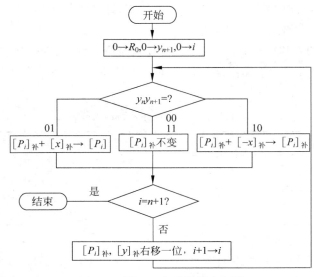

图 2.6　补码一位乘控制流程图

部　分　积	乘数 $y_n y_{n+1}$	说　　明
00.0000 +　00.1011	1.00110	$y_n y_{n+1}=10$　加$[-x]_{补}$
00.1011 右移　00.0101 +　00.0000	1 1.0011	$y_n y_{n+1}=11$　加 0
00.0101 右移　00.0010 +　11.0101	11 1.001	$y_n y_{n+1}=01$　加$[x]_{补}$
11.0111 右移　11.1011 +　00.0000	111 1.00	$y_n y_{n+1}=00$　加 0
11.1011 右移　11.1101 +　00.1011	1111 1.0	$y_n y_{n+1}=10$　加$[-x]$
00.1000	1111	

补码运算中符号位参与运算,所以$[x \cdot y]_{补}=+0.10001111$

由以上的例子可见,乘积的符号位在运算过程中自然形成,这是补码乘法和原码乘法的重要区别。

2.5.3　定点除法运算

1. 除法算法原理

两个原码表示的数相除时,商的符号由两数的符号相异或求得,商的数值部分由两数的数值部分相除求得。

设有 n 位定点小数(定点整数也同样适用):被除数 x,其原码为$[x]_{原}=x_f . x_{n-1}\cdots$

$x_1 x_0$,除数 y,其原码为 $[y]_原 = y_f . y_{n-1} \cdots y_1 y_0$,则有

商 $q = x/y$,其原码为

$$[q]_原 = (x_f \oplus y_f) + (0. x_{n-1} \cdots x_1 x_0 \div 0. y_{n-1} \cdots y_1 y_0)$$

商的符号运算符号与原码乘法一样,用模 2 求和得到。商的数值部分的运算,实质上是两个正数求商的运算。根据我们所熟知的十进制除法运算方法,很容易得到二进制数的除法运算方法,所不同的只是在二进制中,商的每一位不是"1"就是"0",其运算法则更简单一些。

下面仅讨论数值部分的运算。设被除数 $x = 0.1001$,除数 $y = 0.1011$,模仿十进制除法运算,以手算方法求 $x \div y$ 的过程如下:

	商 q	
$0.1011 \big) \overline{0.10010}$ 　　　0.1101	$x(r_0)$	被除数小于除数,商 0
$-0.\mathbf{0}1011$	$2^{-1}y$	除数右移 1 位,减除数,商 1
0.001110	r_1	得余数 r_1
$-0.\mathbf{00}1011$	$2^{-2}y$	除数右移 1 位,减除数,商 1
0.0000110	r_2	得余数 r_2
$-0.\mathbf{000}1011$	$2^{-3}y$	除数右移 1 位,不减除数,商 0
0.00001100	r_3	得余数 r_3
$-0.\mathbf{0000}1011$	$2^{-4}y$	除数右移 1 位,减除数,商 1
0.00000001	r_4	得余数 r_4

计算得知 $x \div y$ 的商 $q = 0.1101$,余数为 $r = 0.00000001$。

上面的笔算过程可叙述如下:

第一步,判断 x 是否小于 y? 现在 $x < y$,故商的整数位商"0",x 的低位补 0,得余数 r_0。

第二步,比较 r_0 和 $2^{-1}y$,因 $r_0 > 2^{-1}y$,表示够减,小数点后第一位商"1",做 $r_0 - 2^{-1}y$,得余数 r_1。

第三步,比较 r_1 和 $2^{-2}y$,因 $r_1 > 2^{-2}y$,表示够减,小数点后第二位商"1",做 $r_1 - 2^{-2}y$,得余数 r_2。

第四步,比较 r_2 和 $2^{-3}y$,因 $r_2 > 2^{-3}y$,表示不够减,小数点后第三位商"0",不做减法,得余数 $r_3 (= r_2)$。

第五步,比较 r_3 和 $2^{-4}y$,因 $r_3 > 2^{-4}y$,表示够减,小数点后第四位商"1",做 $r_3 - 2^{-4}y$,得余数 r_4,共求四位商,至此除法完毕。

在计算机中,小数点是固定的,不能简单地采用手算的办法。为便于机器操作,使"除数右移"和"右移上商"的操作统一起来。

2. 恢复余数除法

事实上,机器的运算过程和人毕竟不同,人会心算,一看就知道够不够减。但机器却不会心算,必须先做减法,若余数为正,才知道够减;若余数为负,才知道不够减。不够减时必

须恢复原来的余数,以便再继续往下运算,这种方法称为**恢复余数法**。

恢复余数法的特点是,当余数为负时,需加上除数,将其恢复成原来的余数。

由上所述,商值的确定是通过比较被除数和除数的绝对值大小来实现的,即 $x-y$,而计算机内只设加法器,故需将 $x-y$ 的操作变为 $[x]_补+[-y]_补$ 的操作。

【**例 2.21**】　$x=0.1001, y=0.1011$,求 $x \div y$。

$$
\begin{array}{r}
0.1101 \\
0.1011\overline{)\,0.10010} \\
-0.01011 \\
\hline
0.001110 \\
-0.0010110 \\
\hline
0.0000110 \\
-0.0001011 \\
\hline
0.00001100 \\
-0.00001011 \\
\hline
0.00000001
\end{array}
$$

商 q	
$x(r_0)$	被除数小于除数,商0
$2^{-1}y$	除数右移1位,减除数,商1
r_1	得余数 r_1
$2^{-2}y$	除数右移1位,减除数,商1
r_2	得余数 r_2
$2^{-3}y$	除数右移1位,不减除数,商0
r_3	得余数 r_3
$2^{-4}y$	除数右移1位,减除数,商1
r_4	得余数 r_4

由此例可见,共左移 4 次,上商 5 次,第一次上的商在商的整数位上,这对小数除法而言,可用它作溢出判断。即当该位为"1"时,表示此除法溢出,不能进行,应由程序进行处理;当该位为"0"时,说明除法合法,可以进行。此例 $x \div y$ 的商为 0.1101,余数在运算过程中向左移动 4 位,所以结果中应移回 4 位,余数 $r=0.0001 \times 2^{-4}=0.00000001$。

在恢复余数法中,每当余数为负时,都需要恢复余数,这就延长了机器除法的时间,操作也很不规则,对线路结构不利。要恢复原来的余数,只要当前的余数加上除数即可。但由于要恢复余数,使除法进行过程的步数不固定,因此控制比较复杂。实际中常用不恢复余数法,又称**加减交替法**。其特点是运算过程中如出现不够减,则不必恢复余数,根据余数符号,可以继续往下运算,因此步数固定,控制简单。

3. 加减交替法

加减交替法又称不恢复余数法,可以认为它是恢复余数法的一种改进。

分析原码恢复余数法得知:

设某次余数位 $r_i > 0$,商上 1,在对 r_i 左移一位后减除数,即 $2r_i-y$,若 $2r_i-y>0$,商上 1,若 $2r_i-y<0$,商上 0,此时需要加 y 恢复余数,然后再左移一位。

$$2(2r_i-y+y)-y=4r_i-y$$

也就是恢复余数是在余数不够减的时候发生的。如果直接左移然后再加上 y,也会得到同样的结果,即

$$2(2r_i-y)+y=4r_i-y$$

【**例 2.22**】　设 $[x]_原=0.1001, [y]_原=0.1011$,利用加减交替法求 $x \div y=?$

解：$[y]_补=0.1011, [-y]_补=1.0101$

$$
\begin{array}{r}
0.1\,1\,0\,1 \\
\hline
00.1011 \Big| \quad 00.1001 \\
+[-y]_{补} \quad 11.0101 \\
\hline
11.1110 \\
\leftarrow \quad 11.1100 \\
+[y]_{补} \quad 00.1011 \\
\hline
00.0111 \\
\leftarrow \quad 00.1110 \\
+[-y]_{补} \quad 11.0101 \\
\hline
00.0011 \\
\leftarrow \quad 00.0110 \\
+[-y]_{补} \quad 11.0101 \\
\hline
11.1011 \\
\leftarrow \quad 11.0110 \\
+[y]_{补} \quad 00.1011 \\
\hline
00.0001 \\
\end{array}
$$

$r_0<0$, 商上0, 余数左移加 y

$r_1>0$, 商上1, 余数左移减 y

$r_2>0$, 商上1, 余数左移减 y

$r_3<0$, 商上0, 余数左移加 y

$r_4>0$, 商上1

所以 $[x]_原 \div [y]_原 = 0.1101$, 余数 $r = 0.0001 \times 2^{-4}$。

分析此例可见, n 位小数的除法共上商 $n+1$ 次(第一次商用来判断是否溢出),左移(逻辑左移)n 次,可用移位次数判断除法是否结束。

2.6 浮点数运算

2.6.1 浮点加、减法运算

设有两个浮点数 x 和 y,它们分别为

$$x = 2^{E_x} \cdot M_x$$

$$y = 2^{E_y} \cdot M_y$$

其中 E_x 和 E_y 分别是 x、y 的阶码, M_x 和 M_y 为数 x 和 y 的尾数。

两浮点数进行加法和减法的运算规则是

$$z = x \pm y = 2^{E_x} \cdot M_x \pm 2^{E_y} \cdot M_y = (M_x \cdot 2^{E_x - E_y} \pm M_y)2^{E_y} \quad E_x \leqslant E_y \quad (2.22)$$

浮点加减运算的操作过程大体分为四步:第一步,0 操作数检查;第二步,比阶码大小并完成对阶;第三步,尾数进行加或减运算;第四步,结果规格化并进行舍入处理。图 2.7 示出浮点加减运算的操作流程。

1. 0 操作数检查

浮点加减运算过程比定点运算过程复杂。如果判断两个操作数 x 或 y 中有一个数为 0,即可得知运算结果而没有必要再进行后续的一系列操作,以节省运算时间。0 操作数检查步骤则用来完成这一功能。

2. 比较阶码大小并完成对阶

两浮点数进行加减,首先要看两数的阶码是否相同,即小数点位置是否对齐。若两数阶码相同,表示小数点是对齐的,就可以进行尾数的加减运算。反之,若两数阶码不同,表示小

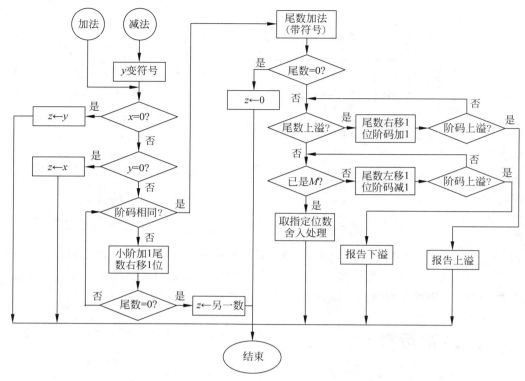

图 2.7　浮点加减运算操作流程

数点位置没有对齐,此时必须使两数的阶码相同,这个过程叫作对阶。

要对阶,首先应求出两数阶码 E_x 和 E_y 之差,即

$$\Delta E = E_x - E_y$$

若 $\Delta E = 0$,表示两数阶码相等,即 $E_x = E_y$;若 $\Delta E > 0$,表示 $E_x > E_y$;若 $\Delta E < 0$,表示 $E_x < E_y$。

当 $E_x \neq E_y$ 时,要通过尾数的移动以改变 E_x 或 E_y,使之相等。原则上,既可以通过 M_x 移位以改变 E_x 来达到 $E_x = E_y$,也可以通过 M_y 移位以改变 E_y 来实现 $E_x = E_y$。但是,由于浮点表示的数多是规格化的,尾数左移会引起最高有效位的丢失,造成很大误差。而尾数右移虽引起最低有效位的丢失,但造成的误差较小。因此,对阶操作规定使尾数右移,尾数右移后使阶码作相应增加,其数值保持不变。很显然,一个增加后的阶码与另一个阶码相等,所增加的阶码一定是小阶。因此在对阶时,总是使小阶向大阶看齐,即小阶的尾数向右移位(相当于小数点左移),每右移一位,其阶码加1,直到两数的阶码相等为止,右移的位数等于阶差 ΔE。

3. 尾数求和运算

对阶结束后,即可进行尾数的求和运算。不论是加法运算还是减法运算,都按加法进行操作,其方法与定点加减运算完全一样。

4. 结果规格化

在浮点加减运算时,尾数求和的结果也可以得到 $01.\phi\cdots\phi$ 或 $10.\phi\cdots\phi$ 的情况,即两符号

位不相等,这在定点加减运算中称为溢出,是不允许的。但在浮点运算中,它表明尾数求和结果的绝对值大于 1,向左破坏了规格化。此时将尾数运算结果右移以实现规格化表示,称为向右规格化,即尾数右移 1 位,阶码加 1。当尾数不是 $1.M$ 时须向左规格化。

5. 舍入处理

在对阶或向右规格化时,尾数要向右移位,这样,被右移的尾数的低位部分会被丢掉,从而造成一定误差,因此要进行舍入处理。

在 IEEE 754 标准中,舍入处理提供了四种可选办法:

(1) **就近舍入**。其实质就是通常所说的"四舍五入"。例如,尾数超出规定的 23 位的多余位数字是 10010,多余位的值超过规定的最低有效位值的一半,故最低有效位应增 1。若多余的 5 位是 00111,则简单的截尾即可。对多余的 5 位 10000 这种特殊情况:若最低有效位现为 0,则截尾;若最低有效位现为 1,则向上进 1 位使其变为 0。

(2) **朝 0 舍入**。即朝数轴原点方向舍入,就是简单的截尾。无论尾数是正数还是负数,截尾都使取值的绝对值比原值的绝对值小。这种方法容易导致误差累积。

(3) **朝 $+\infty$ 舍入**。对正数来说,只要多余位不全为 0 则向最低有效位进 1;对负数来说,则是简单的截尾。

(4) **朝 $-\infty$ 舍入**。处理方法正好与朝 $+\infty$ 舍入情况相反。对正数来说,则是简单的截去;对负数来说,只要多余位不全为 0,则向最低有效位进 1。

6. 溢出处理

浮点数的溢出是由其阶码溢出表现出来的。在加、减运算过程中要检查是否产生了溢出:若阶码正常,加(减)运算正常结束;若阶码溢出,则要进行相应的处理。另外对尾数的溢出也需要处理。图 2.8 表示了 32 位格式浮点数的溢出概念。

图 2.8 32 位格式化浮点数的表示范围

(1) **阶码上溢**。超过了阶码可能表示的最大值的正指数值,一般将其认为是 $+\infty$ 和 $-\infty$。

(2) **阶码下溢**。超过了阶码可能表示的最小值的负指数值,一般将其认为是 0。

(3) **尾数上溢**。两个同符号尾数相加产生了最高位向上的进位,要将尾数右移,阶码增 1 来重新对齐。

(4) **尾数下溢**。在将尾数右移时,尾数的最低有效位从尾数域右端流出,要进行舍入。

【**例 2.23**】 设 $x = 2^{010} \times 0.11011011$,$y = 2^{100} \times (-0.10101100)$,求 $x + y = ?$

解:为了便于直观理解,假设两数均以补码表示,阶码采用双符号位,尾数采用单符号位,则它们的浮点表示分别为

$$[x]_{浮} = 00\ 010;\quad \mathbf{0}.11011011$$

$$[y]_{浮} = 00\ 100;\quad \mathbf{1}.01010100$$

1. 求阶差并对阶

$$\Delta E = E_x - E_y = [E_x]_补 + [-E_y]_补 = 00\,010 + 11\,100 = 11\,110 = -2 < 0$$

ΔE 为 -2，x 的阶码小，应使 M_x 右移 2 位，E_x 加 2。

$$[x]_浮 = 00\,100；\quad 0.00110110(11)$$

2. 尾数求和

$$
\begin{array}{r}
M_x \quad 00.00110110(11) \\
+ \quad M_y \quad 11.01010100 \\
\hline
11.10001010(11)
\end{array}
$$

3. 规格化

由于符号位与最高位相同，实现左规，尾数左移，阶码减小。

$$M_{x+y} = 1.00010101(1)$$
$$E_{x+y} = 00\,011$$

4. 舍入处理

$$M_{x+y} = 1.00010110$$

5. 判断溢出

阶码符号位为 00，不溢出，故得最终结果为

$$x + y = 2^{011} \times (-0.11101010)$$

说明：

（1）在实际的计算机设计中，设计一些游离的寄存器，用来保存移出的某些位，在舍入及规格化处理时，用上这些被移动的位，可降低误差产生率。

（2）浮点机是由定点机构成的，阶码定点机部分完成对阶和加减，尾码定点机完成加、减、乘、除。

【例 2.24】 $x = 2^{10} \times 0.1101$，$y = 2^{01} \times 0.1011$，求 $x + y = ?$

1. 浮点数记阶表示

$$[x]_补 = 00\,10；0.1101$$
$$[y]_补 = 00\,01；0.1011$$

2. 求阶差并对阶

$$\Delta E = E_x - E_y = [E_x]_补 + [-E_y]_补 = 00\,01 > 0$$

ΔE 为 1，y 的阶码小，应使 M_y 右移 1 位，E_y 加 1。

$$[y]_补 = 00\,10；0.0101(1)$$

3. 尾数求和

$$
\begin{array}{r}
M_x \quad 00.1101 \\
+ \quad M_y \quad 00.0101(1) \\
\hline
01.0010(1)
\end{array}
$$

4. 规格化

此例为向左破坏规格化，尾数右移 $E+1$。

$$M_{x+y} = 00.1001(01)，\quad E_{x+y} = 11$$

5. 舍入处理

$$M_{x+y} = 00.1001$$

结果：$x + y = 2^{11} \times (0.1001)$。

2.6.2　浮点乘、除法运算

1. 浮点乘法、除法运算规则

设有两个浮点数 x 和 y

$$x = 2^{E_x} \cdot M_x$$

$$y = 2^{E_y} \cdot M_y$$

则浮点乘法的运算法则为

$$x \cdot y = 2^{E_x + E_y}(M_x \cdot M_y) \tag{2.23}$$

可见,乘积的尾数是相乘两数的尾数之积,乘积的阶码是相乘两数的阶码之和。当然,这里也有规格化与舍入等步骤。

浮点除法的运算规则为

$$x \div y = 2^{E_x - E_y}(M_x \div M_y) \tag{2.24}$$

可见,商的尾数是相除两数的尾数之商,商的阶码是相除两数的阶码之差。当然也有规格化和舍入等步骤。

浮点乘除法不存在两个数的对阶问题,因此与浮点加减法相比反而简单。

2. 浮点乘、除法运算步骤

浮点数的乘除运算大体分为四步:第一步,0 操作数检查,如果被除数 x 为 0,则商为 0,如果除数 y 为 0,则商为 ∞。第二步,阶码加/减操作;第三步,尾数乘/除操作;第四步,结果规格化及舍入处理。

(1)浮点数的阶码运算。浮点乘除法中,对阶码的运算有 $+1$、-1、两阶码求和、两阶码求差四种,运算时还必须检查结果是否溢出。

(2)尾数处理。浮点加减法对结果的规格化及舍入处理也适用于浮点乘除法。

第一种简单办法是,无条件地丢掉正常尾数最低位之后的全部数值。这种办法被称为截断处理,其好处是处理简单,缺点是影响结果的精度。

第二种简单办法是,运算过程中保留右移中移出的若干高位的值,最后再按某种规则用这些位上的值修正尾数。这种处理方法被称为舍入处理。

当尾数用原码表示时,舍入规则比较简单。最简便的方法是,只要尾数最低位为 1,或移出的几位中有为 1 的数值位,就使最低位的值为 1。另一种是 0 舍 1 入法,即当丢失的最高位的值为 1 时,把这个 1 加到最低数值位上进行修正。

当尾数是用补码表示时,所用的舍入规则是:①当丢失的各位均为 0 时,不必舍入;②当丢失的最高位为 0,以下各位不全为 0 时,或者丢失的最高位为 1,以下各位均为 0 时,则舍去丢失位上的值;③当丢失的最高位为 1,以下各位不全为 0 时,则执行在尾数最低位入 1 的修正操作。

【例 2.25】　设有浮点数,$x = 2^{-5} \times 0.0110011$,$y = 2^3 \times (-0.1110010)$,阶码用 4 位补码表示,尾数(含符号位)用 8 位原码表示,求 $[x \times y]_浮$。要求用原码完成尾数乘法运算,运算结果尾数保留高 8 位(含符号位),并用尾数低位字长的值处理舍入操作。

解：阶码采用双符号位,尾数原码采用单符号位,则有

$$[M_x]_原=0.0110011, \quad [M_y]_原=1.1110010$$
$$[E_x]_补=11011, \quad [E_y]_补=00011$$
$$[x]_浮=11\,011, \quad 0.0110011, \quad [y]_浮=00\,011,1.1110010$$

（1）求阶码和。
$$[E_x]_补+[E_y]_补=11\,011+00\,011=11\,110$$
值为补码形式的一2。

（2）尾数乘法。
$$[M_x]_原\times[M_y]_原=[0.0110011]_原\times[1.1110010]_原$$
$$=[1.0101101\,0110110]$$

（3）规格化处理。乘积不是规格化的数,故需要左归:尾数左移 1 位为 1.1011010 1101100,阶码变为 **11 101**(一3)。

（4）舍入处理。尾数为负数,取尾数高位字长,按舍入规则,舍去低位字长,故尾数为 1.1011011。

最终相乘结果为
$$[x\times y]_浮=11\,101,1.1011011$$

其真值为：$x\times y=2^{-3}\times(-0.1011011)$。

2.7　运算器

2.7.1　基本的二进制加减法器

现在我们先来设计一位二进制的全加器,全加器的设计应考虑到全部的输入及输出,二进制加法运算应包含三个输入：被加数 A_i、加数 B_i、低位的进位 C_i,两个输出：和 S_i、低位向高位的进位 C_{i+1},列出真值表如表 2.12 所示。

由此真值表可得运算和与进位输出的逻辑表达式

$$S_i=\overline{A}_i\overline{B}_iC_i+\overline{A}_iB_i\overline{C}_i+A_i\overline{B}_i\overline{C}_i+A_iB_iC_i=\overline{A}_i(B_i\oplus C_i)+A_i(B_i\odot C_i)$$
$$=A_i\oplus B_i\oplus C_i \tag{2.25}$$

$$C_{i+1}=\overline{A}_iB_iC_i+A_i\overline{B}_iC_i+A_iB_i\overline{C}_i+A_iB_iC_i=(A_i\oplus B_i)C_i+A_iB_i \tag{2.26}$$

根据逻辑表达式作出逻辑电路图,如图 2.9 所示。

表 2.12　一位全加器真值表

输	入		输	出
A_i	B_i	C_i	S_i	C_{i+1}
0	0	0	0	0
0	0	1	1	0
0	1	0	1	0
0	1	1	0	1
1	0	0	1	0
1	0	1	0	1
1	1	0	0	1
1	1	1	1	1

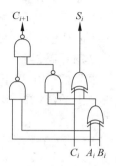

图 2.9　一位二进制全加器(FA)

对图 2.9 所示的一位全加器 FA 来说,求和结果 S_i 的时间延迟为 $6T$(每级异或门延迟为 $3T$),进位的时间延迟为 $5T$(与非门的时间延迟为 T)。

欲构成 n 位的二进制全加器只需将 FA 串联即可,若将加数在进入 FA 之前由异或门控制,则可形成二进制的加减法器,如图 2.10 所示。

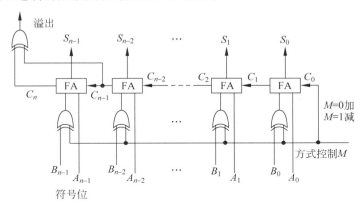

图 2.10 行波进位的补码加法/减法器

由 FA 构成的 n 位行波进位加减法器的时间延迟为

$$t_a = n \cdot 2T + 9T = (2n + 9)T \tag{2.27}$$

这个时间是考虑到溢出检测的时间,其中 $9T$ 为最低位上的两级"异或"门再加上溢出"异或"门的总时间,$2T$ 为每级进位链的延迟时间,t_a 意味着加法器的输入端输入加数和被加数后,最坏情况下加法器输出端得到稳定求和输出所需要的时间,显然这个时间越小越好。

2.7.2 多功能算术逻辑运算单元

运算器是数据的加工处理部件,是 CPU 的重要组成部分。尽管各种计算机的运算器结构可能有这样或那样的不同,但是它们的最基本的结构中必须有算术/逻辑运算单元、数据缓冲寄存器、通用寄存器、多路转换器和数据总线等逻辑构件。

1. 逻辑运算

计算机中除了进行加、减、乘、除等基本算术运算以外,还可对两个或一个逻辑数进行逻辑运算。所谓逻辑数,是指不带符号的二进制数。利用逻辑运算以进行两个数的比较,或者从某个数中选取某几位等操作。例如,当利用计算机做过程控制时,我们可以利用逻辑运算对一组输入的开关量做出判断,以确定哪些开关是闭合的,哪些开关是断开的。总之,在非数值应用的广大领域中,逻辑运算是非常有用的。

计算机中的逻辑运算,主要是指逻辑非、逻辑加、逻辑乘、逻辑异或等基本运算。

(1)逻辑非运算。逻辑非也称求反,对某数进行逻辑非运算,就是按位求它的反,常用变量上方加一横来表示。

设一个数 x 表示成

$$x = x_0 x_1 x_2 \cdots x_n$$

对 x 求逻辑非,则有

$$\bar{x} = z = z_0 z_1 z_2 \cdots z_n$$
$$z_i = \bar{x}_i, i = 0, 1, 2, \cdots, n$$

【例 2.26】 $x_1 = 01001011, x_2 = 11110000$,求 $\bar{x}_1$ 和 $\bar{x}_2$。

解：$\bar{x}_1 = 10110100$

　　　$\bar{x}_2 = 00001111$

（2）逻辑加运算。对两个数进行逻辑加,就是按位求它们的“或”,所以逻辑加又称逻辑或,常用记号“＋”来表示。

设两个数 x 和 y,它们表示为

$$x = x_0 x_1 x_2 \cdots x_n$$
$$y = y_0 y_1 y_2 \cdots y_n$$

若　　　　　$$x + y = z = z_0 z_1 z_2 \cdots z_n$$

则　　　　　$$z_i = x_i + y_i, i = 0, 1, 2, \cdots, n$$

【例 2.27】 $x = 10100001, y = 10011011$,求 $x + y$。

解：

$$
\begin{array}{r}
1\,0\,1\,0\,0\,0\,0\,1 \quad x \\
+\,1\,0\,0\,1\,1\,0\,1\,1 \quad y \\
\hline
1\,0\,1\,1\,1\,0\,1\,1 \quad z
\end{array}
$$

即 $x + y = 10111011$。

（3）逻辑乘运算。对两个数进行逻辑乘,就是按位求它们的“与”,所以逻辑乘又称逻辑与,常用记号“·”来表示。

设两个数 x 和 y,它们表示为

$$x = x_0 x_1 x_2 \cdots x_n$$
$$y = y_0 y_1 y_2 \cdots y_n$$

若　　　　　$$x + y = z = z_0 z_1 z_2 \cdots z_n$$

则　　　　　$$z_i = x_i \cdot y_i, i = 0, 1, 2, \cdots, n$$

【例 2.28】 $x = 10111001, y = 11110011$,求 $x \cdot y$。

解：

$$
\begin{array}{r}
1\,0\,1\,1\,1\,0\,0\,1 \quad x \\
\cdot\,1\,1\,1\,1\,0\,0\,1\,1 \quad y \\
\hline
1\,0\,1\,1\,0\,0\,0\,1 \quad z
\end{array}
$$

即 $x \cdot y = 10110001$。

（4）逻辑异或运算。对两个数进行逻辑异或就是按位求它们的模 2 和,所以逻辑异或又称按位加,常用记号“⊕”来表示。

设两个数 x 和 y,它们表示为

$$x = x_0 x_1 x_2 \cdots x_n$$
$$y = y_0 y_1 y_2 \cdots y_n$$

若
$$x \oplus y = z = z_0 z_1 z_2 \cdots z_n$$
则
$$z_i = x_i \oplus y_i, i = 0, 1, 2, \cdots, n$$

【例 2.29】 $x = 10101011, y = 11001100,$ 求 $x \oplus y$。

解：

$$
\begin{array}{r}
1\,0\,1\,0\,1\,0\,1\,1 \quad x \\
\oplus\ 1\,1\,0\,0\,1\,1\,0\,0 \quad y \\
\hline
0\,1\,1\,0\,0\,1\,1\,1 \quad z
\end{array}
$$

即 $x \oplus y = 01100111$。

2．多功能算术/逻辑运算单元

我们上节中曾介绍由一位全加器(Full Adder，FA)构成的行波进位加法器，它可以实现补码数的加法运算和减法运算。但是这种加法/减法器存在两个问题：一是由于串行进位，它的运算时间很长。假如加法器由 n 位全加器构成，每一位的进位延迟时间为 20ns，那么最坏情况下，进位信号从最低位传递到最高位而最后至输出稳定，至少需要 $n \times 20$ns，这在高速计算中显然是不利的。二是就行波进位加法器本身来说，它只能完成加法和减法两种操作而不能完成逻辑操作。为此，本节我们先介绍多功能算术/逻辑运算单元(Arithmetic and Logic Unit，ALU)，它不仅具有多种算术运算和逻辑运算的功能，而且具有先行进位逻辑，从而能实现高速运算。

（1）基本思想。全加器的逻辑表达式为

$$F_i = A_i \oplus B_i \oplus C_i$$
$$C_{i+1} = A_i B_i + B_i C_i + C_i A_i$$

式中 F_i 是第 i 位的和数，A_i、B_i 是第 i 位的被加数和加数，C_i 是第 i 位的进位输入，C_{i+1} 是第 i 位的进位输出。

如图 2.11 所示，为了将全加器的功能进行扩展以完成多种算术/逻辑运算，我们先不将输入 A_i、B_i 和下一位的进位数 C_i 直接进行全加，而是将 A_i、B_i 和 C_i 先组合成由控制参数 S_0、S_1、S_2、S_3 控制的组合函数 X_i 和 Y_i，然后再将 X_i，Y_i 和下一位进位数通过全加器进行全加。这样，不同的控制参数可以得到不同的组合函数，因而能够实现多种算术运算和逻辑运算。

因此，一位算术/逻辑运算单元的逻辑表达式修改为

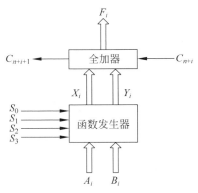

图 2.11 ALU 的逻辑结构原理图

$$F_i = X_i \oplus Y_i \oplus C_{n+i}$$
$$C_{n+i+1} = X_i Y_i + Y_i C_{n+i} + C_{n+i} X_i \tag{2.28}$$

上式中进位下标用 $n+i$ 代替原来一位全加器中的 i，i 代表集成在一片电路上的 ALU 的二进制位数，对于 4 位一片的 ALU，$i = 0$、1、2、3。n 代表若干片 ALU 组成更大字长的运

算器时每片电路的进位输入,例如当 4 片组成 16 位字长的运算器时, $n = 0$ 、4、8、12。

(2) 逻辑表达式。控制参数 S_0 、S_1 、S_2 、S_3 分别控制输入 A_i 和 B_i ,产生 X_i 和 Y_i 的函数,其中 Y_i 是受 S_0 、S_1 控制的 A_i 和 B_i 的组合函数,而 X_i 是受 S_2 、S_3 控制的 A_i 和 B_i 的组合函数,其函数关系如表 2.13 所示。

表 2.13　X_i 、Y_i 与控制参数和输入量的关系

$S_0 S_1$	Y_i	$S_2 S_3$	X_i
00	$\overline{A_i}$	00	1
01	$\overline{A_i} B_i$	01	$\overline{A_i} + \overline{B_i}$
10	$\overline{A_i} \overline{B_i}$	10	$\overline{A_i} + B_i$
11	0	11	$\overline{A_i}$

根据上面所列的函数关系,即可列出 X_i 和 Y_i 的逻辑表达式

$$X_i = \overline{S_2}\overline{S_3} + \overline{S_2}S_3(\overline{A_i} + \overline{B_i}) + S_2\overline{S_3}(\overline{A_i} + B_i) + S_2 S_3 \overline{A_i}$$

$$Y_i = \overline{S_0}\overline{S_1}\overline{A_i} + \overline{S_0}S_1\overline{A_i}B_i + S_0\overline{S_1}\overline{A_i}\overline{B_i}$$

进一步化简,代入式(2.28),ALU 的某一位的逻辑表达式如下

$$X_i = \overline{S_3 A_i B_i + S_2 A_i \overline{B_i}}$$

$$Y_i = \overline{A_i + S_0 B_i + S_1 \overline{B_i}}$$

$$F_i = Y_i \oplus X_i \oplus C_{n+i}$$

$$C_{n+i+1} = Y_i + X_i C_{n+i} \tag{2.29}$$

4 位之间采用先行进位公式,根据式(2.29),每一位的进位公式可递推如下:

第 0 位向第 1 位的进位公式为

$$C_{n+1} = Y_0 + X_0 C_n$$

其中 C_n 是向第 0 位(末位)的进位。

第 1 位向第 2 位的进位公式为

$$C_{n+2} = Y_1 + X_1 C_{n+1} = Y_1 + Y_0 X_1 + X_0 X_1 C_n$$

第 2 位向第 3 位的进位公式为

$$C_{n+3} = Y_2 + X_2 C_{n+2} = Y_2 + Y_1 X_1 + Y_0 X_1 X_2 + X_0 X_1 X_2 C_n$$

第 3 位的进位输出(即整个 4 位运算进位输出)公式为

$$C_{n+4} = Y_3 + X_3 C_{n+3} = Y_3 + Y_2 X_3 + Y_1 X_2 X_3 + Y_0 X_1 X_2 X_3 + X_0 X_1 X_2 X_3 C_n$$

设

$$G = Y_3 + Y_2 X_3 + Y_1 X_2 X_3 + Y_0 X_1 X_2 X_3$$

$$P = X_0 X_1 X_2 X_3$$

则

$$C_{n+4} = G + P C_n \tag{2.30}$$

这样,对一片 ALU 来说,可有三个进位输出。其中 G 称为进位发生输出,P 称为进位传送输出。在电路中多加这两个进位输出的目的,是为了便于实现多片(组)ALU 之间的先

行进位,为此还需一个配合电路,称之为先行进位发生器(Carry Look Ahead,CLA)。

C_{n+4} 是本片(组)的最后进位输出。逻辑表达式表明,这是一个先行进位逻辑。换句话说,第 0 位的进位输入 C_n 可以直接传送到最高位上去,因而可以实现高速运算。

图 2.12 示出了用正逻辑表示的 4 位算术/逻辑运算单元(Arithmetic and Logic Unit,ALU)的逻辑电路图,它是根据上面的原始推导公式用晶体管-晶体管逻辑(Transistor-Transistor Logic,TTL)电路实现的。这个器件的商业标号为 74181ALU。

(3) 算术逻辑运算的实现。图 2.12 中除了 $S_0 \sim S_3$ 四个控制端外,还有一个控制端 M,它是用来控制 ALU 是进行算术运算还是进行逻辑运算的。

当 $M=0$ 时,M 对进位信号没有任何影响。此时 F_i 不仅与本位的被操作数 Y 和操作数 X_i 有关,而且与本位的进位输出,即 C_{n+i} 有关,因此 $M=0$ 时,进行**算术操作**。

当 $M=1$ 时,封锁了各位的进位输出,即 $C_{n+i}=0$,因此各位的运算结果 F_i 仅与 Y_i 和 X_i 有关,故 $M=1$ 时,进行**逻辑操作**。

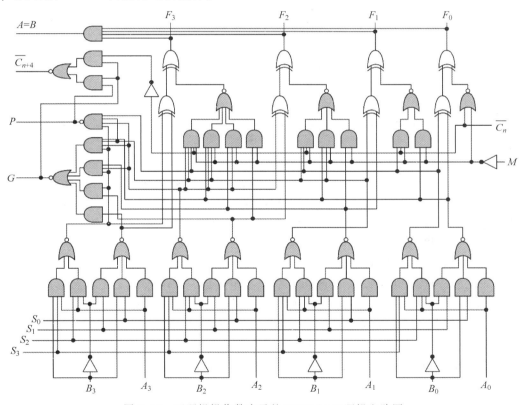

图 2.12 正逻辑操作数表示的 74181ALU 逻辑电路图

表 2.14 列出了 74LS181ALU 的运算功能表,它有两种工作方式。对正逻辑操作数来说,算术运算称高电平操作,逻辑运算称正逻辑操作(即高电平为"1",低电平为"0")。对于负逻辑操作数来说,正好相反。由于 $S_0 \sim S_3$ 有 16 种状态组合,因此对正逻辑输入与输出而言,有 16 种算术运算功能和 16 种逻辑运算功能。同样,对于负逻辑输入与输出而言,也有 16 种算术运算功能和 16 种逻辑运算功能。

表 2.14　74181ALU 算术/逻辑运算功能表

工作方式选择输出 $S_3S_2S_1S_0$	负逻辑输入与输出		正逻辑输入与输出	
	逻辑 ($M=H$)	算术运算 ($M=L$)($C_n=L$)	逻辑 ($M=H$)	算术运算 ($M=L$)($C_n=H$)
L L L L	$\overline{A}$	A 减 1	A	A
L L L H	$\overline{AB}$	AB 减 1	$\overline{A+B}$	$A+B$
L L H L	$\overline{A}+B$	$A\overline{B}$ 减 1	$\overline{AB}$	$A+\overline{B}$
L L H H	逻辑 1	减 1	逻辑 0	减 1
L H L L	$\overline{A+B}$	A 加 $(A+\overline{B})$	$\overline{AB}$	A 加 $A\overline{B}$
L H L H	$\overline{B}$	AB 加 $(A+\overline{B})$	$\overline{B}$	$(A+B)$ 加 $A\overline{B}$
L H H L	$\overline{A\oplus B}$	A 减 B 减 1	$A\oplus B$	A 减 B 减 1
L H H H	$A+\overline{B}$	$A+\overline{B}$	$A\overline{B}$	$A\overline{B}$ 减 1
H L L L	$\overline{A}B$	A 加 $(A+B)$	$\overline{A}+B$	A 加 AB
H L L H	$A\oplus B$	A 加 B	$\overline{A\oplus B}$	A 加 B
H L H L	B	$A\overline{B}$ 加 $(A+B)$	B	$(A+\overline{B})$ 加 AB
H L H H	$A+B$	$A+B$	AB	AB 减 1
H H L L	逻辑 0	A 加 A^*	逻辑 1	A 加 A^*
H H L H	$A\overline{B}$	AB 加 A	$A+\overline{B}$	$(A+B)$ 加 A
H H H L	AB	$A\overline{B}$ 加 A	$A+B$	$(A+\overline{B})$ 加 A
H H H H	A	A	A	A 减 1

说明：(1) H=高电平,L=低电平.(2)* 表示每一位均移到下一个更高位,即 $A^*=2A$。

注意,表 2.14 中算术运算操作是用补码表示法来表示的。其中“加”是指算术加,运算时要考虑进位,而符号“+”是指“逻辑加”。其次,减法是用补码方法进行的,其中数的反码是内部产生的,而结果输出“A 减 B 减 1”,因此做减法时须在最末位产生一个强迫进位(加1),以便产生“A 减 B”的结果。另外,“$A=B$”输出端可指示两个数相等,因此它与其他ALU 的“$A=B$”输出端按“与”逻辑连接后,可以检测两个数的相等条件。

(4) 两级先行进位的 ALU。

前面说过,74181ALU 设置了 P 和 G 两个本组先行进位输出端。如果将四片 74181 的 P、G 输出端送入到 74182 先行进位部件(Carry Look Ahead,CLA),就可实现第二级的先行进位,即组与组之间的先行进位。

假设 4 片(组)74181ALU 的先行进位输出依次为 P_0、G_0、P_1、G_1、P_2、G_2、P_3、G_3,那么参考式(2.31)的进位逻辑表达式,先行进位部件 74182CLA 所提供的进位逻辑关系如下：

$$C_{n+x}=G_0+P_0C_n$$
$$C_{n+y}=G_1+P_1C_{n+x}=G_1+G_0P_1+P_0P_1C_n$$
$$C_{n+z}=G_2+P_2C_{n+y}=G_2+G_1P_2+G_0P_1P_2+P_0P_1P_2C_n \qquad (2.31)$$
$$C_{n+4}=G_3+P_3C_{n+z}=G_3+G_2P_3+G_1P_1P_2+G_0P_1P_2P_3+P_0P_1P_2P_3C_n$$
$$=G^*+P^*C_n$$

其中
$$P^*=P_0P_1P_2P_3$$
$$G^*=G_3+G_2P_3+G_1P_1P_2+G_0P_1P_2P_3$$

根据以上表达式,用 TTL 器件实现的成组先行进位部件 74182CLA 的逻辑电路图如图 2.13 所示。

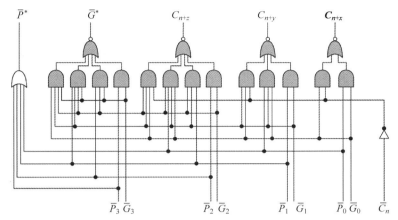

图 2.13 成组先行进位部件 CLA 的逻辑电路图

图 2.13 中 G 称为成组进位发生输出,P 称为成组进位传送输出。

下面介绍如何用若干个 74181ALU 位片,与配套的 74182 先行进位部件 CLA 在一起,构成一个全字长的 ALU,如图 2.14 所示。

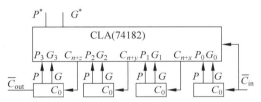

图 2.14 4 片 181 与 1 片 182 构成的 16 位 ALU

图 2.15 示出了用 2 个 16 位全先行进位部件级联组成的 32 位 ALU 逻辑方框图。在这个电路中使用了 8 个 74181ALU 和 2 个 74182CLA 器件。很显然,对一个 16 位来说,CLA 部件构成了第二级的先行进位逻辑,即实现四个小组(位片)之间的先行进位,从而使全字长 ALU 的运算时间大大缩短。

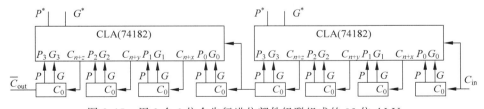

图 2.15 用 2 个 6 位全先行进位部件级联组成的 32 位 ALU

本章小结

数的表示形式可分为无符号数和有符号数两种,计算机内数的格式又可分为定点数和浮点数。一个定点数由符号位和数值域两部分组成,按小数点位置不同,定点数有纯小数和纯整数两种表示方法。

按 IEEE 754 标准,一个浮点数由符号位 S、阶码 E、尾数 M 三个域组成,其中,阶码 E 的值等于指数的真值 e 加上一个固定的偏移量。

数的真值变成机器码的时候有四种表示方法:原码表示、反码表示、补码表示、移码表示。其中移码主要用于表示浮点数的阶码 E,以利于比较两个指数的大小和对阶操作。

为了便于运算器的设计,运算方法中算术运算通常采用补码加、减法,原码乘、除法。为了运算器的高速性和控制的简单性,采用了先行进位的方法。

习题

题库

习题答案

1. 将下列十进制数表示成 IEEE 754 标准的 32 位浮点形式规格化数。

(1) 27/64   (2) $-27/64$

2. 设机器字长为 8 位(含 1 位符号位在内),写出下列各十进制数所对应的二进制原码、补码及反码。

(1) $-13/64$ (2) 29/128   (3) 100   (4) -87

3. 已知 $[x]_{\text{补}}$ 如下,求 $[x]_{\text{原}}$ 和 x。

$[x_1]_{\text{补}}=1.1100$;$[x_2]_{\text{补}}=1.1001$;$[x_3]_{\text{补}}=0.1110$;$[x_4]_{\text{补}}=1.0000$;

$[x_5]_{\text{补}}=1\,0101$;$[x_6]_{\text{补}}=1\,1100$;$[x_7]_{\text{补}}=0\,0111$;$[x_8]_{\text{补}}=1\,0000$。

4. 设浮点数格式为:阶码 5 位(含 1 位阶符),尾数 11 位(含 1 位尾符),写出 51/128、-7.375 所对应的机器数。要求如下:

(1) 阶码和尾数均为原码。

(2) 阶码和尾数均为补码。

(3) 阶码为移码,尾数为补码。

5. 已知 x 和 y,用变形补码计算 $x\pm y$,同时指出结果是否溢出。

(1) $x=+0.11011$,$y=-0.10011$。

(2) $x=+0.10111$,$y=+0.11011$。

6. 已知 $x=0.1001$,$y=-0.0101$,用原码一位乘计算 $[x\times y]_{\text{原}}$。

7. 已知 $[x]_{\text{补}}=1.0101$,$[y]_{\text{补}}=1.1011$,利用补码一位乘计算 $[x\times y]_{\text{补}}$。

8. 已知 $x=0.5625$,$y=0.6875$,在计算机中利用原码恢复余数算法求 $x\div y$。

9. 已知 $x=0.100$,$y=-0.101$,利用原码不恢复余数算法求 $x\div y$。

10. 已知 $x=0.1011$,$y=-0.0101$,求 $[0.5x]_{\text{补}}$、$[0.25x]_{\text{补}}$、$[-x]_{\text{补}}$、$2[-x]_{\text{补}}$、$[0.5y]_{\text{补}}$、$[0.25y]_{\text{补}}$、$[-y]_{\text{补}}$、$2[-y]_{\text{补}}$。

11. 设阶码 3 位,尾数 6 位(均不包含符号位),按浮点运算方法完成 $x+y$。

(1) $x=2^{011}\times0.100101$,$y=2^{101}\times(-0.101110)$

(2) $x=2^{-101}\times(-0.101101)$,$y=2^{-100}\times0.101011$

12. 某微机内存有单精度规格化浮点数(IEEE 754 标准)为 C2308000H,计算其对应的数值。

13. 某加法器进位链小组信号为 $C_4C_3C_2C_1$,低位来的进位信号位 C_0,请分别按下述

两种方法写出 $C_4C_3C_2C_1$ 的逻辑表达式。

（1）串行进位方式 　　（2）并行进位方式

14．要求设计组内先行进位、组间完全先行进位的 32 位 ALU。问：需要多少片 SN74181 芯片？试画出电路连接示意图。

15．已知 8421 码是利用二进制表示的一种十进制计数方式，现有基本的 1 位二进制加法器 FA，试利用 FA 完成 8421 码加法器的设计。

第 3 章　内部存储器

本章讲述存储器的分类、分级与主存储器的技术指标。介绍了随机读写存储器、只读存储器、闪速存储器、高速缓冲存储器等的基本组成和工作原理。旨在使读者真正建立起如何用不同的存储器组成具有层次结构的存储系统的概念。

3.1　存储器概述

3.1.1　存储器的分类

存储器是计算机系统中的记忆设备,用来存放程序和数据。随着计算机的发展,存储器在系统中的地位越来越重要。由于超大规模集成电路的制作技术,CPU 的速度变得惊人的高,而存储器的取数和存数的速度与它很难适配,这使计算机系统的运行速度在很大程度上受存储器速度的制约。此外,由于 I/O 设备不断增多,如果它们与存储器交换信息都通过CPU 来实现,这将大大降低 CPU 的工作效率。为此,出现了 I/O 与存储器的直接存取方式(Direc Memory Access,DMA),这也使存储器的地位更为突出。尤其在多处理机的系统中,各处理机本身都需与其主存交换信息,而且各处理机在互相通信中,也都需共享存放在存储器中的数据。因此,存储器的地位就更为显要。可见,从某种意义而言,存储器的性能已成为计算机系统的核心。

构成存储器的存储介质,目前主要采用半导体器件和磁性材料。一个双稳态半导体电路或一个 CMOS 晶体管或磁性材料的存储元,均可以存储一位二进制代码。这个二进制代码位是存储器中最小的存储单位,称为存储位元。由若干个存储位元组成一个存储单元,然后再由许多存储单元组成一个存储器。

根据存储材料的性能及使用方法的不同,存储器有各种不同的分类方法。

(1) 存储介质。作为存储介质的基本要求,必须有两个明显区别的物理状态,分别用来表示二进制代码的 0 和 1。另一方面,存储器的存取速度又取决于这种物理状态的改变速度。目前使用的存储介质主要是半导体器件和磁性材料。用半导体器件组成的存储器称为半导体存储器。用磁性材料做成的存储器称为磁表面存储器,如磁盘存储器和磁带存储器。

(2) 存取方式。如果存储器中任何存储单元的内容都能被随机存取,且存取时间和存储单元的物理位置无关,这种存储器称为随机存储器。半导体存储器是随机存储器。如果存储器只能按某种顺序来存取,也就是说存取时间和存储单元的物理位置有关,这种存储器称为顺序存储器。如磁带存储器就是顺序存储器,它的存取周期较长。磁盘存储器是半顺序存储器。

(3)存储内容可变性。有些半导体存储器存储的内容是固定不变的,即只能读出而不能写入,因此这种半导体存储器称为只读存储器(Read Only Memory,ROM)。既能读出又能写入的半导体存储器,称为随机读写存储器(Random Access Memory,RAM)。

(4)信息易失性。断电后信息消失的存储器,称为易失性存储器。断电后仍能保存信息的存储器,称为非易失性存储器。磁性材料做成的存储器是非易失性存储器,半导体读写存储器 RAM 是易失性存储器。

(5)系统中的作用。根据存储器在计算机系统中所起的作用,可分为内部存储器、外部存储器;又可分为主存储器、高速缓冲存储器、辅助存储器、控制存储器。半导体存储器是内部存储器,磁盘是外部存储器,又是辅助存储器。主存储器的主要特点是它可以和 CPU 直接交换信息。辅助存储器是主存储器的后援存储器,用来存放当前暂时不用的程序和数据,它不能与 CPU 直接交换信息。两者相比,主存储器速度快、容量小、每位价格高;辅助存储器速度慢、容量大、每位价格低。缓冲存储器用在两个速度不同的部件之中,例如,CPU 与主存储器之间可设置一个快速缓存起到缓冲作用。

综合以上特点,存储器分类如图 3.1 所示。

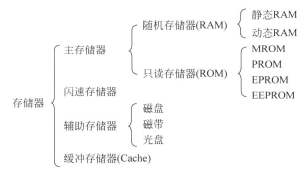

图 3.1 存储器的分类

表 3.1 列出了半导体存储器的类型及性能特点。

表 3.1 半导体存储器的类型及性能特点

存储器类型	种　类	可擦除性	写机制	易失性
随机存储器(RAM)	读写存储器	电、字节级	电	易失
只读存储器(ROM)	一次编程只读存储器	不能	掩模	非易失
可编程只读存储器(PROM)			电	
可擦可编程存储器(EPROM)	多次编程只读存储器	紫外线、字节级		
电擦除可编程只读存储器(EEPROM)		电、字节级		
闪速存储器		电、块级		

3.1.2　存储器的分级

对存储器的要求是容量大、速度快、成本低，但是在一个存储器中要求同时兼顾这三方面是困难的。为了解决这方面的矛盾，目前在计算机系统中，通常采用多级存储器体系结构，即使用高速缓冲存储器(Cache)、主存储器和外存储器，如图 3.2 所示。CPU 能直接访问的存储器称为内存储器，它包括 Cache 和主存储器。CPU 不能直接访问外存储器，外存储器的信息必须调入内存储器后才能被 CPU 进行处理。

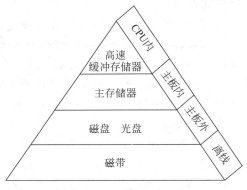

图 3.2　存储器的分级结构

(1) **高速缓冲存储器**。高速缓冲存储器 (Cache)是计算机系统中的一个高速小容量半导体存储器。在计算机中，为了提高计算机的处理速度，利用 Cache 来高速存取指令和数据。和主存储器相比，它的存取速度快，但存储容量小。

(2) **主存储器**。简称主存，是计算机系统的主要存储器，用来存放计算机运行期间的大量程序和数据。它能和 Cache 交换数据和指令。主存储器由 MOS 半导体存储器组成。

(3) **外存储器**。简称外存，它是大容量辅助存储器。目前主要使用磁盘存储器、磁带存储器和光盘存储器。外存的特点是存储容量大、位成本低、通常用来存放系统程序、大型数据文件及数据库。

上述三种类型的存储器形成计算机的多级存储管理，各级存储器承担的职能各不相同。存储系统层次结构主要体现在缓存—主存和主存—辅存这两个存储层次上。

缓存—主存层次主要解决 CPU 和主存速度不匹配的问题。由于缓存的速度比主存的速度高，只要将 CPU 近期要用的信息调入缓存，CPU 便可以直接从缓存中获取信息，从而提高访存速度。但由于缓存的容量小，因此需不断地将主存的内容调入缓存，使缓存中原来的信息被替换掉。主存和缓存之间的数据调动是由硬件自动完成的，对程序员是透明的。

主存—辅存层次主要解决存储系统的容量问题。辅存的速度比主存的速度低，而且不能和 CPU 直接交换信息，但它的容量比主存大得多，可以存放大量暂时未用到的信息。当 CPU 需要用到这些信息时，再将辅存的内容调入主存，供 CPU 直接访问。主存和辅存之间的数据调动是由硬件和操作系统共同完成的。

从 CPU 角度来看，缓存—主存这一层次的速度接近于缓存，高于主存；其容量和位价格却接近于主存，这就从速度和成本的矛盾中获得了理想的解决办法。主存—辅存这一层次，从整体分析，其速度接近于主存，容量接近于辅存，平均位价格也接近于低速、廉价的辅存位价，这又解决了速度、容量、成本这三者之间的矛盾。其中 Cache 主要强调快速存取，以便使存取速度和 CPU 的运算速度相匹配；外存储器主要强调大的存储容量，以满足计算机的大容量存储要求；主存储器介于 Cache 与外存之间，要求选取适当的存储容量和存取周期，使它能够容纳系统的核心软件和较多的用户程序。

3.1.3　存储单元的地址分配

存放一个机器字的存储单元，通常称为字存储单元，相应的单元地址叫字地址。而存放一个字节的单元,称为字节存储单元,相应的地址称为字节地址。如果计算机中可编址的最小单位是字存储单元,则该计算机称为按字寻址的计算机。如果计算机中可编址的最小单位是字节,则该计算机称为按字节寻址的计算机。一个机器字可以包含数个字节,所以一个存储单元也可包含数个能够单独编址的字节地址。例如一个 16 位二进制的字存储单元可存放两个字节,可以按字地址寻址,也可以按字节地址寻址。当用字节地址寻址时,16 位的存储单元占两个字节地址。

不同的机器存储字长也不同,为了满足字符处理的需要,常用 8 位二进制数表示一个字节,因此存储字长都取 8 的倍数。通常计算机系统既可按字寻址,也可按字节寻址。例如 IBM 370 机的字长为 32 位,它可按字节寻址,即它的每一个存储字包含 4 个可独立寻址的字节,其地址分配如图 3.3(a)所示。字地址是用该字高位字节的地址来表示,故其字地址是 4 的整数倍,正好用地址码的末两位来区分同一字的 4 字节的位置。但对 PDP-11 机而言,其字长为 16 位,字地址是 2 的整数倍,它用低位字节的地址来表示字地址,如图 3.3(b)所示。

图 3.3 字节寻址的主存地址

由图 3.3(a)所示,对 24 位地址线的主存而言,按字节寻址的范围为 16M,按字寻址的范围为 4M。由图 3.3(b)所示,对 24 位地址线而言,按字节寻址的范围仍为 16M,但按字寻址的范围为 8M。

【例 3.1】 某机器字长 32 位,其存储容量为 4KB,若按字节编址,它的寻址范围是多少?若按字编址,它的寻址范围是多少?

解:

字节编址情况下

$4KB = 4K \times 8 = 2^{12} \times 8$

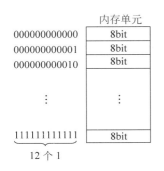

字编址情况下

$4KB = 4K \times 8 = 1K \times 32 = 2^{10} \times 32$

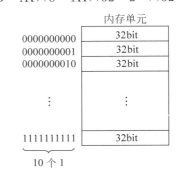

3.1.4 主存储器的技术指标

主存储器的性能指标主要是存储容量、存取时间、存储周期和存储器带宽。

(1) **存储容量**。指一个存储器中可以容纳的存储单元总数。存储容量越大,能存储的信息就越多。存储容量＝存储单元个数×存储字长。存储容量常用字数或字节数(B)来表

示,如 64K 字、512KB、644MB。外存中为了表示更大的存储容量,采用 GB 等单位。其中
$1KB=2^{10}B$,$1MB=2^{20}B$,$1GB=2^{30}B$,$1TB=2^{40}B$。B 表示字节,一个字节定义为 8 个二进制位,所以计算机中一个字的字长通常是 8 的倍数。存储容量这一概念反映了存储空间的大小。

(2) **存取时间**。又称存储器访问时间,是指一次读操作命令发出到该操作完成,将数据读出到数据总线上所经历的时间。存取时间分读出时间和写入时间两种。通常取写入操作时间等于读出操作时间,故称为存储器存取时间。

(3) **存储周期**。指连续启动两次读操作所需的最小时间间隔。通常,存储周期略大于存取时间,其时间单位为纳秒(ns)。

(4) **存储器带宽**。单位时间内存储器所存取的信息量,通常以位/秒或字节/秒做度量单位。带宽是衡量数据传输速率的重要技术指标,二者在数值上是相同的。存储器的带宽决定了以存储器为中心的机器获得信息的传输速度,它是改善机器瓶颈的一个关键因素。为了提高存储器的带宽,可以采用以下措施:

① 缩短存取周期。

② 增加存储字长,使每个存取周期可读/写更多的二进制位数。

③ 增加存储体。

存取时间、存储周期、存储器带宽三个概念反映了主存的速度指标。

【**例 3.2**】 若某存储器存储周期为 250ns,每次读出 16 位,则该存储器的数据传输率是?

解:存储周期为 250ns,每秒可完成 $\dfrac{1}{250\times10^{-9}}=4\times10^{6}$ 次存储操作。

每秒可传输的数据量为:$4\times10^{6}\times16bit=8\times10^{6}B/s$。

所以该存储器的数据传输率为 $8\times10^{6}B/s$。

3.2 随机存取存储器

目前广泛使用的内部存储器是半导体存储器。根据信息存储的机理不同,又分为静态读写存储器(Static Random Access Memory,SRAM)和动态读写存储器(Dynamic Random Access Memory,DRAM)。SRAM 的优点是存取速度快,但存储容量不如 DRAM 大。

3.2.1 静态 RAM

1. 静态 RAM 基本单元电路

由于静态 MOS 是用触发器工作原理存储信息,因此即使信息读出后,它仍保持其原状态,不需要再生。只要直流供电电源一直加在这个记忆电路上,它就无限期地保持记忆的 1 状态或 0 状态。但电源掉电时,原存信息丢失,故它属于易失性半导体存储器。

图 3.4 表示基本的静态存储元阵列。

任何一个 SRAM,都有三组信号线与外部打交道:①地址线,本例中有 6 条,即 A_0、A_1、A_2、A_3、A_4、A_5,它指定了存储器的容量是 $2^6=64$ 个存储单元。②数据线,本例中有 4

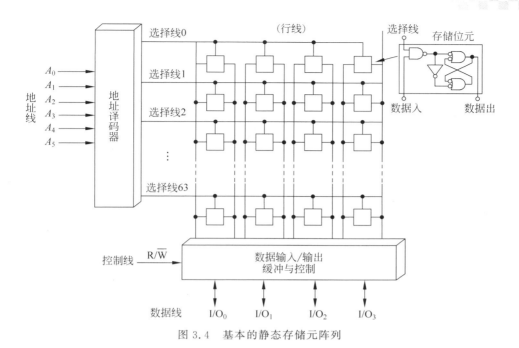

图 3.4　基本的静态存储元阵列

条,即 I/O$_0$、I/O$_1$、I/O$_2$、I/O$_3$,它指定了存储器的字长是 4 位,因此存储位元的总数是 64×4=256。③控制线,本例中 R/$\overline{\text{W}}$ 为控制线,它决定了对存储器进行读(R/$\overline{\text{W}}$ 高电平),还是写(R/$\overline{\text{W}}$ 低电平)。注意,读写操作不会同时发生。

地址译码器输出有 64 条选择线,我们称为行线,它的作用是打开每个存储位元的输入与非门。当外部输入数据为 1 时,锁存器便记忆了 1;当外部输入数据为 0 时,锁存器便记忆了 0。

2. 静态 RAM 芯片举例

目前的 SRAM 芯都采用双译码方式,以便组织更大的存储容量。这种译码方式的实质是采用了二级译码:将地址分成 X 向、Y 向两部分,第一级进行 X 向(行译码)和 Y 向(列译码)的独立译码,然后在存储阵列中完成第二级的交叉译码。而数据宽度有 1 位、4 位、8 位,甚至有更多的字节。

图 3.5(a)表示存储容量为 32K×8 位的 SRAM 逻辑结构图。它的地址线共 15 条,其中 X 方向 8 条($A_0 \sim A_7$),经行译码输出 256 行,Y 方向 7 条($A_8 \sim A_{14}$),经列译码输出 128 列,存储阵列为三维结构,即 256 行×128 列×8 位。双向数据线有 8 条,即 I/O$_0$—I/O$_7$。向 SRAM 写入信息时,8 个输入缓冲器被打开,而 8 个输出缓冲器被关闭,因而 8 条 I/O 数据线上的数据写入到存储阵列中去。从 SRAM 读出信息时,8 个输出缓冲器被打开,8 个输入缓冲器被关闭,读出的数据送到 8 条 I/O 数据线上。

控制信号中 $\overline{\text{CS}}$ 是片选信号,$\overline{\text{CS}}$ 有效时(低电平),门 G_1、G_2 均被打开。$\overline{\text{OE}}$ 为读出使能信号,$\overline{\text{OE}}$ 有效时(低电平),G_2 门开启,当写命令 $\overline{\text{WE}}$=1 时(高电平),门 G_1 关闭,存储器进行读操作。写操作时,$\overline{\text{WE}}$=0,门 G_1 开启,门 G_2 关闭。注意,门 G_1 和 G_2 是互锁的,一个开启时另一个必定关闭,这样保证了读时不写,写时不读。

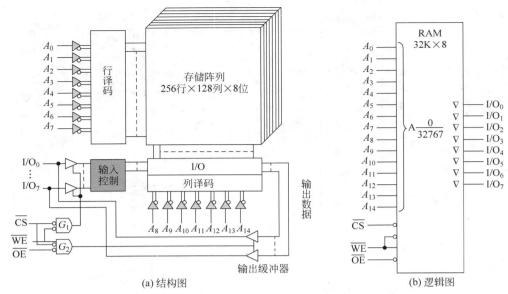

(a) 结构图   (b) 逻辑图

图 3.5   32K×8 位 SRAM

3. 静态 RAM 读/写时序

如图 3.6 所示,读/写周期波形图精确地反映了 SARM 工作的时间关系。只要把握住地址线、控制线、数据线三组信号线何时有效,就可以很容易看懂这个周期波形图。在读周期中,地址线先有效,以便进行地址译码,选中存储单元。为了读出数据,片选信号 $\overline{CS}$ 和读出使能信号 $\overline{OE}$ 也必须有效(由高电平变为低电平)。从地址有效开始经 t_{AQ}(读出)时间,数据总线 I/O 上出现了有效的读出数据。之后 $\overline{CS}$、$\overline{OE}$ 信号恢复高电平,t_{RC} 以后才允许地址总线发生改变。t_{RC} 时间叫读周期时间。

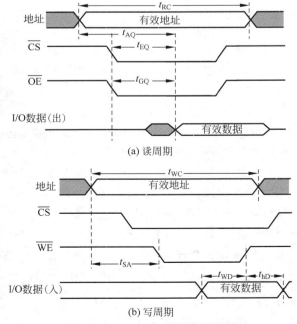

(a) 读周期

(b) 写周期

图 3.6   SRAM 读/写周期波形图

在写周期中,也是地址线先有效,接着片选信号 $\overline{CS}$ 有效,写命令 $\overline{WE}$ 有效(低电平),

此时数据总线 I/O 上必须置写入数据,在 t_{WD} 时间段将数据写入存储器。之后撤销写命令 $\overline{WE}$ 和 $\overline{CS}$。为了写入可靠,I/O 线的写入数据要有维持时间 t_{hD},$\overline{CS}$ 的维持时间也比读周期长。t_{WC} 时间也比读周期长,t_{WC} 时间叫写周期时间。为了控制方便,一般取 $t_{RC} = t_{WC}$,我们通常叫存取周期。

【例 3.3】 图 3.7(a)是 SRAM 的写入时序图。其中 R/$\overline{W}$ 是读/写命令控制线,当 R/$\overline{W}$ 线为低电平时,存储器按给定地址把数据线上的数据写入存储器。请指出图 3.7(a)写入时序中的错误,并画出正确的写入时序图。

解:写入存储器的时序信号必须同步。通常,当 R/$\overline{W}$ 线加负脉冲时,地址线和数据线的电平必须是稳定的。当 R/$\overline{W}$ 线达到低电平时,数据立即被存储。因此,当 R/$\overline{W}$ 线处于低电平时,如果数据线改变了数值,那么存储器将存储新的数据⑤。同样,当 R/$\overline{W}$ 线处于低电平时地址线如果发生了变化,那么同样数据将存储到新的地址②或③。

正确的写入时序图如图 3.7(b)所示。

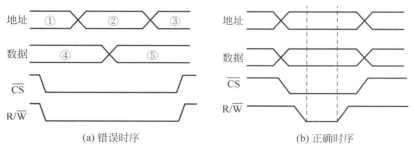

(a) 错误时序　　　　　　　　　　　(b) 正确时序

图 3.7　错误的读/写时序及改正

3.2.2　动态 RAM

1. 动态 RAM 的基本单元电路

动态 MOS 随机读写存储器 DRAM 的存储容量极大,通常用作计算机的主存储器。

SRAM 存储器的存储元是一个触发器,它具有两个稳定的状态。而 DRAM 存储器的存储元是由一个 MOS 晶体管和电容器组成的记忆电路,如图 3.8 所示。其中 MOS 晶体管作为开关使用,而所存储的信息 1 或 0 则是由电容器上的电荷量来体现,当电容器充满电荷时,代表存储了 1,当电容器放电没有电荷时,代表存储了 0。

图 3.8(a)表示写 1 到存储元。此时输出缓冲器关闭、刷新缓冲器关闭,输入缓冲器打开(R/$\overline{W}$ 为低),输入数据 $D_{IN}=1$ 送到存储元位线上,而行选线为高,打开 MOS 晶体管,于是位线上的高电平给电容器充电,表示存储了 1。

图 3.8(b)表示写 0 到存储元。此时输出缓冲器和刷新缓冲器关闭,输入缓冲器打开,输入数据 $D_{IN}=0$ 送到存储元位线上;行选线为高,打开 MOS 晶体管,于是电容上的电荷通过 MOS 晶体管和位线放电,表示存储了 0。

图 3.8(c)表示从存储元读出 1。输入缓冲器和刷新缓冲器关闭,输出缓冲器/读出放大器打开(R/$\overline{W}$ 为高)。行选线为高,打开 MOS 晶体管,电容上所存储的 1 送到位线上,通过

输出缓冲器/读出放大器发送到 D_{OUT},即 $D_{OUT}=1$。

图 3.8(d)表示 3.8(c)读出 1 后存储元重写 1。由于图 3.8(c)中读出 1 是破坏性读出,必须恢复存储元中原存的 1。此时输入缓冲器关闭,刷新缓冲器打开,输出缓冲器/读出放大器打开,读出数据 $D_{OUT}=1$ 经刷新缓冲器送到位线上,再经 MOS 晶体管写到电容上。

注意,输入缓冲器与输出缓冲器总是互锁的。这是因为读操作和写操作是互斥的,不会同时发生。

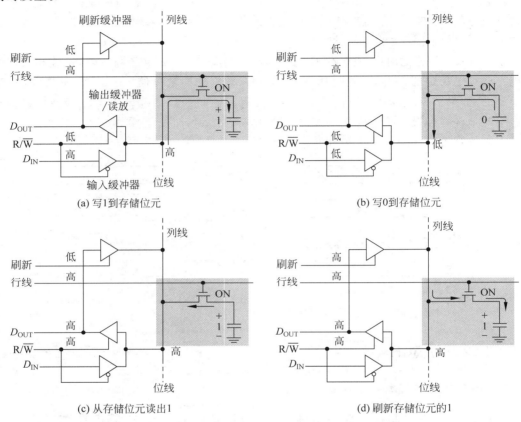

图 3.8　一个 DRAM 存储位元的写、读、刷新操作

2. 动态 RAM 芯片举例

图 3.9(a)示出 1M×4 位 DRAM 芯片的管脚图,其中有两个电源脚、两个地线脚,为了对称,还有一个空脚(Not Connected,NC)。

图 3.9(b)是该芯片的逻辑结构图,与 SRAM 不同的是:

(1)增加了行地址锁存器和列地址锁存器。由于 DRAM 存储器容量很大,地址线应要增加,这势必增加芯片地址线的管脚数目。为避免这种情况,采取的办法是分时传送地址码。若地址总线宽度为 10 位,先传送地址码 $A_0 \sim A_9$,由行选通信号 $\overline{RAS}$ 输入到地址锁存器;然后传送地址码 $A_{10} \sim A_{19}$,由列选通信号 $\overline{CAS}$ 输入到列地址锁存器。芯片内部两部分合起来,地址线宽度达到 20 位,存储容量为 1M×4 位。

(2)增加了刷新计数器和相应的控制电路。DRAM 读出后必须刷新,而未读写的存储

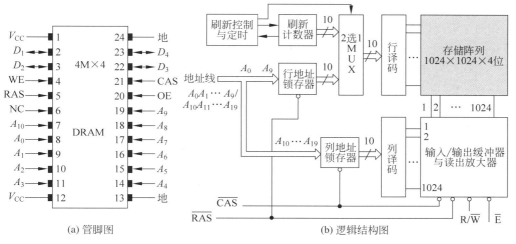

图 3.9 1M×4 位 DRAM 结构

元也要定期刷新,而且要按行刷新,所以刷新计数器的长度等于行地址锁存器的位数。刷新操作与读/写操作是交替进行的,所以通过 2 选 1 多路开关来提供刷新行地址或正常读/写的行地址。

3. 动态 RAM 刷新

刷新的过程实质上是先将原存信息读出,再由刷新放大器形成原信息并重新写入的再生过程。

由于存储单元被访问是随机的,有可能某些存储单元长期得不到访问,不能进行存储器的读/写操作,其存储单元内的原信息将会慢慢消失。为此,必须采用定时刷新的方法,它规定在一定的时间内,对动态 RAM 的全部基本单元电路必须作一次刷新,一般取 2ms,这个时间称为刷新周期,又称再生周期。刷新是一行一行进行的,必须在刷新周期内,由专用的刷新电路来完成对基本单元电路的逐行刷新,才能保证动态 RAM 内的信息不丢失。通常有三种方式刷新:集中式刷新、分散式刷新和异步式刷新。

1) 集中式刷新

集中式刷新是在规定的一个刷新周期内,对全部存储单元集中一段时间逐行进行刷新,此刻必须停止读/写操作。例如对刷新周期为 2ms 的内存来说,所有行的集中式刷新必须每隔 2ms 进行一次。为此将 2ms 的时间分为两部分:前一段时间进行正常的读/写操作,后一段时间(2ms 至正常读/写周期时间)作为集中式刷新操作时间。此时正常的读/写操作停止,数据线输出被封锁。等所有行刷新结束后,又开始正常的读/写周期。

例如,对 128×128 矩阵的存储芯片进行刷新时,若存取周期为 $0.5\mu s$,刷新周期为 2ms(占 4000 个存取周期),则对 128 行集中式刷新共需 $64\mu s$(占 128 个存取周期),其余的 $1936\mu s$(共 3872 个存取周期)用来读/写或维持信息,集中式刷新过程如图 3.10(a)所示。由于在这 $64\mu s$ 时间内不能进行读/写操作,故称为"死时间",又称访存"死区",所占比率为:128/4000=3.2%,称为死时间率。

2) 分散式刷新

分散式刷新是指对每行存储单元的刷新分散到每个存取周期内完成。其中,把机器的存取周期分成两段,前半段用来读/写或维持信息,后半段用来刷新。若读/写周期为$0.5\mu s$,则存取周期为$1\mu s$。仍以128×128矩阵的存储芯片为例,刷新按行进行,每隔$128\mu s$就可将存储芯片全部刷新一遍,其过程如图3.10(b)所示。这比允许的间隔2ms要短得多,而且也不存在停止读/写操作的"死时间"。

3) 异步式刷新

异步式刷新是前两种方式的结合,它既可缩短"死时间",又充分利用最大刷新间隔为2ms的特点。例如,对于存取周期为$0.5\mu s$、排列成128×128的存储芯片,可采取在2ms内对128行各刷新一遍,即每隔$15.6\mu s$($2000/128\approx15.6\mu s$)刷新一行,而每行刷新的时间仍为$0.5\mu s$,如图3.10(c)所示。这样,刷新一行只停止一个存取周期,但对每行来说,刷新间隔时间仍为2ms,而"死时间"缩短为$0.5\mu s$。

三种刷新方式的对比如图3.10所示。

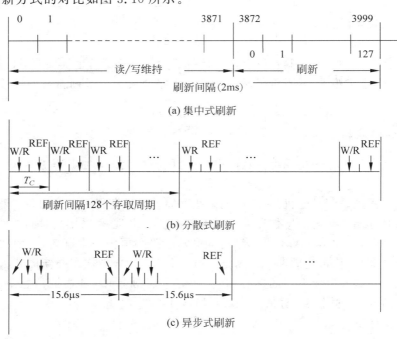

图 3.10　刷新方式对比

4. 动态 RAM 读/写时序

图3.11(a)示出了DRAM的读周期波形图。当地址线上行地址有效后,用行选通信号$\overline{\text{RAS}}$(低电平有效)输入至行地址锁存器;接着地址线上传送列地址,并用列选通信号$\overline{\text{CAS}}$(低电平有效)输入至列地址锁存器。此时经行、列地址译码,读写命令$R/\overline{W}=1$(高电平有效),数据线上便有输出数据。

图3.11(b)为DRAM的写周期波形图。此时读写命令$R/\overline{W}=0$(低电平有效),在此期间,数据线上必须送入欲写入的数据D_{in}(1或0)。

从图上可以看到,读周期、写周期的定义是从行选通信号$\overline{\text{RAS}}$下降沿开始,到下一个$\overline{\text{RAS}}$信号的下降沿为止的时间,也就是连续两个读周期的时间间隔。通常为了控制方便,

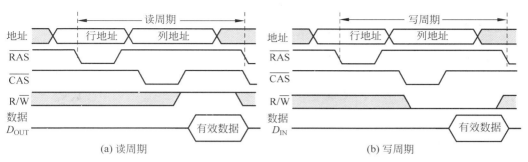

图 3.11 DRAM 的读/写周期波形图

读周期和写周期时间相等。

5. 动态 RAM 与静态 RAM 的比较

目前,动态 RAM 的应用比静态 RAM 要广泛得多。其原因如下:

(1) 在同样大小的芯片中,动态 RAM 的集成度远高于静态 RAM,如动态 MOS 的基本单元电路为一个 MOS 晶体管,静态 MOS 的基本单元电路可为 4～6 个 MOS 晶体管。

(2) 动态 RAM 行、列地址按先后顺序输送,减少了芯片引脚,封装尺寸也相对减少。

(3) 动态 RAM 的功耗比静态 RAM 小。

(4) 动态 RAM 的价格比静态 RAM 的价格便宜。当采用同一档次的实现技术时,动态 RAM 的容量大约是静态 RAM 容量的 4～8 倍,静态 RAM 的存取周期比动态的存取周期快 8～16 倍,但价格也贵 8～16 倍。

随着动态 RAM 容量不断扩大,速度不断提高,它被广泛应用于计算机的主存。动态 RAM 也有缺点:

(1) 由于使用动态元件(电容),因此它的速度比静态 RAM 低。

(2) 动态 RAM 需要再生,故需配置再生电路,也需要消耗一部分功率。通常,容量不大的高速缓冲存储器大多用静态 RAM 实现。

3.3 只读存储器

与随机读/写的 RAM 不同,ROM 叫作只读存储器。顾名思义,只读的意思就是在它工作时只能读出,不能写入。因而其中存储的原始数据,必须在它工作以前写入。只读存储器由于工作可靠、保密性强,在计算机系统中得到广泛的应用。

ROM 分掩模 ROM 和可编程 ROM 两类,后者又分为一次性编程的 PROM 和可多次编程的 EPROM 和 EEPROM。早期只读存储器的存储内容根据用户要求,厂家采用掩模工艺,把原始信息记录在芯片中,一旦制成后无法更改,称为掩模型只读存储器(Masked ROM,MROM)。随着半导体技术的发展和用户需求的变化,只读存储器先后派生出可编程只读存储器(Programmable ROM,PROM)、可擦可编程只读存储器(Erasable Programmable ROM,EPROM)以及电可擦可编程只读存储器(Electrically Erasable Programmable ROM,EEPROM)。近年来还出现了闪速存储器(Flash Memory),它具有 EEPROM 的特点,而速度比 EEPROM 快得多。

1. 掩模 ROM

1）掩模 ROM 的阵列结构和存储元

掩模 ROM 实际上是一个存储内容固定的 ROM,由生产厂家提供产品。它包括广泛使用的具有标准功能的程序或数据,或提供用户定做的具有特殊功能的程序或数据,当然这些程序或数据均转换成二进制码。一旦 ROM 芯片做成,就不能改变其中的存储内容。大部分 ROM 芯片利用在行选线和列选线交叉点上的晶体管是导通或截止来表示存 1 或存 0。

图 3.12 表示一个 16×8 位的 ROM 阵列结构示意图。地址输入线有 4 条,单译码结构,因此 ROM 的行选线为 16 条,对应 16 个字(16 个存储单元),每个字的长度为 8 位,所以列选线为 8 条。行、列线交叉点是一个 MOS 晶体管存储元。当行选线与 MOS 晶体管栅极连接时,MOS 晶体导通,列线上为高电平,表示该存储元存 1。当行选线与 MOS 晶体管栅极不连接时,MOS 晶体管截止,表示该存储元存 0。此处存 1、存 0 的工作,在生产厂商制造 ROM 芯片时就做好了。

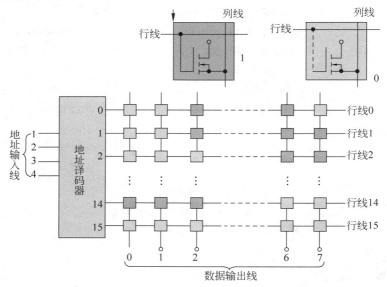

图 3.12　16×8 位 ROM 阵列结构示意图

2）掩模 ROM 的逻辑符号和内部逻辑框图

图 3.13(a)是掩模 ROM 的逻辑符号。图 3.13(b)为内部逻辑框图。ROM 有三组信号线:地址线 8 条,所以 ROM 的存储容量为 256 字,数据线 4 条,对应字长 4bit。控制线两条 $\overline{E}_0$、$\overline{E}_1$,二者是"与"的关系,可以连在一起。当允许 ROM 读出时,$\overline{E}_0 = \overline{E}_1$ 为低电平,ROM 的输出缓冲器被打开,4 位数据 $O_3 \sim O_0$ 便被读出。

2. PROM

可编程 ROM 有 PROM、EPROM 和 EEPROM 三种。

PROM 是可以实现一次性编程的只读存储器。用户在使用前,可按需要将信息存入行、列交叉的耦合元件内。单元电路如图 3.14 所示。若欲存"0",则置耦合元件一大电流,将熔丝烧断。若欲存"1",则耦合处不置大电流,熔丝不断。当被选中时,熔丝断掉处将读出

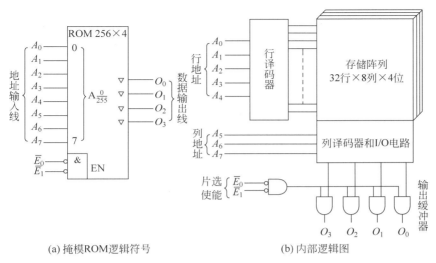

(a) 掩模ROM逻辑符号　　　　　　　(b) 内部逻辑图

图 3.13　掩模 ROM 逻辑符号和内部逻辑框

"0",熔丝未断处将读出"1"。当然,已断的熔丝是无法再恢复的,故这种 ROM 往往只能实现一次编程,不得再修改。

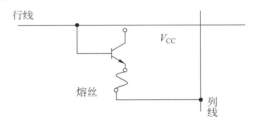

图 3.14　双极型镍铬熔丝式单元电路

3. EPROM

EPROM 叫作可擦可编程只读存储器。它的存储内容可以根据需要写入,当需要更新时将原存储内容抹去,再写入新的内容。

现以浮栅雪崩注入型 MOS 晶体管为存储元的 EPROM 为例进行说明,结构如图 3.15(a)所示,图 3.15(b)是电路符号。它与普通的 NMOS 晶体管很相似,但有 G_1 和 G_2 两个栅极,G_1 栅没有引出线,而被包围在二氧化硅(SiO_2)中,称之为浮空栅。G_2 为控制栅,有引出线。若在漏极 D 端加上几十伏的脉冲电压,使得沟道中的电场足够强,则会造成雪崩,产生很多高能量电子。此时,若在 G_2 栅上加上正电压,形成方向与沟道垂直的电场,便可使沟道中的电子穿过氧化层而注入 G_1 栅,从而使 G_1 栅积累负电荷。由于 G_1 栅周围都是绝缘的二氧化硅层,泄漏电流极小,所以一旦电子注入 G_1 栅后,就能长期保存。

当 G_1 栅有电子积累时,该 MOS 晶体管的开启电压变得很高,即使 G_2 栅为高电平,该晶体管仍不导通,相当于存储了"0"。反之,G_1 栅无电子积累时,MOS 晶体管的开启电压较低,当 G_2 栅为高电平时,该晶体管可以导通,相当于存储了"1"。图 3.15(d)示出了读出时的电路,它采用二维译码方式:x 地址译码器的输出 x_i 与 G_2 栅极相连,以决定 T_2 管是否选中；y 地址译码器的输出 y_i 与 T_1 管栅极相连，控制其数据是否读出。当片选信号 CS 为高电平，即该片选中时，方能读出数据。

这种器件的上方有一个石英窗口，如图 3.15(c)所示。当用光子能量较高的紫外光照射 G_1 浮栅时，G_1 中电子获得足够能量，从而穿过氧化层回到衬底中，如图 3.15(e)所示。这样可使浮栅上的电子消失，达到抹去存储信息的目的，相当于存储器又存了全"1"。

这种 EPROM 出厂时为全"1"状态，使用者可根据需要写"0"。写"0"电路如图 3.15(f)所示，x_i 和 y_i 选择线为高电位，P 端加 20 多伏的正脉冲，脉冲宽度为 0.1～1ms。当需要时 EPROM 允许多次重写。抹去时，用 40W 紫外灯，相距 2cm，照射几分钟即可。

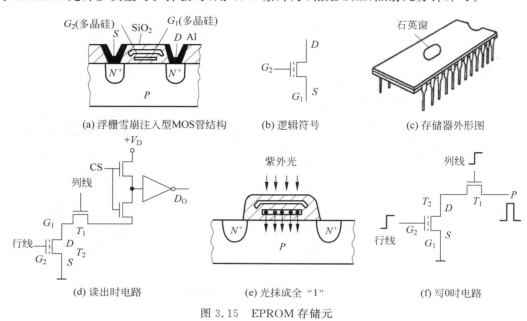

图 3.15　EPROM 存储元

4. EEPROM

EEPROM 叫作电可擦可编程只读存储器。其存储元是一个具有两个栅极的 NMOS 晶体管，如图 3.16(a)和(b)所示，G_1 是控制栅，它是一个浮栅，无引出线，G_2 是抹去栅，它有引出线。在 G_1 栅和漏极 D 之间有一小面积的氧化层，其厚度薄，可产生隧道效应。如图 3.16(c)所示，当 G_2 栅加 20V 正脉冲 P_1 时，通过隧道效应，电子由衬底注入 G_1 浮栅，相当于存储了"1"。利用此方法可将存储器抹成全"1"状态。

这种存储器在出厂时，存储内容为全"1"状态。使用时，可根据要求把某些存储元写"0"。写"0"电路如图 3.16(d)所示。漏极 D 加 20V 正脉冲，P_2、G_2 栅接地，浮栅上电子通过隧道返回衬底，相当于写"0"，EEPROM 允许改写上千次，改写(先抹后写)约需 20ms，数据可存储 20 年以上。

EEPROM 读出时的电路如图 3.16(e)所示，这时 G_2 栅加 3V 电压，若 G_1 栅有电子积累，T_2 管不能导通，相当于存"1"；若 G_1 栅无电子积累，T_2 管导通，相当于存"0"。

思考题　EEPROM 存储元比 EPROM 存储元的创新点何在？

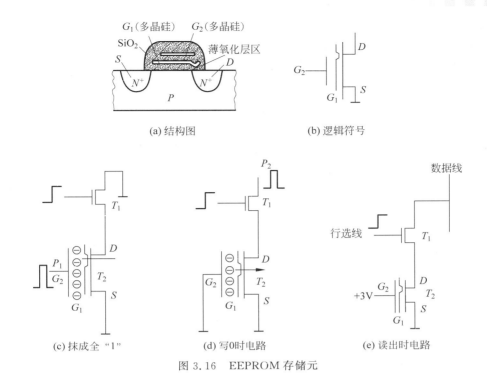

(a) 结构图　　　　　　　(b) 逻辑符号

(c) 抹成全"1"　　　(d) 写0时电路　　　(e) 读出时电路

图 3.16　EEPROM 存储元

5．FLASH 存储器

FLASH 存储器也翻译成闪速存储器，它是高密度非易失性的读/写存储器。高密度意味着具有巨大比特数目的存储容量。非易失性意味着存放的数据在没有电源的情况下可以长期保存。总之，它既有 RAM 的优点，又有 ROM 的优点，称得上是存储技术划时代的进展。

1）FLASH 存储元

FLASH 存储元是在 EPROM 存储元基础上发展起来的，由此可以看出创新与继承的关系。

图 3.17 所示为闪速存储器中的存储元，由单个 MOS 晶体管组成，除漏极 D 和源极 S 外，还有一个控制栅和浮空栅。当控制栅加上足够的正电压时，浮空栅将存储许多电子(带负电荷)，这意味着浮空栅上有很多负电荷，这种情况我们定义存储元处于 0 状态。如果控制栅不加正电压，浮空栅则只有少许电子或不带电荷，这种情况我们定义为存储元处于 1 状态。浮空栅上的电荷量决定了读取操作时，加在栅极上的控制电压能否开启 MOS 晶体管，并产生从漏极 D 到源极 S 的电流。

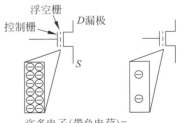

许多电子(带负电荷)＝
存储元处于0状态

图 3.17　FLASH 存储元

2）FLASH 存储器的基本操作

闪速存储器有三个主要的基本操作，它们是编程操作、读取操作和擦除操作。

(1) 编程操作。编程操作实际上是写操作。所有存储元的原始状态均处"1"状态，这是因为擦除操作时控制栅不加正电压。编程操作的目的是为存储元的浮空栅补充电子，从而

使存储元改写成"0"状态。如果某存储元仍保持"1"状态,则控制栅就不加正电压。图 3.18
(a)表示编程操作时存储元写 0、写 1 的情况。实际上编程时只写 0,不写 1,因为存储元擦除
后原始状态全为 1。要写 0,就是要在控制栅 G 上加正电压。一旦存储元被编程,存储的数
据可保持 100 年之久而无需外电源。

　　(2)读取操作。读取操作时控制栅加上正电压。浮空栅上的负电荷量将决定是否可以
开启 MOS 晶体管。如果存储元原存 1,可认为浮空栅不带负电,控制栅上的正电压足以开
启晶体管。如果存储元原存 0,可认为浮空栅带负电,控制栅上的正电压不足以克服浮动栅
上的负电量,晶体管不能开启导通。

　　当 MOS 晶体管开启导通时,电源 V_D 提供从漏极 D 到源极 S 的电流。读出电流检测到
有电流,表示存储元中存 1,若读出电路检测到无电流,表示存储元中存 0,如图 3.18(b)所示。

　　(3)擦除操作。EPROM 中使用外部紫外光照射方式擦除,而 FLASH 采用了电擦除。
擦除操作时,所有的存储元浮空栅上的负电荷要全部泄放出去。为此晶体管源极 S 加上正
电压,这与编程操作正好相反,如图 3.18(c)所示。源极 S 上的正电压吸收浮空栅中的电
子,从而使全部存储元变成 1 状态。

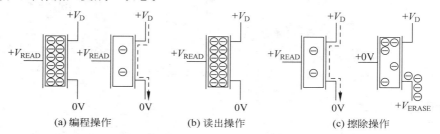

(a) 编程操作　　　　　　(b) 读出操作　　　　　　(c) 擦除操作

图 3.18　FLASH 存储元的基本操作

3)FLASH 存储器的阵列结构

FLASH 存储器的阵列结构如图 3.19 所示。

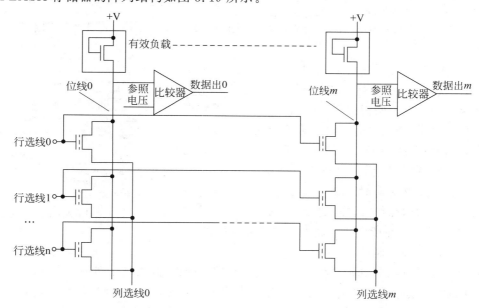

图 3.19　FLASH 存储器的简化阵列结构

在某一时间只有一条行选择线被激活。读操作时,假定某个存储元原存 1,那么晶体管导通,与它所在位线接通,有电流通过位线,所经过的负载上产生一个电压降。这个电压降送到比较器的一个输入端,与另一端输入的参照点做比较,比较器输出一个标志为逻辑 1 的电平。如果某个存储元原先存 0,那么晶体管不导通,位线上没有电流,比较器输出端则产生一个标志为逻辑 0 的电平。

移动盘是一种 FLASH 存储器的应用,采用闪速存储器技术的存储介质,它的物理形状像口香糖。标准的移动盘存储容量可达 128MB 以上并作为 PC 中卡适配器的工具。它的压缩设计理念也将应用在小的电子产品中,例如掌上电脑、数码相机等。

最后把 FLASH 存储器与其他存储器做个比较。从表 3.2 看到,FLASH 存储器具有十分明显的优点。

表 3.2 各种存储器的性能比较

存储器类型	非 易 失 性	高 密 度	单晶体管存储元	在系统中的可写性
FLASH	√	√	√	√
SRAM	×	×	×	√
DRAM	×	√	√	√
ROM	√	√	√	×
EPROM	√	√	√	×
EEPROM	√	√	√	√

3.4 存储器与 CPU 的连接

由于单片存储芯片的容量总是有限的,很难满足实际的需要,因此,必须将若干存储芯片连在一起才能组成足够容量的存储器,称为存储容量的扩展,通常有位扩展、字扩展和字与位同时扩展。

1. 位扩展

给定的芯片字长位数较短,不满足设计要求的存储器字长,此时需要用多片给定芯片扩展字长位数。三组信号线中,地址线和控制线公用而数据线单独分开连接。所需芯片数计算公式为

$$d = \frac{设计要求的存储器容量}{已知芯片存储容量} \tag{3.1}$$

【例 3.4】 已知 2114 芯片是 1K×4 位的 SRAM 芯片,设计一个存储容量为 1K×8 位的 SRAM 存储器,应如何实现?

解:所需芯片数
$$d = \frac{1K×8\,位}{1K×4\,位} = 2(片)$$

设计的存储器字长为 8 位,存储器地址范围不变。连接的三组信号线中地址线、控制线同时连接两个芯片,数据线高 4 位连接高位芯片、低 4 位连接低位芯片,数据线是双向的,地址线和控制线方向固定,连接方式如图 3.20 所示。

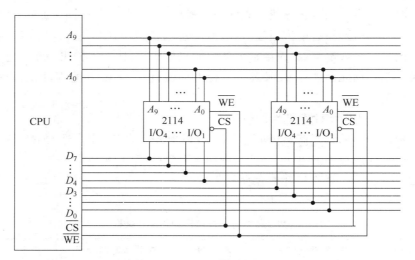

图 3.20　SRAM 字长位数扩展

2. 字扩展

给定的芯片存储容量较小(字数少),不满足设计要求的总存储容量,此时需要用多芯片来扩展字数。三组信号组中给定芯片的地址总线和数据总线公用,控制总线中 $R/\overline{W}$ 公用,使能端 EN 不能公用,它由地址总线的高位段译码来决定片选信号。所需芯片数仍由式(3.1)决定。

【例 3.5】　1K×4 位的 2114 芯片设计 4K×4 位的 SRAM 存储器。

解：所需芯片数：

$$d = \frac{4\text{K} \times 4 \text{ 位}}{1\text{K} \times 4 \text{ 位}} = 4(\text{片})$$

设计的存储器系统如图 3.21 所示。字长位数不变,地址总线 $A_9 \sim A_0$ 同时连接 4 片 SRAM 的地址输入端,地址总线最高位 A_{11}、A_{10} 连接到 2-4 译码器上,产生 4 个片选输出,分别连在 4 个 SRAM 的 $\overline{\text{CS}}$ 片选段。

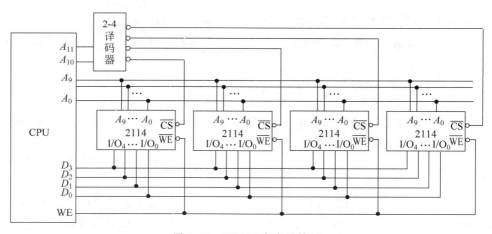

图 3.21　SRAM 字容量扩展

3. 字、位扩展

字、位扩展是指既增加存储字的数量,又增加存储字长。例如用 8 片 1K×4 位的芯片组成 4K×8 位的存储器。

存储芯片与 CPU 芯片相连接,要注意它们片与片之间的地址线、数据线和控制线的连接。

1)地址线的连接

存储芯片容量不同,其地址线数也不同,而 CPU 的地址线数往往比存储芯片的地址线数要多。通常总是将 CPU 地址线的低位与存储芯片的地址线相连。CPU 地址线的高位在存储芯片扩充时用做片选或做其他用途。例如,设 CPU 地址线为 16 位 $A_{15} \sim A_0$,1K×4 位的存储芯片仅有 10 根地址线 $A_9 \sim A_0$,此时,可将 CPU 的低位地址 $A_9 \sim A_0$ 与存储芯片地址线 $A_9 \sim A_0$ 相连,高位参与译码。又如,当用 16K×1 位存储芯片时,其地址线有 14 根 $A_{13} \sim A_0$,此时,可将 CPU 的低位地址 $A_{13} \sim A_0$ 与存储芯片地址线 $A_{13} \sim A_0$ 相连,A_{15}、A_{14} 参与译码。

2)数据线的连接

同样,CPU 的数据线数与存储芯片的数据线数也不一定相等。此时,必须对存储芯片扩位,使其数据位数与 CPU 的数据线数相等。

3)读/写命令线的连接

CPU 读/写命令线一般可直接与存储芯片的读/写控制端相连,通常高电平为读,低电平为写。有些 CPU 的读/写命令线是分开的,此时 I/O 的读命令线应与存储芯片的允许读控制端相连,而 CPU 的写命令线则应与存储芯片的允许写控制端相连。

4)片选线的连接

片选线的连接是 RAM 与存储芯片正确工作的关键。存储器由许多存储芯片组成,哪一片被选中完全取决于该存储芯片的片选控制端 $\overline{CS}$ 是否能接收到来自 CPU 的片选有效信号。

片选有效信号与 CPU 的访存控制信号 $\overline{MREQ}$(低电平有效)有关,因为只当 RAM 要求访存时,才需选择存储芯片。若 CPU 访问 I/O,则 $\overline{MREQ}$ 为高电平,表示不要求存储器工作。此外,片选有效信号还和地址有关,因为 CPU 的地址线往往多于存储芯片的地址线,故那些未与存储芯片连上的高位地址必须和访存控制信号共同产生存储芯片的片选信号。通常需用到一些逻辑电路,如译码器及其他各种门电路,来产生片选有效信号。

5)合理选择存储芯片

合理选择存储芯片主要是指存储芯片类型(ROM 或 RAM)和数量的选择。通常选用 ROM 存放系统程序、标准子程序和各类常数等。RAM 则是为用户编程而设置的。此外,在考虑芯片数量时,要尽量使连线简单方便。

在实际应用 CPU 与存储芯片时,还会遇到两者时序的配合、速度、负载匹配等问题,下面用一个实例来剖析 CPU 与存储芯片的连接方式。

【例 3.6】 设 CPU 有 16 根地址线、8 根数据线,并用 $\overline{MREQ}$ 作为访存控制信号(低电平有效),用 $\overline{WR}$ 作为读/写控制信号(高电平为读,低电平为写)。现有下列存储芯片:1K×4 位 RAM、4K×8 位 RAM、8K×8 位 RAM、2K×8 位 ROM、4K×8 位 ROM、8K×8

位 ROM 及 74138 译码器和各种门电路。画出 CPU 与存储器的连接,要求:

(1) 主存地址空间分配:

6000H~67FFH 为系统程序区;6800H~6BFFH 为用户程序区。

(2) 合理选用上述存储芯片,说明各选几片?

(3) 详细画出存储芯片的片选逻辑图。

解:第一步,先将十六进制地址范围写成二进制地址码,并确定其总容量。

$$A_{15}\ A_{14}\ A_{13}\ A_{12}\ A_{11}\ A_{10}\ A_9\ A_8\ A_7\ \cdots\ A_4\ A_3\ \cdots\ A_0$$

系统程序区
2K×8 位
$$\begin{cases} 0\ 1\ 1\ 0\ 0\ 0\ 0\ 0\ 0\ \cdots\ 0\ 0\ \cdots\ 0 \\ \qquad\qquad\qquad \cdots \\ 0\ 1\ 1\ 0\ 0\ 1\ 1\ 1\ 1\ \cdots\ 1\ 1\ \cdots\ 1 \end{cases}$$

用户程序区
1K×8 位
$$\begin{cases} 0\ 1\ 1\ 0\ 1\ 0\ 0\ 0\ 0\ \cdots\ 0\ 0\ \cdots\ 0 \\ \qquad\qquad\qquad \cdots \\ 0\ 1\ 1\ 0\ 1\ 0\ 1\ 1\ 1\ \cdots\ 1\ 1\ \cdots\ 1 \end{cases}$$

第二步,根据地址范围的容量以及该范围在计算机系统中的作用,选择存储芯片。

根据 6000H~67FFH 为系统程序区的范围,应选择 1 片 2K×8 位的 ROM,若选择 4K×8 位或 8K×8 位的 ROM,都超出了 2K×8 位的系统程序区范围。

根据 6800FFH~6BFFH 用户程序区的范围,选 2 片 1K×4 位的 RAM 芯片正好满足 1K×8 位的用户程序区要求。

第三步,分配 CPU 的地址线。

将 CPU 的低 11 位地址 A_{10}~A_0 与 2K×8 位的 ROM 地址线相连,将 CPU 的低 10 位的地址线 A_9~A_0 与 1K×4 位的 RAM 地址线相连。剩下的高位地址与访存控制信号 $\overline{\text{MREQ}}$ 共同产生存储芯片的片选信号。

第四步,片选信号的形成。

根据第一步写出的存储器地址范围得出,A_{15} 始终为低电平,A_{14} 始终为高电平,它们正好可分别与译码器 $\overline{G_{2A}}$ 和 G_1 对应。而访存控制信号 $\overline{\text{MREQ}}$ 又正好可与 $\overline{G_{2B}}$ 对应。剩下的 A_{13}、A_{12}、A_{11} 可分别接到译码器的 C、B、A 输入端。其输出 $\overline{Y_4}$ 有效时,选中 1 片 ROM。$\overline{Y_5}$ 与 A_{10} 同时有效,均为低电平时,与门输出选 2 片 RAM。CPU 与存储器连接如图 3.22 所示。

图中 ROM 芯片的 $\overline{\text{PD/progr}}$ 端接地,以确保在读出时低电平有效。RAM 芯片的读写控制端与 CPU 的读写命令端 $\overline{\text{WR}}$ 相连。ROM 的 8 根数据线直接与 CPU 的 8 根数据线相连,2 片 RAM 的数据线分别与数据总线的高 4 位和低 4 位双向相连。

4. 存储器模块条

存储器通常以插槽用模块条形式供应市场。这种模块条常称为内存条,它们是在一个条状的小印制电路板上,用一定数量的存储器芯片(如 8 个 RAM 芯片),组成一个存储容量固定的存储模块。然后通过它下部的插脚插到系统板的专用插槽中,从而使存储器的总容量得到扩充。

内存条有 30 脚、72 脚、100 脚、144 脚、168 脚等多种形式。30 脚内存条设计成 8 位数

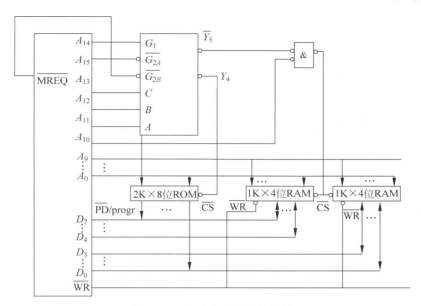

图 3.22 CPU 与存储器连接图

据线,存储容量为 256KB～32MB。72 脚内存条设计成 32 位数据总线,100 脚以上内存条既用于 32 位数据总线又用于 64 位数据总线,存储容量为 256MB～1024MB。

从 20 世纪 70 年代到现在,主存储器的基本构件仍然是 DRAM 芯片,但传统的 DRAM 芯片受到了其内部结构与 CPU 存储总线连接的限制。

解决 DRAM 主存性能的一种方法是在主存与 DRAM 之间插入一级或多级 SRAM 组成的高速缓冲存储器 Cache。但是 SRAM 比 DRAM 贵得多,扩展 Cache 超过一定限度时,将得不偿失。为此,人们又开发了许多对基本 DRAM 结构的增强功能,市场上也出现了一些产品。其主要技术手段是提高时钟频率和带宽(几吉字节每秒),缩短存取周期(十几纳秒),芯片的引脚数大于 100。下面做简要介绍。

1) FPM-DRAM

FPM-DRAM 称快速页模式动态存储器,它是根据程序的局部性原理来实现的。

我们前面描述过的读周期和写周期中,为了寻找一个确定的存储单元地址,首先由低电平的行选通信号 $\overline{\mathrm{RAS}}$ 确定行地址,然后由低电平的列选信号 $\overline{\mathrm{CAS}}$ 确定列地址。下一次寻址操作,也是由 $\overline{\mathrm{RAS}}$ 选定行地址,$\overline{\mathrm{CAS}}$ 选定列地址,依次类推。

快速页模式改变了这种寻址操作方式。页是指由一个唯一的行地址和该行中所有的列地址确定的若干存储单元的组合。快速页模式允许在选定的行中对每一个列地址进行连续快速的读操作或写操作。当 $\overline{\mathrm{RAS}}$ 信号变为低电平并保持在低电平时行地址被选定,与此同时,$\overline{\mathrm{CAS}}$ 信号在高电平和低电平之间变换。只有每一个连续的 $\overline{\mathrm{CAS}}$ 信号变为低电平时,才选择该行中的另外一个列地址。所以经过一个快速页周期之后,根据读写命令 R/$\overline{\mathrm{W}}$ 信号,该页中所有存储单元都进行了读操作或写操作。如图 3.23 所示,DRAM 的一个快速页模式周期中,对选定的每一行,信号都需要 1024 次变为有效。

图 3.23 是快速页模式读操作的时序图,当 $\overline{\mathrm{CAS}}$ 信号变为高电平时,数据不能输出。因此,$\overline{\mathrm{CAS}}$ 信号由低到高的转化必须发生在读出数据被 CPU 取走之后。

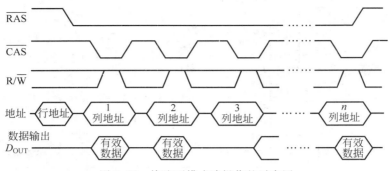

图 3.23　快速页模式读操作的时序图

2) CDRAM

CDRAM 称为带高速缓冲存储器(Cache)的动态存储器,它是在通常的 DRAM 芯片内又集成了一个小容量的 SRAM,从而使 DRAM 芯片的性能得到显著改进。图 3.24 示出 1M×4 位 CDRAM 芯片的结构框图,其中 SRAM 为 512×4 位。

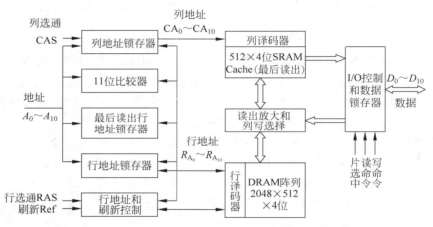

图 3.24　1M×4 位 CDRAM 芯片结构框图

访问 1M×4 位的 CDRAM 芯片需要 20 位内存地址。但芯片的实际地址引脚线只有 11 位,为此 20 位地址需要分时送入内部。首先在行选通信号作用下,内存地址的高 11 位以 $A_0 \sim A_{10}$ 地址线输入,作为行地址分别保存在行地址锁存器和最后读出行地址锁存器中。在 DRAM 阵列的 2048 行中,此地址指定行的全部数据 512×4 位,且被读取到 SRAM 中暂存。然后,在列选通信号作用下,内存地址的低 9 位又经 $A_0 \sim A_{10}$ 地址线输入,保存到列地址锁存器。当读命令信号有效时,SRAM 中 512 个 4 位组的某一 4 位组被这个列地址选中,经数据线 $D_0 \sim D_3$ 从芯片输出。这里 SRAM 是 DRAM 的一个小副本。

下一次读取时,输入的行地址立即与最后读出行锁存器的内容进行 11 位比较。若比较相符则 SRAM 命中,由输入的列地址从 SRAM 选择某一位组送出即可。若比较不相符,则需要驱动 DRAM 阵列,更新 SRAM 和最后读出行地址锁存器的内容,并送出指定的 4 位组。可见,以 SRAM 保存一行内容的办法,对成块传送非常有利。如果连续的地址高 11 位相同,意味着属于同一行地址,那么连续变动的 9 位列地址就会使 SRAM 中相应位组连续读出,这称为猝发式读取。

CDRAM 的这种结构还带来另外两个优点：一是在读出期间可同时对 DRAM 阵列进行刷新，二是芯片内的数据输出路径（由 SRAM 到 I/O）与数据输入路径（由 I/O 到列写选择器和读出放大器）是分开的，允许在写操作完成的同时来启动同一行的读操作。

3）SDRAM

SDRAM 称为同步型动态存储器。我们知道计算机系统中的 CPU 使用的是系统时钟，而 SDRAM 的操作要求与系统时钟相同步。这种同步的操作，使得 SDRAM 的结构与其他非同步型 DRAM 不同。在非同步 DARM 中，CPU 必须等待前者完成其内部操作，然后才能开始下一地址的读写操作。然而在同步型操作中，SDRAM 在系统时钟的控制下从 CPU 获得地址、数据和控制信息。也就是，它与 CPU 的数据交换同步于外部的系统时钟信号，并且以 CPU、存储器总线的最高速度运行，而不需要插入等待状态。

SDRAM 利于传送数据块。

思考题 三种高级 DRAM 结构的创新点在何处？

【**例 3.7**】 CDRAM 内存条组成实例。

一片 CDRAM 的容量为 1M×4 位，8 片这样的芯片可组成 1M×32 位（4MB）的存储模块，其组成如图 3.25 所示。

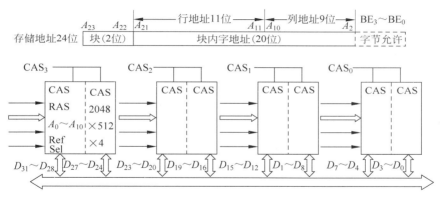

图 3.25 1M×32 位 CDRAM 模块组成

8 个芯片共用片选信号 Sel、行选通信号 RAS、刷新信号 Ref 和地址输入信号 $A_0 \sim A_{10}$。两片 CDRAM 芯片的列选通信号 CAS 连在一起，形成一个 1M×8 位（1MB）的片组。再由 4 个片组组成一个 1M×32 位（4MB）的存储模块。4 个片组的列选通信 $CAS_0 \sim CAS_3$ 分别与 CPU 送出的 4 字节允许信号 $BE_3 \sim BE_0$ 相对应，以允许存取 8 位的字节或 16 位的字。当进行 32 位存取时，$BE_3 \sim BE_0$ 全有效，此时认为存储地址的 $A_1 A_0$ 位为 00（CPU 没有 A_1、A_0 输出引脚），也即存储地址 $A_{23} \sim A_2$ 为 4 的整数倍。其中最高 2 位 $A_{23} A_{22}$ 用作模块选择，它们的译码输出分别驱动 4 个模块的片选信号 Sel。若配置 4 个这样的 4MB 模块，存储器的容量可达 16MB。

当某模块被选中，此模块的 8 个 CDRAM 芯片同时动作，8 个 4 位数据端口同时与 $D_3 \sim D_0$ 32 位数据总线交换数据，完成一次 32 位字的存取。此存储字的模块内地址是存储地址中的 $A_{21} \sim A_2$ 位，这 20 位地址分成 11 位的行地址和 9 位的列地址，分别在 RAS、CAS 信号有效时同时输入到 8 个芯片的地址引脚端。

上述存储模块本身具有高速成块存取能力。如果模块的连续地址是高 13 位保持不变

(同一行),那么只是第一个存储字需一个完整的存取周期(例如6个总线时钟周期),而后续存储字的存取,因其内容已在 SRAM 中,故存取周期大为缩短(例如2个总线时钟周期)。这样,读取4个32位的字,只使用6—2—2—2个总线时钟周期。同样,存储器写入过程也有相似的速度。

这种模块内存储字完全顺序排放,以猝发式存取来完成高速成块存取的方式,在当代微型机中获得了广泛应用。例如,奔腾 PC 将这种由若干个 CDRAM 芯片组成的模块做成小电路插件板形式,称为内存条,而在 PC 主板上有相应的插座,以便扩充存储容量和更换模块。

3.5　并行存储器

3.5.1　双端口存储器

1. 双端口存储器的逻辑结构

双端口存储器由于同一个存储器具有两组相互独立的读写控制电路而得名。由于进行并行的独立操作,因而是一种高速工作的存储器,在科研和工程中非常有用。

图 3.26 示出双端口存储器 IDT7133 的逻辑框图。这是一个存储容量为 2K,字长为 16 位的 SRAM,它提供了两个相互独立的端口,即左端口和右端口。它们分别具有各自的地址线($A_0 \sim A_{10}$)、数据线($I/O_0 \sim I/O_{15}$)和控制线($R/\overline{W}$、$\overline{CE}$、$\overline{OE}$、$\overline{BUSY}$),因而可以对存储器中任何位置上的数据进行独立的存取操作。图中,字母符号下标中 L 表示左端口,R 表示右端口,LB 表示低位字节,UB 表示高位字节。

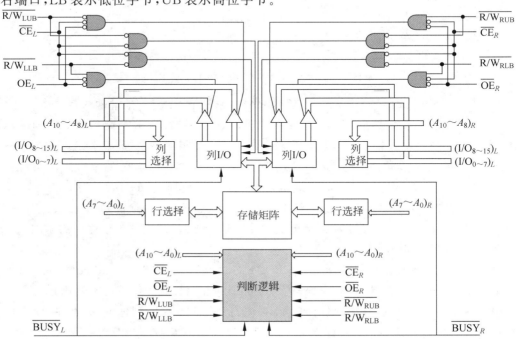

图 3.26　双端口存储器 IDT7133 逻辑框图

事实上双端口存储器也可以由 DRAM 构成。

2．无冲突读写控制

当两个端口的地址不相同时,在两个端口上进行读写操作,一定不会发生冲突。当任一端口被选中驱动时,就可对整个存储器进行存取,每一个端口都有自己的片选控制($\overline{\text{CE}}$)和输出驱动控制($\overline{\text{OE}}$)。读操作时,端口的 $\overline{\text{OE}}$(低电平有效)打开输出驱动器,由存储矩阵读出的数据就出现在 I/O 线上。表 3.3 列出了无冲突的读/写条件,表中符号 1 代表高电平,0 为低电平,X 为任意,Z 为高阻态。

表 3.3　无冲突读/写条件

左端口或右端口						功　能
$R/\overline{W}_{LB}$	$R/\overline{W}_{UB}$	$\overline{\text{CE}}$	$\overline{\text{OE}}$	$I/O_{0\sim7}$	$I/O_{8\sim15}$	
X	X	1	1	Z	Z	端口不用
0	0	0	X	数据入	数据入	低位和高位字节数据写入存储器($\overline{\text{BUSY}}$ 高电平)
0	1	0	0	数据入	数据出	低位字节数据写入存储器,存储器中数据输出至高位字节
1	0	0	0	数据出	数据入	存储器中数据输出至低位字节,高位字节数据写入存储器
0	1	0	1	数据入	Z	低位字节数据写入存储器
1	0	0	1	Z	数据入	高位字节数据写入存储器
1	1	0	0	数据出	数据出	存储器中数据输出至低位字节和高位字节
1	1	0	1	Z	Z	高阻抗输出

3．有冲突的读写控制

当两个端口同时存取存储器同一存储单元时,便发生读写冲突。为解决此问题,特设置了 $\overline{\text{BUSY}}$ 标志。在这种情况下,片上的判断逻辑可以决定对哪个端口优先进行读写操作,而对另一个被延迟的端口置 $\overline{\text{BUSY}}$ 标志($\overline{\text{BUSY}}$ 变为低电平),即暂时关闭此端口,换句话说,读写操作对 $\overline{\text{BUSY}}$ 变为低电平的端口是不起作用的。一旦优先端口完成读写操作,才将被延迟端口的 $\overline{\text{BUSY}}$ 标志复位($\overline{\text{BUSY}}$ 变为高电平),开放此端口,允许端口进行存取。

总之,当两个端口均为开放状态($\overline{\text{BUSY}}$ 为高电平)且存取地址相同时,发生读写冲突。此时判断逻辑可以使地址匹配或片使能匹配下降至 5ns,并决定对哪个端口进行存取。判断方式有以下两种:

(1) 如果地址匹配且在 $\overline{\text{CE}}$ 之前有效,片上的控制逻辑在 $\overline{\text{CE}}_L$ 和 $\overline{\text{CE}}_R$ 之间进行判断来选择端口($\overline{\text{CE}}$ 判断)。

(2) 如果 $\overline{\text{CE}}$ 在地址匹配之前有效,片上的控制逻辑在左、右地址之间进行判断来选择端口(地址判断有效)。

无论采用哪种判断方式,延迟端口的 $\overline{\text{BUSY}}$ 标志都将置位而关闭此端口,而当允许存取的端口完成操作时,延迟端口 $\overline{\text{BUSY}}$ 标志才进行复位而打开此端口。表 3.4 列出了左、右端口进行读写操作时的功能判断。

表 3.4　左、右端口读写操作的功能判断

左端口		右端口		标志		功　能	说　明
$\overline{\text{CE}_L}$	$(A_0 \sim A_{10})_L$	$\overline{\text{CE}_R}$	$(A_0 \sim A_{10})_R$	$\overline{\text{BUSY}_L}$	$\overline{\text{BUSY}_R}$		
1	X	1	X	1	1	无冲突	
0	Any	1	X	1	1	无冲突	
1	X	0	Any	1	1	无冲突	
0	$\neq (A_0 \sim A_{10})_R$	0	$\neq (A_0 \sim A_{10})_L$	1	1	无冲突	
0	LV5R	0	LL5R	1	0	左端口取胜	$\overline{\text{CE}}$ 在地址匹配之前变低的地址判断
0	RV5L	0	RV5L	0	1	右端口取胜	
0	Same	0	Same	1	0	消除判断	
0	Same	0	Same	0	1	消除判断	
LL5R	$= (A_0 \sim A_{10})_R$	LL5R	$= (A_0 \sim A_{10})_L$	1	0	左端口取胜	地址匹配在 $\overline{\text{CE}}$ 之前变低的 $\overline{\text{CE}}$ 判断
RL5L	$= (A_0 \sim A_{10})_R$	RL5L	$= (A_0 \sim A_{10})_L$	0	1	右端口取胜	
LW5R	$= (A_0 \sim A_{10})_R$	LW5R	$= (A_0 \sim A_{10})_L$	1	0	消除判断	
LW5R	$= (A_0 \sim A_{10})_R$	LW5R	$= (A_0 \sim A_{10})_L$	0	1	消除判断	

表中符号意义如下。

LV5R：左地址有效先于右地址 50ns；

LL5R：$\overline{\text{CE}_L}$ 变低先于 $\overline{\text{CE}_R}$ 50ns；

RV5L：右地址有效先于左地址 50ns；

RL5L：$\overline{\text{CE}_R}$ 变低先于 $\overline{\text{CE}_L}$ 50ns；

Same：左右地址均在 50ns 内匹配；

LW5R：$\overline{\text{CE}_R}$ 和 $\overline{\text{CE}_L}$ 均在 50ns 内变低。

图 3.27 示出了双端口存储器 IDT7133 的部分读写时序,其中图 3.27(a)表示未发生冲突时右端口写,左端口读;图 3.27(b)表示用 $\overline{\text{CE}}$ 判断的冲突周期时序波形。

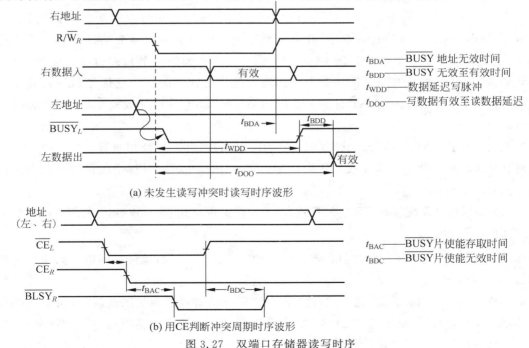

(a) 未发生读写冲突时读写时序波形

(b) 用 $\overline{\text{CE}}$ 判断冲突周期时序波形

图 3.27　双端口存储器读写时序

思考题 你能说出双端口存储器发明的科学意义和工程意义吗?

3.5.2 多模块交叉存储器

1. 存储器的模块化组织

一个由若干个模块组成的主存储器是线性编址的。这些地址在各模块中如何安排? 一般有两种方式: 一种是顺序方式,另一种是交叉方式。

在常规主存储器设计中,访问地址采用顺序方式,如图 3.28(a)所示。为了说明原理,设存储器容量为 32 字,分成 $M_0 \sim M_3$ 四个模块,每个模块存储 8 个字。访问地址按顺序分配给一个模块后,接着又按顺序为下一个模块分配访问地址。这样,存储器的 32 个字可由 5 位地址寄存器指示,其中高 2 位选择 4 个模块中的一个,低 3 位选择每个模块中的 8 个字。

可以看出,在顺序方式中某个模块进行存取时,其他模块不工作。而某一模块出现故障时,其他模块可以照常工作,另外通过增添模块来扩充存储器容量也比较方便。但顺序方式的缺点是各模块一个接一个串行工作,因此存储器的带宽受到了限制。

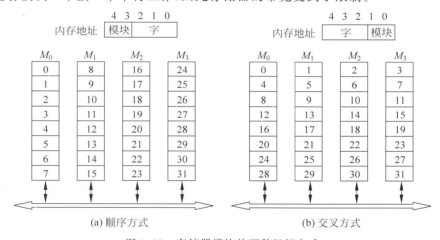

图 3.28 存储器模块的两种组织方式

图 3.28(b)表示采用交叉方式寻址的存储器模块化组织示意图。存储器容量也是 32 个字,也分成 4 个模块,每个模块 8 个字。但地址的分配方法与顺序方式不同: 先将 4 个线性地址 0、1、2、3 依次分配给 M_0、M_1、M_2、M_3 模块,再将线性地址 4、5、6、7 分配给 M_0、M_1、M_2、M_3 模块……直到全部线性地址分配完毕为止。当存储器寻址时,用地址寄存器的低 2 位选择 4 个模块中的一个,而用高 3 位选择模块中的 8 个字。

可以看出,用地址码的低位字段经过译码选择不同的模块,而高位字段指向相应模块内的存储字。这样,连续地址分布在相邻的不同模块内,而同一个模块内的地址都是不连续的。因此,从定性分析,对连续字的成块传送,交叉方式的存储器可以实现多模块流水式并行存取,大大提高存储器的带宽。由于 CPU 的速度比主存快,假如我们能同时从主存取出 n 条指令,这必然会提高机器的运行速度。多模块交叉存储器就是基于这种思想提出来的。

2. 多模块交叉存储器的基本结构

图 3.29 示出四模块交叉存储器结构框图。

主存被分成 4 个相互独立、容量相同的模块 M_0、M_1、M_2、M_3,每个模块都有自己的读写控制电路、地址寄存器和数据寄存器,各自以等同的方式与 CPU 传送信息。在理想情况下,如果程序段或数据块都是连续地在主存中存取,那么将大大提高主存的访问速度。

CPU 同时访问四个模块,由存储器控制部件控制它们分时使用数据总线进行信息传递。这样,对每一个存储模块来说,从 CPU 给出访存命令一直到读出信息仍然使用了一个存取周期时间,而对 CPU 来说,它可以在一个存取周期内连续访问四个模块。各模块的读写过程将重叠进行,所以多模块交叉存储器是一种并行存储器结构。

下面做定量分析。我们认为模块字长等于数据总线宽度,又假设模块存取一个字的存储周期为 T,总线传送周期为 τ,存储器的交叉模块数为 m,那么为了实现流水线方式存取,应当满足

$$T = m\tau$$

即成块传送可按 $m\tau$ 间隔流水方式进行,也就是每经 τ 时间延迟后启动下一个模块。图 3.30 示出了 $m=4$ 的流水线方式存取示意图。

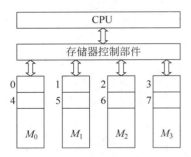

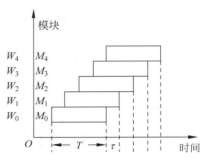

图 3.29   四模块交叉存储器结构框图   图 3.30   流水线方式存取示意图

$m = T/\tau$ 称为交叉存取度。交叉存储器要求其模块数必须大于或等于 m,以保证启动某模块后经 $m\tau$ 时间再次启动该模块时,它的上次存取操作已经完成。这样,连续读取 m 个字所需要的时间为

$$t_1 = T + (m-1)\tau$$

而顺序方式存储器连续读取 m 个字所需时间为

$$t_2 = mT$$

从以上定量分析可知,由于 $t_1 < t_2$,交叉存储器的带宽确实大大提高了。

【例 3.8】   设存储器容量为 32 字,字长 64 位,模块数 $m=4$,分别用顺序方式和交叉方式进行组织。存储周期 $T=200\text{ns}$,数据总线宽度为 64 位,总线传送周期 $\tau=50\text{ns}$。若连续读出 4 个字,问顺序存储器和交叉存储器的带宽各是多少?

解:顺序存储器和交叉存储器连续读出 $m=4$ 个字的信息总量都是

$$q = 64\text{b} \times 4 = 256\text{b}$$

交叉存储器和顺序存储器连续读出 4 个字所需的时间分别是

$$t_1 = T + (m-1)\tau = 200\text{ns} + 3 \times 50\text{ns} = 350\text{ns}$$

$$t_2 = mT = 4 \times 200\text{ns} = 800\text{ns}$$

交叉存储器和顺序存储器的带宽分别是

$$W_1 = q/t_1 = 256\text{b}/350\text{ns} = 730\text{Mb/s}$$

$$W_2 = q/t_2 = 256\text{b}/800\text{ns} = 320\text{Mb/s}$$

思考题   你能说出交叉存储器的创新点吗?

3. 两模块交叉存储器举例

图 3.31 表示二模块交叉存储器方框图。每个模块的容量为 1MB(256K×32 位),由 8 片 256K×4 位的 DRAM 芯片组成(位扩展)。二模块的总容量为 2MB(512K×32 位)。数据总线宽度为 32 位,地址总线宽度为 24 位。为简化,将 2 片 DRAM 芯片用一个 256K×8 位的长条框表示。

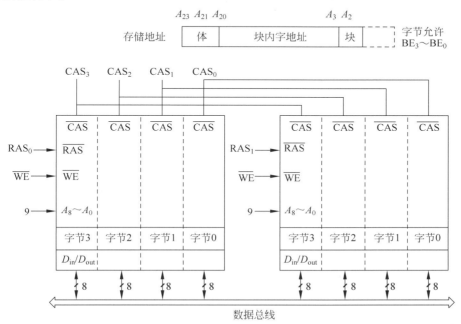

图 3.31 二模块交叉存储器方框图

DRAM 存储器有读周期、写周期和刷新周期。存储器读/写周期时,在行选通信号 $\overline{RAS}$ 有效下输入行地址,在列选通信号 $\overline{CAS}$ 有效下输入列地址,于是芯片中行列矩阵中的某一位组被选中。如果是读周期,此位组内容被读出;如果是写周期,将总线上数据写入此位组。

刷新周期是在 $\overline{RAS}$ 有效下输入刷新地址,此地址指示的一行所有存储元全部被再生。刷新周期比读/写周期有高的优先权,当对同一行进行读/写与刷新操作时,存储控制器对读/写请求予以暂存,延迟到此行刷新结束后再进行。

由图 3.31 可看出:24 位的存储器物理地址指定的系统主存总容量可达 16M,按"存储体-块-字"进行寻址。其中高 3 位用于存储体选择(字扩展),1 个存储体为 2MB,全系统有 8 个 2MB 存储体。$A_{20} \sim A_3$ 的 18 位地址用于模块中 256 个存储字的选择。读/写周期时,它们分为行、列地址两部分送至芯片的 9 位地址引脚。一个模块内所有芯片的 $\overline{RAS}$ 引脚连接到一起,模块 0 由 RAS_0 驱动,模块 1 由 RAS_1 驱动。在读/写周期时,主存地址中 $A_2 = 0$,RAS_0 有效;$A_2 = 1$,RAS_1 有效。因此 A_2 用于模块选择(字扩展),连续的存储字(32 位,双字)交错分布在两个模块上,偶地址在模块 0,奇地址在模块 1。

CPU 给出的主存地址中没有 A_1、A_0 位。替代的是 4 个字节允许信号 $BE_3 \sim BE_0$,以允

许对 $A_{23} \sim A_2$ 指定的存储字(双字)中的字节或字完成读/写访问。当 $BE_3 \sim BE_0$ 全有效时,即完成双字存取。图 3.31 中没给出译码逻辑,只暗示了 $BE_3 \sim BE_0$ 与 $CAS_3 \sim CAS_0$ 的对应关系。

DRAM 存储器需要逐行定时刷新,以使不因存储信息的电容漏电而造成信息丢失。另外,DRAM 芯片的读出是一种破坏性读出,因此在读取之后要立即按读出信息予以充电再生。这样,若 CPU 先后两次读取的存储字使用同一 RAS 选通信号的话,CPU 在接收到第一个存储字之后必须插入等待状态,直至前一存储字再生完毕才开始第二个存储字的读取。为避免这种情况,模块 0 由 RAS_0 驱动,模块 1 由 RAS_1 驱动。

图 3.32 是无等待状态成块存取示意图。由于采用 m=2 的交叉存取度的成块传送,两个连续地址字的读取之间不必插入等待状态,这称为零等待存取。

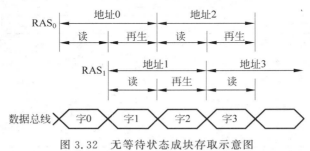

图 3.32　无等待状态成块存取示意图

3.6　高速缓冲存储器 Cache

3.6.1　Cache 基本原理

1. Cache 的功能

在多体并行存储系统中,由于 I/O 设备向主存请求的级别高于 CPU 访存,这就出现了 CPU 等待 I/O 设备访存的现象,致使 CPU 空等一段时间,甚至可能等待几个主存周期,从而降低了 CPU 的工作效率。为了避免 CPU 与 I/O 设备争抢访存,可在 CPU 与主存之间加一级缓存,这样,主存可将要取的信息提前送至缓存,一旦主存在与 I/O 设备交换时,CPU 可直接从缓存中读取所需信息,不必空等而影响效率。

从另一角度来看,主存速度的提高始终跟不上 CPU 的发展。据统计,CPU 的速度平均每年改进 60%,而组成主存的动态 RAM 速度平均每年只改进 7%,结果是 CPU 和动态RAM 之间的速度间隙平均每年增大 50%。所以 Cache 是一种高速缓冲存储器,是为了解决 CPU 和主存之间速度不匹配而采用的一项重要技术。

如图 3.33 所示,Cache 是介于 CPU 和主存 M_2 之间的小容量存储器,但存取速度比主存快。主存容量配置几百兆字节的情况下,Cache 的典型值是几百千字节。Cache 能高速地向 CPU 提供指令和数据,从而加快了程序的执行速度。从功能上看,它是主存的缓冲存储器,由高速的 SRAM 组成。为追求高速,包括管理在内的全部功能由硬件实现,因而对程序员是透明的。

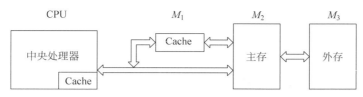

图 3.33　CPU 与存储器系统的关系

当前随着半导体器件集成度的进一步提高,Cache 已放入到 CPU 中,其工作速度接近于 CPU 的速度,从而能组成两级以上的 Cache 系统。

2. Cache 的基本原理

Cache 除包含 SRAM 外,还要有控制逻辑。若 Cache 在 CPU 芯片外,它的控制逻辑一般与主存控制逻辑合成在一起,称为主存/Cache 控制器;若 Cache 在 CPU 内,则由 CPU 提供它的控制逻辑。

CPU 与 Cache 之间的数据交换是以字为单位,而 Cache 与主存之间的数据交换是以块为单位。任何时刻都有一些主存块处在 Cache 块中。CPU 欲读取主存某字时,有两种可能:一种是所需要的字已在 Cache 中;另一种是所需的字不在 Cache 中。

上述第一种情况为 CPU 访问 Cache 命中,第二种情况为 CPU 访问 Cache 不命中。当 CPU 读取主存中一个字时,便发出此字的内存地址到 Cache 和主存。此时 Cache 控制逻辑根据地址判断此字当前是否在 Cache 中,即是否命中:命中,此字立即传送给 CPU;不命中,则用主存读周期把此字从主存读出送到 CPU,与此同时,把含有这个字的整个数据块从主存读出送到 Cache 中。由于缓存的块数远小于主存的块数,因此,一个缓存块不能唯一地、永久地只对应一个主存块,故每个缓存块需设一个标记用来表示当前存放的是哪一个主存块,该标记的内容相当于主存块的编号。CPU 读信息时,要将主存地址的高位(或高位中的一部分)与缓存块的标记进行比较,以判断所读的信息是否已在缓存中。一个块由若干字组成,是定长的。

图 3.34 示出 Cache 的原理图。假设 Cache 读出时间为 50ns,主存读出时间为 250ns。存储系统是模块化的,主存中每个 8K 模块和容量 16 字的 Cache 相联系。分为 4 行,每行 4 个字(W)。分配给 Cache 的地址存放在一个相联存储器 CAM 中,它是按内容寻址的存储器。当 CPU 执行访存指令时,就把所要访问的字的地址送到 CAM;如果 W 不在 Cache 中,则将 W 从主存传送到 CPU。与此同时,把包含 W 的由前后相继的 4 个字组成的一行(块)数据送入 Cache,它替换了原来 Cache

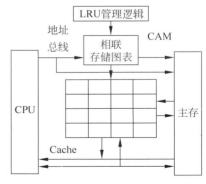

图 3.34　Cache 的原理图

中最近最少使用(Least Recently Used,LRU)的一行。在这里,由始终管理 Cache 使用情况的硬件逻辑电路来实现 LRU 替换算法。

3. Cache 的命中率

从 CPU 来看,增加一个 Cache 的目的,就是在性能上使主存的平均读出时间尽可能接近 Cache 的读出时间。为了达到这个目的,在所有的存储器访问中由 Cache 满足 CPU 需要的部分应占很高的比例,即 Cache 的命中率应接近于 1。由于程序访问的局部性这个目标是可能的。

在一个程序执行期间,设 N_c 表示 Cache 完成存取的总次数,N_m 表示主存完成存取的总次数,h 定义为命中率,则有

$$h = \frac{N_c}{N_c + N_m}$$

若 t_c 表示命中时的 Cache 访问时间,t_m 表示未命中时的主存访问时间,$1-h$ 表示未命中率,则 Cache/主存系统的平均访问时间为 t_a 为

$$t_a = ht_c + (1-h)t_m$$

我们追求的目标是,以较小的硬件代价使 Cache/主存系统的平均访问时间 t_a 越接近 t_c 越好。设 $r = t_m/t_c$ 表示主存慢于 Cache 的倍率,e 表示访问效率,则有

$$e = \frac{t_c}{t_a} = \frac{t_c}{ht_c + (1-h)t_m} = \frac{1}{h + (1-h)r} = \frac{1}{r + (1-r)h}$$

由表达式看出,为提高访问效率,命中率 h 越接近 1 越好,r 值以 5～10 为宜,不宜太大。

命中率 h 与程序的行为、Cache 的容量、组织方式、块的大小有关。

【例 3.9】　CPU 执行一段程序时,Cache 完成存取的次数为 1900 次,主存完成存取的次数为 100 次,已知 Cache 存取周期为 50ns,主存存取周期为 250ns,求 Cache/主存系统的效率和平均访问时间。

解:
$$h = \frac{N_c}{N_c + N_m} = \frac{1900}{1900 + 100} = 0.95$$

$$r = \frac{t_m}{t_c} = \frac{250\text{ns}}{50\text{ns}} = 5$$

$$e = \frac{1}{r + (1-r)h} = \frac{1}{5 + (1-5)0.95} = 83.3\%$$

$$t_a = \frac{t_c}{e} = \frac{50\text{ns}}{0.833} = 60\text{ns}$$

思考题　你能说出 Cache 存储器发明的科学意义和工程意义吗?

3.6.2　主存与 Cache 的地址映射

与主存容量相比,Cache 的容量很小,它保存的内容只是主存内容的一个子集,且 Cache 与主存的数据交换是以块为单位。为了把主存块放到 Cache 中,必须应用某种方法把主存地址定位到 Cache 中,称为地址映射。"映射"一词的物理含义是确定位置的对应关系,并用硬件来实现。这样当 CPU 访问存储器时,它所给出的一个字的内存地址会自动变换成 Cache 的地址。由于采用硬件,这个地址变换过程很快,软件人员丝毫感觉不到 Cache 的存在。这种特性称为 Cache 的透明性。

地址映射方式有全相联方式、直接方式和组相联方式三种,下面分别介绍。

1. 全相联映射方式

Cache 的数据块大小称为行,用 L_i 表示,其中 $i=0,1,2,\cdots,m-1$,共有 $m=2^r$ 行。主存的数据块大小称为块,用 B_j 表示,其中 $j=0,1,2,\cdots,n-1$,共有 $n=2^s$ 块。行与块是等长的,每个块(行)由 $k=2^w$ 个连续的字组成,字是 CPU 每次访问存储器时可存取的最小单位。

在全相联映射中,将主存中一个块的地址(块号)与块的内容(字)一起存于 Cache 的行中,其中块地址存于 Cache 行的标记部分中。这种带全部块地址一起保存的方法,可使主存的一个块直接拷贝到 Cache 中的任意一行上,非常灵活。图 3.35(a)是全相联映射的多对一示意图,其中 Cache 为 8 行,主存为 256 块,每块(行)中有同样多的字。

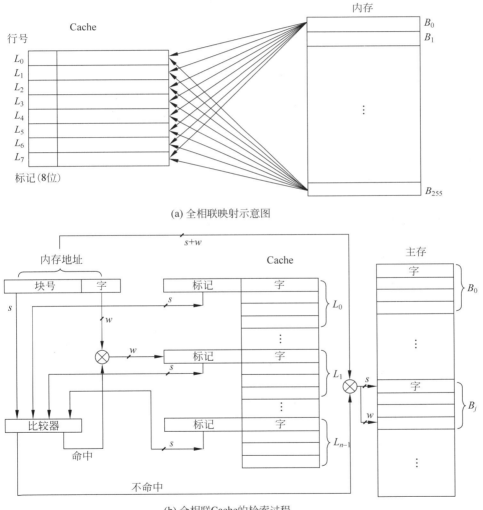

(a) 全相联映射示意图

(b) 全相联Cache的检索过程

图 3.35 全相联映射的 Cache 组织

图 3.35(b)表示全相联映射方式的检索过程。CPU 访存指令指定了一个内存地址(包括主存和 Cache),为了快速检索,指令中的块号与 Cache 中所有行的标记同时在比较器中

进行比较。如果块号命中,则按字地址从 Cache 中读取一个字;如果块号未命中,则按内存地址从主存中读取这个字。在全相联 Cache 中,全部标记用一个相联存储器来实现,全部数据用一个普通 RAM 来实现。全相联方式的主要缺点是比较器电路难于设计和实现,因此只适合小容量 Cache 采用。

2. 直接映射方式

直接映射方式也是一种多对一的映射关系,但一个主存块只能复制到 Cache 的一个特定行位置上去。Cache 的行号 i 和主存的块号 j 有如下函数关系

$$i = j \quad (\mathrm{mod} \quad m)$$

式中 m 为 Cache 中的总行数。显然,主存的第 0 块,第 m 块,第 $2m$ 块,$\cdots$,第 $2^s - m$ 块只能映射到 Cache 的第 0 行;而主存的第 1 块,第 $m+1$ 块,第 $2m+1$ 块,$\cdots$,第 $2^s - m + 1$ 块只能映射到 Cache 的第 1 行。图 3.36(a)表示直接映射方式的示意图,Cache 假设为 8 行,主存假设为 256 块,故以 8 为模进行映射。这样,允许存于 Cache 第 L_0 行的主存块号是 $B_0, B_8, B_{16}, \cdots, B_{248}$(共 32 块)。同样,映射到第 L_7 的主存块号也是 32 块。此处 $s=8$,$r=3$,$s-r=5$。

在直接映射方式中,Cache 将 s 位的块地址分成两部分:r 位作为 Cache 的行地址,s-r 位作为标记(tag)与块数据一起保存在该行。当 CPU 以一个给定的内存地址访问 Cache 时,首先用 r 位行号找到 Cache 中的此行,然后用地址中的 s-r 位标记部分与此行的标记在比较器中做比较。若相符即命中,在 Cache 中找到了所要求的块,而后用地址中最低的 w 位读取所需求的字。若不符,则未命中,由主存读取所要求的字。图 3.36(b)表示了直接映射的 Cache 检索过程。

直接映射方式的优点是硬件简单、成本低。缺点是每个主存块只有一个固定的行位置可存放。如果块号相距 m 整数倍的两个块存于同一 Cache 行时,就要发生冲突。发生冲突时就要将原先存入的行换出去,但很可能过一段时间又要换入。频繁的置换会使 Cache 效率下降。因此直接映射方式适用于需要大容量 Cache 的场合,更多的行数可以减小冲突的机会。

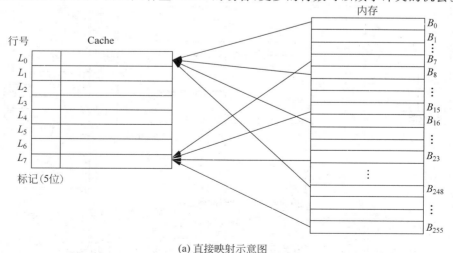

(a) 直接映射示意图

图 3.36　直接映射的 Cache 组织

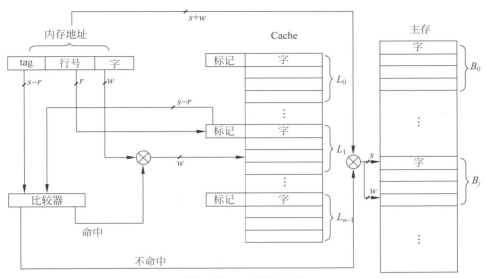

(b) 直接映射Cache的检索过程

图 3.36　（续）

3. 组相联映射方式

全相联映射和直接映射两种方式的优缺点正好相反。从存放位置的灵活性和命中率来看，前者为优；从比较器电路简单及硬件投资来说，后者为佳，而组相联映射方式是前两种方式的折中方案，它适度地兼顾了二者的优点又尽量避免二者的缺点，因此被普遍采用。

这种方式将 Cache 分成 u 组，每组 v 行。主存块存放到哪个组是固定的，至于存到该组哪一行是灵活的，即有如下函数关系

$$m = u \times v$$

组号
$$q = j \bmod u$$

块内存地址中 s 位块号划分成两部分：低序的 d 位（$2^d = u$）用于表示 Cache 组号，高序的 s-d 位作为标记（tag）与块数据一起存于此组的某行中。图 3.37(a) 表示组相联映射的示意图。注意 Cache 的地址是组号而不是行号。例中 Cache 划分 $u = 4$ 组，每组有 $v = 2$ 行，即 $m = u \times v = 8$。主存容量为 256 块，其中 B_0，B_4，B_8，$\cdots$，B_{252} 共 64 个主存块映射到 Cache 第 S_0 组；B_1，B_5，B_9，$\cdots$，B_{253} 共 64 个主存块映射到 Cache 的第 S_1 组，依此类推。

图 3.37(b) 表示组相联 Cache 的检索过程。注意 Cache 的每一小框代表的不是"字"而是"行"。当 CPU 给定一个内存地址访问 Cache 时，首先用块号域的低 d 位找到 Cache 的相应组，然后将块号域的高 s-d 位与该组 v 行中的所有标记同时进行比较。哪行的标记与之相符，哪行即命中。此后再以内存地址的 w 位字域部分检索此行的具体字，并完成所需要求的存取操作。如果此组没有一行的标记与之相符，即 Cache 未命中，此时需按内存地址访问主存。

组相联映射方式中的每组行数 v 一般取值较小，典型值是 2、4、8、16。这种规模的 v 路比较器容易设计和实现。而块在组中的排放又有一定的灵活性，使冲突减少。为强调比较器的规模和存放的灵活程度，常称之为 v 路组相联 Cache。

思考题　你能说出三种映射方式的优缺点吗?

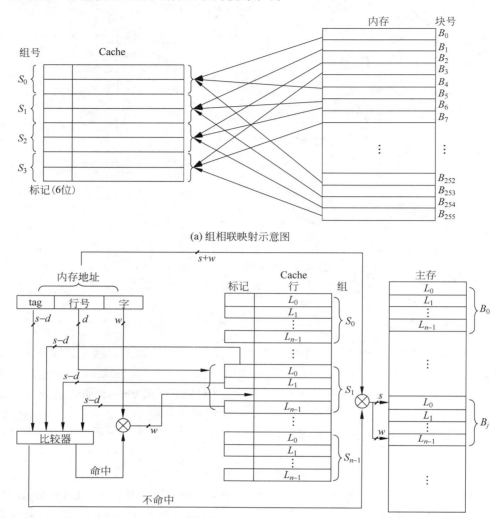

(a) 组相联映射示意图

(b) 组相联Cache的检索过程

图 3.37　组相联映射的 Cache 组织

【**例3.10**】　假设主存容量为 512K×16 位,Cache 容量为 4096×16 位,块长为 4 个 16 位的字,访存地址为字地址。请回答以下三种地址映射方式下主存的地址格式。

(1) 全相联映射方式;(2)直接映射方式;(3)两路组相联映射方式。

解:主存容量为 512K×16 位,且访存地址为字地址,则主存的地址长度为 19 位。

(1) 全相联地址映射下,每个字块为 4 个字,需要占用 2 位地址来表示,其余位则为主存块号。地址格式如下

（2）直接相联映射下，缓冲可分为 $\dfrac{4096 \times 16}{4 \times 16} = 1024$ 行，因此需要 10 位地址信息表示行号，缓存的行和主存的块大小相等，同样需要 2 位地址表示块内字号，余下为主存标记。地址格式如下：

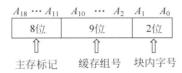

（3）组相联映射方式下，因为采用 2 路组相联，缓存每 2 行被分成 1 组，所以共分为 1024/2＝512 组，需要 9 位地址来表示缓存的组号，剩下的为主存标记。地址格式如下

$$A_{18} \cdots A_{11} \quad A_{10} \cdots A_2 \quad A_1 \quad A_0$$

8位	9位	2位
⇑	⇑	⇑
主存标记	缓存组号	块内字号

3.6.3 替换策略

Cache 工作原理要求它尽量保存最新数据。当一个新的主存块需要复制到 Cache，而允许存放此块的行位置都被其他主存块占满时，就要产生替换。

替换问题与 Cache 的组织方式紧密相关。对直接映射的 Cache 来说，因一个主存块只有一个特定的行位置可存放，所以问题解决很简单，只要把此特定位置上的原主存块换出 Cache 即可。对全相联和组相联 Cache 来说，就要从允许存放新主存块的若干特定行中选取一行换出。如何选取就涉及替换策略，又称替换算法。硬件实现的常用算法主要有以下三种：

1. 最不经常使用算法

最不经常使用（Least Frequently Used，LFU）算法认为应将一段时间内被访问次数最少的那行数据换出。为此，每行设置一个计数器。新行建立后从 0 开始计数，每访问一次，被访行的计数器加 1。当需要替换时，对这些特定行的计数值进行比较，将计数值最小的行换出，同时将这些特定行的计数器都清零。这种算法将计数周期限定在对这些特定行两次替换之间的间隔时间，因而不能严格反映近期访问情况。

2. 近期最少使用算法

近期最少使用（Least Recently Used，LRU）算法将近期内长久未被访问过的行换出。为此，每行也设置一个计数器，但它们是 Cache 每命中一次，命中行计数器清零，其他各行计数器加 1。当需要替换时，比较各特定行的计数值，将计数值最大的行换出。这种算法保护了刚复制到 Cache 中的新数据行，符合 Cache 工作原理，因而使 Cache 有较高的命中率。

对 2 路组相联的 Cache 来说，LRU 算法的硬件实现可以简化。因为一个主存块只能在一个特定组的两行中来做存放选择，二选一完全不需要计数器，只需一个二进制位即可。例如规定一组中的 A 行复制进新数据可将此位置"1"，B 行复制进新数据可将此位置"0"。当需要置换时,只需检查此二进制位状态即可:为 0 换出 A 行,为 1 换出 B 行,实现了保护新行的原则。奔腾 CPU 内的数据 Cache 是一个 2 路组相联映射结构,就采用这种简捷的 LRU 替换算法。

3. 随机替换

随机替换策略实际上是不要什么算法,从特定的行位置中随机地选取一行换出即可。这种策略在硬件上容易实现,且速度也比前两种策略快。缺点是随意换出的数据很可能马上又要使用,从而降低命中率和 Cache 工作效率。但这个不足随着 Cache 容量增大而减小。研究表明,随机替换策略的功效只是稍逊于前两种策略。

3.6.4 Cache 的写操作策略

由于 Cache 的内容只是主存部分内容的副本,它应当与主存内容保持一致。而 CPU 对 Cache 的写入更改了 Cache 的内容。如何与主存内容保持一致,可选用如下三种写操作策略。

1. 写回法

写回法要求:当 Cache 写 CPU 命中时,只修改 Cache 的内容,而不立即写入主存;只有当此行被换出时才写回主存。这种方法使 Cache 真正在 Cache 与主存之间读/写两方面都起到高速缓存作用。对一个 CPU 行的多次写命中都在 Cache 中快速完成,只是需要替换时才写回速度较慢的主存,减少了访问主存的次数。实现这种方法时,每个 Cache 行必须配置一个修改位,以反映此行是否被 Cache 修改过。当某行被换出时,根据此行修改位是 1 还是 0,来决定将该行内容写回主存还是简单弃去。

如果 CPU 写 Cache 未命中,为了包含欲写字的主存块在 Cache 分配一行,将此块整个复制到 Cache 后对其进行修改。主存的写修改操作统一地留到换出时再进行。显然,这种写 Cache 与写主存异步进行的方式可显著减少写主存次数,但是存在不一致性的隐患。

2. 全写法

全写法要求:当写 Cache 命中时,Cache 与主存同时发生写修改,因而较好地维护了 Cache 与主存的内容的一致性。当写 Cache 未命中时,只能直接向主存进行写入。但此时是否将修改过的主存块取到 Cache,有两种选择方法:一种称为 WTWA 法,取主存块到 Cache 并为它分配一个行地址;另一种称为 WTNWA 法,不取主存块到 Cache。

全写法是写 Cache 与写主存同步进行,优点是 Cache 中每行无须设置一个修改位以及相应的判断逻辑。缺点是,Cache 对 CPU 向主存的写操作无高速缓冲功能,降低了 Cache 的功效。

3. 写一次法

写一次法是基于写回法并结合全写法的写策略:写命中与写未命中的处理方法与写回法基本相同,只是第一次写命中时要同时写入主存。只是因为第一次写 Cache 命中时,

CPU 要在总线上启动一个存储写周期,其他 Cache 监听到此主存块地址及写信号后,即可复制该块或及时作废,以便维护系统全部 Cache 的一致性。奔腾 CPU 的片内数据 Cache 就采用了写一次法。

3.6.5 奔腾 4 的 Cache 组织

我们可以从 Intel 微处理器的演变中清楚地看到 Cache 组织的演变。80386 不包含片内 Cache。80486 包含 8KB 的片内 Cache,它采用每行 16B 的 4 路组相联结构。所有的奔腾处理器包含两个片内 L1 Cache,一个是 D-Cache(数据 Cache),一个是 I-Cache(指令 Cache)。奔腾 2 还包含一个 L2 Cache,其容量是 256KB,每行 128B,采用 8 路组相联结构。奔腾 3 增加了一个 L3 Cache。到奔腾 4,L3 Cache 已移到处理器芯片中。图 3.38 示出了奔腾 4 的三级 Cache 的布局。

奔腾 4 处理器的核心由下列四个主要部件组成:

(1) 取值/译码单元。按顺序从 L2 Cache 中取程序指令,将它们译成一系列的微指令,并存入 L1 指令 Cache 中。

(2) 乱序执行逻辑。依据数据相关性的资源可用性,调度微指令的执行,因而微指令可按不同于所取机器指令流的顺序被调度执行。

(3) 执行单元。它执行微指令,从 L1 数据 Cache 中取所需数据,并在寄存器中暂存运算结果。

(4) 存储器子系统。这部分包括 L2 Cache、L3 Cache 和系统总线。当 L1 Cache、L2 Cache 未命中时,使用系统总线访问主存。系统总线还用于访问 I/O 资源。

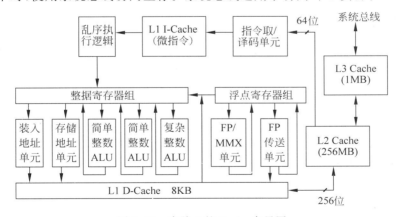

图 3.38 奔腾 4 的 Cache 布局图

不同于所有先前奔腾模式和大多数处理器所采用的结构,奔腾 4 的指令 Cache 位于指令译码逻辑和执行部件之间。其设计理念是:奔腾 4 将机器指令译成由微指令组成的 RISC 类指令,而使用简单定长的微指令可允许采用超标量流水线和调度技术,从而增强机器的性能。关于流水线技术,将留在第五章中讨论。

思考题 奔腾 4 中为什么设置 L1、L2、L3 三个 Cache? L1 Cache 分成 I-Cache 和 D-Cache 有什么好处?

本章小结

对存储器的要求是容量大、速度快、成本低。为了解决了这三方面的矛盾,计算机采用多级存储体系结构,即 Cache、主存和外存。CPU 能直接访问内存(Cache、主存),但不能直接访问外存。存储器的技术指标有存储容量、存取时间、存储周期、存储器带宽。

广泛使用的 Cache 和 DRAM 都是半导体随机读写存储器,前者速度比后者快,但集成度不如后者高。二者的优点是体积小、可靠性高、价格低廉,缺点是断电后不能保存信息。

只读存储器和闪速存储器正好弥补了 SRAM 和 DRAM 的缺点,即使断电也仍然保存原先写入的数据。特别是闪速存储器能提供高性能、低功耗、高可靠性以及移动性,是一种全新的存储器体系结构。

双端口存储器和多模块交叉存储器属于并行存储器结构。前者采用空间并行技术,后者采用时间并行技术。这两种类型的存储器在科研和工程中被大量使用。

Cache 是一种高速缓冲存储器,是为了解决 CPU 和主存之间速度不匹配而采用的一项重要的硬件技术,并且发展为多级 Cache 体系,指令 Cache 与数据 Cache 分设体系。要求 Cache 的命中率接近于 1。主存与 Cache 的地址映射有全相联映射、直接映射、组相联映射三种方式。其中组相联映射方式是前二者的折中方案,适度地兼顾了二者的优点又尽量避免其缺点,从灵活性、命中率、硬件投资来说较为理想,因而得到了普遍采用。

习题

题库

习题答案

1. 存储器的主要功能是什么? 为什么要把存储系统分成不同的层次?

2. 某存储器数据总线宽度为 64 位,存储周期为 200ns,试问该存储器的带宽是多少?

3. 设计一个 $512\text{K}\times16$ 位的存储器系统,要求内部采用 $64\text{K}\times1$ 位的 2164RAM 存储芯片构成(芯片内是 4 个 128×128 结构),问:

(1) 该系统共需要多少个 RAM 芯片?

(2) 采用分散刷新方式,如果单元刷新间隔不超过 2ms,则刷新信号的周期是多少?

(3) 如采用集中刷新方式,设读写周期 $T=1\mu s$,存储器刷新一遍最少要多长时间?

4. 设有一个具有 20 位地址和 64 位字长的存储器,问:

(1) 该存储器能存储多少字节的信息?

(2) 如果存储器采用 $256\text{K}\times8$ 位 SRAM 存储芯片构成,需要多少个 SRAM 芯片?

(3) 需要多少位地址做芯片选择? 说明其理由。

5. 试比较 Cache 管理中各种地址映像的方法。

6. 某计算机系统的内存系统中,已知 Cache 存取周期为 45ns,主存存取周期为 200ns。CPU 执行一段程序时,CPU 访问内存系统共 4500 次,其中访问主存的次数为 340 次,问:

(1) Cache 命中率 H 是多少? CPU 访问内存的平均访问时间 T_a 是多少?

(2) Cache/主存系统的访问效率 e 是多少?

7. 某计算机的 Cache 共有 16 块,采用两路组相联映射方式(即每组 2 块)。每个块容量为 32 字节,按字节编址。求主存 129 号单元所在的主存块应装入到的 Cache 的组号。

8. 设某计算机采用直接映射 Cache,已知主存容量为 4MB,Cache 容量 4KB,块容量为 8 个字(32 位/字)。要求:

(1) 写出反映主存与 Cache 映射关系的主存地址各字段的分配情况。

(2) 设 Cache 初态为空,若 CPU 依次从主存第 0,1,…,99 号单元读出 100 个字(主存一次读出一个字),并重复按此次序读 10 次,问命中率为多少?

(3) 如果 Cache 的存取时间是 50ns,主存的存取时间是 500ns,根据(2)求命中率,求平均存取时间。

(4) 计算 Cache/主存系统的效率。

9. 已知某 64 位机主存采用半导体存储器,其地址码为 26 位,若使用 $4M \times 8$ 位的 DRAM 芯片组所允许的最大主存空间,并选用内存条结构形式,问:

(1) 若每个内存条为 $16M \times 64$ 位,共需几个内存条?

(2) 每个内存条内共有多少个 DRAM 芯片?

(3) 主存共需多少个 DRAM 芯片? CPU 如何选择各内存条?

10. 用 $16K \times 8$ 位的 DRAM 芯片构成 $64K \times 32$ 位存储器,要求:

(1) 画出该存储器的组成逻辑框图。

(2) 设存储器读/写周期为 $0.5\mu s$,CPU 在 $1\mu s$ 内至少要访问一次。试问采用哪种刷新方式比较合理?

第4章 指令系统

本章介绍机器指令的分类、常见的寻址方式、指令格式以及指令系统的发展与性能要求，此外对 RISC 技术也进行简要的介绍，通过本章的学习可以进一步体会指令系统与机器的主要功能以及与硬件结构之间存在的密切关系。

4.1 指令系统的发展与性能要求

4.1.1 指令系统的发展

计算机的程序是由一系列的机器指令组成的。

指令就是要计算机执行某种操作的命令。从计算机组成的层次结构来说，计算机的指令有微指令、机器指令和宏指令之分。微指令是微程序级的命令，它属于硬件；宏指令是由若干条机器指令组成的软件指令，它属于软件；而机器指令则介于微指令与宏指令之间，通常简称为指令，每一条指令可完成一个独立的算术运算或逻辑运算操作。

本章所讨论的指令，是机器指令。一台计算机中所有机器指令的集合，称为这台计算机的指令系统。指令系统是表征一台计算机性能的重要因素，它的格式功能不仅直接影响机器的硬件结构，而且也直接影响系统软件，影响机器的适用范围。

20 世纪 50 年代，由于受器件限制，计算机的硬件结构比较简单，所支持的指令系统只有定点加减、逻辑运算、数据传送、转移等十几至几十条指令。60 年代后期，随着集成电路的出现，硬件功能不断增强，指令系统越来越丰富，除以上基本指令外，还设置了乘除运算、浮点运算、十进制运算、字符串处理等指令，指令数目多达一二百条，寻址方式也趋于多样化。

随着集成电路的发展和计算机应用领域的不断扩大，20 世纪 60 年代后期开始出现系列计算机。所谓系列计算机，是指基本指令系统相同、基本体系结构相同的一系列计算机。如奔腾系列就是当前流行的一种个人机系列。一个系列往往有多种型号，但由于推出时间不同，采用器件不同，它们在结构和性能上有所差异。通常是新机种在性能和价格方面比旧机种优越。系列机解决了各机种的软件兼容问题，其必要条件是同一系列的各机种有共同的指令系统，而且新推出的机种指令系统一定包含所有旧机种的全部指令。因此旧机种上运行的各种软件可以不加任何修改便可在新机种上运行，大大减少了软件开发费用。

20 世纪 70 年代末期，计算机硬件结构随着 VLSI 技术的飞速发展而越来越复杂化，大多数计算机的指令系统多达几百条。我们称这些计算机为复杂指令系统计算机。但是如此庞大的指令系统不但使计算机的研制周期变长,难以保证正确性,不易调试维护,而且由于采用了大量使用频率很低的复杂指令而造成硬件资源浪费,即产生指令系统百分比的 20∶80规律。为此人们又提出了便于 VLSI 技术实现的精简指令系统计算机。

4.1.2　指令系统的性能要求

指令系统的性能如何,决定了计算机的基本功能,因而指令系统的设计是计算机系统设计中的一个核心问题,它不仅与计算机的硬件结构紧密相关,而且直接关系到用户的使用需要。一个完善的指令系统应满足如下四方面的要求:

(1) **完备性**。完备性是指用汇编语言编写各种程序时,指令系统直接提供的指令足够使用,而不必用软件来实现。完备性要求指令系统丰富、功能齐全、使用方便。

一台计算机中最基本、必不可少的指令是不多的。许多指令可用最基本的指令编程来实现。例如,乘除运算指令、浮点运算指令可直接用硬件来实现,也可用基本指令编写的程序来实现。采用硬件指令的目的是提高程序执行速度,便于用户编写程序。

(2) **有效性**。有效性是指利用该指令系统所编写的程序能够高效率地运行。高效率主要表现在程序占据存储空间小、执行速度快。一般来说,一个功能更强、更完善的指令系统,必定有更好的有效性。

(3) **规整性**。规整性包括指令系统的对称性、匀齐性、指令格式和数据格式的一致性。对称性是指:在指令系统中所有的寄存器和存储器单元都可同等对待,所有的指令都可使用各种寻址方式;匀齐性是指:一种操作性质的指令可以支持各种数据类型,如算术运算指令可支持字节、字、双字整数的运算,十进制数运算和单、双精度浮点数运算等;指令格式和数据格式的一致性是指:指令长度和数据长度有一定的关系,以方便处理和存取。例如指令长度和数据长度通常是字节长度的整数倍。

(4) **兼容性**。系列机各机种之间具有相同的基本结构和共同的基本指令系统,因而指令系统是兼容的,即各机种上基本软件可以通用。但由于不同机种推出的时间不同,在结构和性能上有差异,做到所有软件都完全兼容是不可能的,只能做到“向上兼容”,即低档机上运行的软件可以在高档机上运行。

4.1.3　低级语言与硬件结构的关系

计算机的程序,就是人们把需要用计算机解决的问题变换成计算机能够识别的一串指令或语句。编写程序的过程,称为程序设计,而程序设计所使用的工具则是计算机语言。

计算机语言有高级语言和低级语言之分。高级语言如 C、C++等,其语句和用法与具体机器的指令系统无关。低级语言分机器语言(二进制语言)和汇编语言(符号语言),这两种语言都是面向机器的语言,它们和具体机器的指令系统密切相关。机器语言用指令代码编写程序,而符号语言用指令助记符来编写程序。表 4.1 列出了高级语言与低级语言的性能比较。

表 4.1　高级语言与低级语言的比较

	比 较 内 容	高 级 语 言	低 级 语 言
1	对程序员的训练要求		
	（1）通用算法	有	有
	（2）语言规则	较少	较多
	（3）硬件知识	不要	要
2	对机器的独立程度	独立	不独立
3	编制程序的难易程度	易	难
4	编制程序所需要的时间	短	较长
5	程序执行时间	较长	短
6	编译过程中对计算机资源(时间和存储容量)的要求	多	少

　　计算机能够直接识别和执行的唯一语言是二进制机器语言,但是人们用它来编写程序很不方便。另一方面,人们采用符号语言或高级语言编写程序,虽然对人提供了方便,但是机器却不懂这些语言。为此,必须借助汇编程序或编译程序,把符号语言或高级语言翻译成二进制码组成的机器语言。

　　汇编语言依赖于计算机的硬件结构和指令系统。不同的机器有不同的指令,所以用汇编语言编写的程序不能在其他类型的机器上运行。

　　高级语言与计算机的硬件结构及指令系统无关,在编写程序方面比汇编语言优越。但是高级语言程序"看不见"机器的硬件结构,因而不能用它来编写直接访问机器硬件资源(如某个寄存器或存储器单元)的系统软件或设备控制软件。为了克服这一缺陷,一些高级语言(如 C、C++等)提供了与汇编语言之间的调用接口。用汇编语言编写的程序,可作为高级语言的一个外部过程或函数,利用堆栈来传递参数或参数的地址。两者的源程序通过编译或汇编生成目标文件后,利用连接程序(Linker)把它们连接成可执行文件便可运行。采用这种方法,用高级语言编写程序时,若用到硬件资源,则可用汇编程序来实现。

4.2　指令格式

　　机器指令是用机器字来表示的。表示一条指令的机器字,就称为指令字,通常简称指令。

　　指令格式则是指令字用二进制代码表示的结构形式,通常由操作码字段和地址码字段组成。操作码字段表征指令的操作特性与功能,而地址码字段通常指定参与操作的操作数的地址。因此,一条指令的结构可用如下形式来表示:

操作码字段 OP	地址码字段 A

4.2.1　操作码

　　设计计算机时,对指令系统的每一条指令都要规定一个操作码。

　　指令的操作码 OP 表示该指令应进行什么性质的操作,如进行加法、减法、乘法、除法、取数、存数等。不同的指令用操作码字段的不同编码来表示,每一种编码代表一种指令,例如,操作码 001 可以规定为加法操作;操作码 010 可以规定为减法操作;而操作码 110 可以规定为取数操作等。CPU 中有专门的电路用来解释每个操作码,因此机器就能执行操作码所表示的操作。

组成操作码字段的位数一般取决于计算机指令系统的规模。较大的指令系统就需要更多的位数来表示每条特定的指令。例如,一个指令系统只有 8 条指令,则有 3 位操作码就够了($2^3 = 8$)。如果有 32 条指令,那么就需要 5 位操作码($2^5 = 32$)。一般来说,一个包含 n 位的操作码最多能够表示 2^n 条指令。

对于一个机器的指令系统,在指令字中操作码字段和地址码字段长度通常是固定的。在单片机中,由于指令字较短,为了充分利用指令字长度,指令字的操作码字段和地址码字段是不固定的,即不同类型的指令有不同的划分,以便尽可能用较短的指令字长来表示越来越多的操作种类,并在越来越大的存储空间中寻址。

4.2.2 地址码

根据一条指令中有几个操作数地址,可将该指令称为几操作数指令或几地址指令。地址码用来指出该指令的源操作数的地址(一个或两个)、结果的地址以及下一条指令的地址。这里的"地址"可以是主存的地址,也可以是寄存器的地址,甚至可以是 I/O 设备的地址。

1. 四地址指令

这种指令的地址字段有 4 个,其格式如下:

OP	A_1	A_2	A_3	A_4

其中,OP 为操作码;A_1 为第一操作数地址;A_2 为第二操作数地址;A_3 为结果地址;A_4 为下一条指令的地址。

该指令完成 $(A_1) OP (A_2) \rightarrow A_3$ 的操作。这种指令直观易懂,后续指令地址可以任意填写,可直接寻址的地址范围与地址字段的位数有关。如果指令字长为 32 位,操作码占 8 位,4 个地址字段各占 6 位,则指令操作数的直接寻址范围为 $2^6 = 64$。如果地址字段均指示主存的地址,则完成一条四地址指令,共需访问 4 次存储器(取指令一次,取两个操作数共两次,存放结果一次)。

因为程序中大多数指令是按顺序执行的,而程序计数器既能存放当前欲执行指令的地址,又有计数功能,因此它能自动形成下一条指令的地址。这样,指令字中的第四地址字段 A_4 便可省去,即得到三地址指令格式。

2. 三地址指令

三地址指令中只有 3 个地址,其格式如下:

OP	A_1	A_2	A_3

它可完成 $(A_1) OP (A_2) \rightarrow A_3$ 的操作,后续指令的地址隐含在程序计数器中。如果指令字长不变,设 OP 仍为 8 位,则 3 个地址字段各占 8 位,故三地址指令操作数的直接寻址范围可达 $2^8 = 256$。A_1、A_2 和 A_3 可以是内存中的单元地址,也可以是运算器中通用寄存器的地

址。若地址字段均为主存地址,则完成一条三地址指令也需访问 4 次存储器。

机器在运行过程中,没有必要将每次运算结果都存入主存,中间结果可以暂时存放在 CPU 的寄存器(如 ACC)中,这样又可省去一个地址字段 A_3,从而得出二地址指令。

3. 二地址指令

二地址指令中只含两个地址字段,其格式如下:

OP	A_1	A_2

它可完成$(A_1)OP(A_2)\to A_1$ 的操作,即 A_1 字段既代表源操作数的地址,又代表存放本次运算结果的地址。有的机器也可以表示$(A_1)OP(A_2)\to A_2$ 的操作,此时 A_2 除了代表源操作数的地址外,还代表中间结果的存放地址。这两种情况完成一条指令仍需访问 4 次存储器。如果使其$(A_1)OP(A_2)\to ACC$,此时,它完成一条指令只需 3 次访存,它的含义是中间结果暂存于 ACC 中。在不改变指令字长和操作码的位数前提下,二地址指令操作数的直接寻址范围为 $2^{12}=4K$。

在二地址指令格式中,从操作数的物理位置来说,又可归结为三种类型:

第一种是访问内存的指令格式,我们称这类指令为存储器-存储器(SS)型指令。这种指令操作时都是涉及内存单元,即参与操作的数都放在内存里。从内存某单元中取操作数,操作结果存放至内存另一单元中,因此机器执行这种指令需要多次访问内存。

第二种是访问寄存器的指令格式,我们称这类指令为寄存器-寄存器(RR)型指令。机器执行这类指令过程中,需要多个通用寄存器或个别专用寄存器,从寄存器中取操作数,把操作结果放到另一寄存器。机器执行寄存器—寄存器型指令的速度很快,因为执行这类指令,不需要访问内存。

第三种类型为寄存器-存储器(RS)型指令,执行此类指令时,既要访问内存单元,又要访问寄存器。

在 CISC 计算机中,一个指令系统中指令字的长度和指令中的地址结构并不是单一的,往往采用多种格式混合使用,这样可以增强指令的功能。

如果将一个操作数的地址隐含在运算器的 ACC 中,则指令字中只需给出一个地址码,构成一地址指令。

4. 一地址指令

一地址指令的地址码字段只有一个,其格式如下:

OP	A_1

它可完成$(ACC)OP(A_1)\to ACC$ 的操作,ACC 既存放参与运算的操作数,又存放运算的中间结果,这样,完成一条一地址指令只需两次访存。在指令字长仍为 32 位、操作码位数仍固定为 8 位时,一地址指令操作数的直接寻址范围达 2^{24} 即 16M。

在指令系统中,还有一种指令可以不设地址字段,即所谓零地址指令。

5．零地址指令

$$\boxed{\text{OP}}$$

零地址指令在指令字中无地址码,例如,空操作(NOP),停机(HLT)这类指令只有操作码。

而子程序返回(RET)、中断返回(IRET)这类指令没有地址码,其操作数的地址隐含在堆栈指针(SP)中。

通过上述介绍可知,用一些硬件资源(如PC、ACC)承担指令中需要指明的地址码,可在不改变指令字长的前提下,扩大指令操作数的直接寻址范围。此外,用PC、ACC等硬件代替指令中的某些地址字段,还可缩短指令字长,并可减少访存次数。因此,究竟采用什么样的地址格式,必须从机器性能出发综合考虑。

以上讨论的地址格式均以主存地址为例,实际上地址字段也可用来表示寄存器。当CPU中含有多个通用寄存器时,对每一个寄存器赋予一个编号,便可指明源操作数和结果存放在哪个寄存器中。地址字段表示寄存器时,也可有三地址、二地址、一地址之分。它们的共同点是,在指令的执行阶段都不必访问存储器,直接访问寄存器,使机器运行速度得到提高(因为寄存器类型的指令只需在取指阶段访问一次存储器)。

6．指令的扩展码技术

操作码的长度可以是固定的,也可以是变化的。前者将操作码集中放在指令字的一个字段内,如前面所介绍的三地址指令格式、二地址指令格式等。这种格式便于硬件设计,指令译码时间短,广泛用于字长较长的大中型计算机和超级小型计算机以及精简指令集计算机(Reduced Instruction Set Computer,RISC)中。例如,IBM370和VAX-11系列机,操作码的长度均为固定8位。

对于操作码长度不固定的指令,其操作码分散在指令字的不同字段中。这种格式可有效地压缩操作码的平均长度,在字长较短的微型计算机中被广泛采用。例如PDP-11、Intel 8086/80386等,操作码的长度是可变的。操作码长度不固定会增加指令译码和分析的难度,使控制器的设计复杂。

还存在另外一种情况,当采用统一操作码,指令长度与各类指令的地址长度发生矛盾时,通常采用"扩展操作码"技术加以解决。扩展操作码是一种指令优化技术,即让操作码的长度随地址数的减少而增加(即扩展),不同地址数的指令可以具有不同长度的操作码。根据不同的地址指令格式,如三地址、二地址、单地址指令等,操作码的位数可以有不同的选择,从而在满足需要的前提下,有效地缩短了指令长度。设某指令长度为16位,其中每个地址码4位,扩展码技术实现如图4-1所示。

图4.1中指令字长为16位,当采用三地址指令格式时,由于每个地址码占4位,所以给OP留下4位,若全部用于三地址指令,则有16个编码,对应16条指令。当采用扩展码技术时,必须要给二地址留出扩展口,所以16个编码不能全部使用,最多只能使用15个。当采用二地址指令时,只需要留出2个地址码的位置,多出的4位 A_1 地址码就可以作为OP使用,此时操作码为8位,为了避免与三地址的OP冲突,三地址中未使用的OP编码1111就

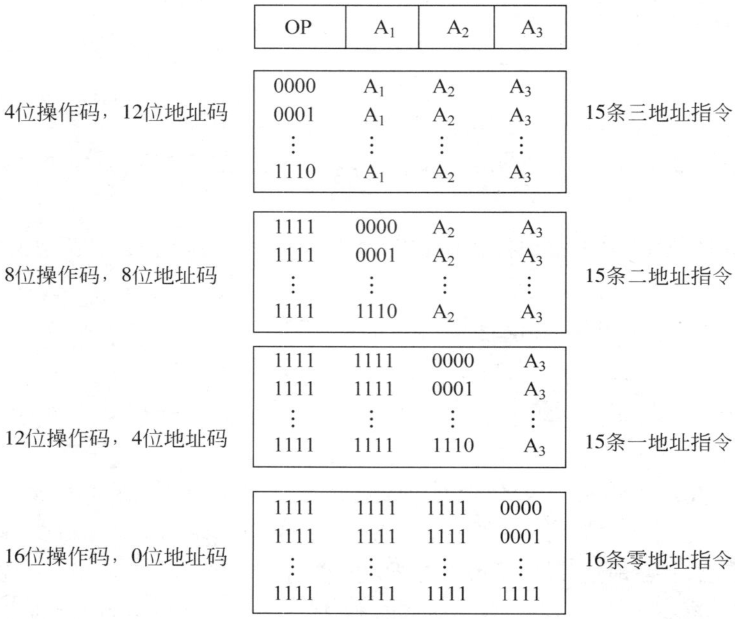

| OP | A₁ | A₂ | A₃ |

OP	A₁	A₂	A₃

4位操作码，12位地址码

0000	A₁	A₂	A₃
0001	A₁	A₂	A₃
⋮	⋮	⋮	⋮
1110	A₁	A₂	A₃

15条三地址指令

8位操作码，8位地址码

1111	0000	A₂	A₃
1111	0001	A₂	A₃
⋮	⋮	⋮	⋮
1111	1110	A₂	A₃

15条二地址指令

12位操作码，4位地址码

1111	1111	0000	A₃
1111	1111	0001	A₃
⋮	⋮	⋮	⋮
1111	1111	1110	A₃

15条一地址指令

16位操作码，0位地址码

1111	1111	1111	0000
1111	1111	1111	0001
⋮	⋮	⋮	⋮
1111	1111	1111	1111

16条零地址指令

图 4.1　指令扩展码示意图

作为了二地址指令的扩展口。同样的道理,二地址也不能将编码全部使用,还要给一地址留出扩展口。

【例 4.1】　假设指令字长为 16 位,操作数的地址码为 6 位,指令有零地址、一地址、二地址三种格式。

(1) 设操作码固定,若零地址指令有 P 种,一地址指令有 Q 种,则二地址指令最多有几种?

(2) 采用扩展操作码技术,若二地址指令有 X 种,零地址指令有 Y 种,则一地址指令最多有几种?

解：(1) 根据操作数地址码为 6 位,则二地址指令中操作码的位数为 $16-6-6=4$。这 4 位操作码可有 $2^4=16$ 种操作。由于操作码固定,则除去了零地址指令 P 种,一地址指令 Q 种,剩下二地址指令最多有 $16-P-Q$ 种。

(2) 采用扩展操作码技术,操作码位数可变,则二地址、一地址和零地址的操作码长度分别为 4 位、10 位和 16 位。可见二地址指令操作码每减少一种,就可多构成 2^6 种一地址指令操作码;一地址指令操作码每减少一种,就可多构成 2^6 种零地址指令操作码。

因二地址指令有 X 种,则一地址指令最多有 $(2^4-X)\times 2^6$ 种。设一地址指令有 M 种,则零地址指令最多有 $[(2^4-X)\times 2^6-M]\times 2^6$ 种。

根据题中给出零地址指令有 Y 种,即

$$Y=[(2^4-X)\times 2^6-M]\times 2^6$$

则一地址指令

$$M=(2^4-X)\times 2^6-Y\times 2^{-6}$$

在设计操作码不固定的指令系统时,应尽量考虑安排指令使用频度(即指令在程序中出现的概率)高的指令占用短的操作码,对使用频度低的指令可占用较长的操作码,这样可以

缩短经常使用的指令的译码时间。当然,考虑操作码长度时也应考虑地址码的要求。

4.2.3 指令字长度

一个指令字中包含二进制代码的位数,称为指令字长度。而机器字长是指计算机能直接处理的二进制数据的位数,它决定了计算机的运算精度。机器字长通常与主存单元的位数一致。指令字长度等于机器字长度的指令,称为单字长指令;指令字长度等于半个机器字长度的指令,称为半字长指令;指令字长度等于两个机器字长度的指令,称为双字长指令。例如,IBM370 系列,它的指令格式有 16 位(半字)的,有 32 位(单字)的,还有 48 位(一个半字)的。在奔腾系列机中,指令格式也是可变的:有 8 位、16 位、32 位、64 位不等。

早期计算机使用多字长指令的目的在于提供足够的地址位来解决访问内存任何单元的寻址问题。但是使用多字长指令的缺点是必须两次或三次访问内存以取出一整条指令,这就降低了计算机的运算速度,同时又占用了更多的存储空间。

在一个指令系统中,如果各种指令字长度是相等的,称为等长指令字结构,它们可以都是单字长指令或半字长指令。这种指令字结构简单,且指令字长度是不变的。如果各种指令字长度随指令功能而异,比如有的指令是单字长指令,有的指令是双字长指令,就称为变长指令字结构。这种指令字结构灵活,能充分利用指令长度,但指令的控制较复杂。随着技术发展,指令字长度逐渐变成多于 32 位的固定长度。

4.2.4 指令助记符

由于硬件只能识别 1 和 0,因此采用二进制操作码是必要的,但是我们用二进制来书写程序却非常麻烦。为了便于书写和阅读程序,每条指令通常用 3 个或 4 个英文缩写,由于指令助记符提示了每条指令的意义,因此比较容易记忆,书写起来比较方便,阅读程序容易理解。我们假定指令系统只有 7 条指令,所以操作码只需要 3 位二进制,典型指令助记符如表 4.2 所示。

表 4.2 典型的指令助记符

典型指令	指令助记符	二进制操作码	典型指令	指令助记符	二进制操作码
加法	ADD	001	转子	JSR	101
减法	SUB	010	存数	STO	110
传送	MOV	011	取数	LDA	111
跳转	JMP	100			

例如,一条加法指令,我们可以用助记符 ADD 来代表操作码 001,而对于一条存数指令,可以用助记符 STO 表示操作码 110。需要注意的是,在不同的计算机中,指令助记符的规定是不一样的。

我们知道,硬件只能识别二进制语言。因此,指令助记符还必须转换成与它们相对应的二进制操作码。这种转换借助汇编程序可以自动完成,汇编程序的作用相当于一个"翻译"。

4.2.5 操作数类型

机器中常见的操作数类型有地址、数字、字符、逻辑数据等。

1. 地址

地址实际上也可看作一种数据,在许多情况下要计算操作数的地址。这时,地址可被认为是一个无符号的整数。

2. 数字

计算机中常见的数字有定点数、浮点数和十进制数。

3. 字符

在应用计算机时,文本或者字符串也是一种常见的数据类型。由于计算机在处理信息过程中不能以简单的字符形式存储和传送,因此普遍采用 ASCII 码(见表 2.2),它是很重要的一种字符编码。当然还有其他一些字符编码,如 8 位二进制编码的十进制交换码(Extended Binary Coded Decimal Inter-Code, EBCDIC),又称扩展 BCD 交换码,在此不作详述。

4. 逻辑数据

计算机除了作算术运算外,有时还需作逻辑运算,此时 n 个 0 和 1 的组合不是被看作算术数字,而是被看作逻辑数。例如,在 ASCII 码中的 0110101,它表示十进制数 5,若要将它转换为 NBCD 短十进制码,只需通过它与逻辑数 0001111 完成逻辑与运算,抽取低 4 位,即可获得 0101。此外,有时希望存储一个布尔类型的数据,它们的每一位都代表着真(1)和假(0),这时 n 个 0 和 1 组合的数就都被看作逻辑数。

例如,奔腾处理器的数据类型有逻辑数、有符号数(补码)、无符号数、压缩和未压缩的BCD 码、地址指针、位串、字符串以及浮点数(符合 IEEE 754 标准)等。

4.2.6　指令格式举例

1. 8 位微型计算机的指令格式

8 位微型机字长只有 8 位。由于指令字较短,所以指令结构是一种可变字长形式。指令格式包含单字长指令、双字长指令、三字长指令等多种。指令格式如下

单字长指令：

OP

双字长指令：

OP	操作数

三字长指令：

OP	操作数	操作数

单字长指令只有操作码,没有操作数地址。双字长或三字长指令包含操作码和地址码。由于内存按字节编址,所以单字长指令每执行一条指令后,指令地址加 1。双字长指令或三字长指令每执行一条指令时,必须从内存连续读出两个字节或三个字节代码,所以,指令地址要加 2 或加 3,可见多字长的指令格式不利于提高机器速度。

2．PDP/11 系列机指令格式

PDP/11 系列机指令字长 16 位，其指令格式如表 4.3 所示。这里所表示的都是单字长的指令格式，且不包含整个 PDP/11 系列机的所有指令格式。

从表 4.3 中看出，在 PDP/11 中，操作码字段是不固定的，其长度也是不相同的。之所以这样做，是为了扩展操作码以包含较多的指令。但是操作码字段不固定，对控制器的设计来说必将复杂化。

表 4.3　PDP/11 系列机指令格式

指令类型	指　令　位															
	15	14	13	12	11	10	9	8	7	6	5	4	3	2	1	
单操作数指令	操作码 10 位										目标地址 6 位					
双操作数指令	操作码 4 位				源地址 6 位						目标地址 6 位					
转移指令	操作码 8 位								位移量 8 位							
转子指令	操作码（7 位）							寄存器号								
子程序返回指令	操作码（13 位）															
条件码操作指令	操作码（11 位）											S	N	Z	V	C

【例 4.2】 以 PDP/11 的指令字长为固定操作码，字长不固定为例，采用扩展码技术，设计一个指令系统，字长 16 位，地址码长 4 位。

要求：(1)3 地址指令 15 条，(2)2 地址指令 14 条，(3)单地址指令 31 条。

解：

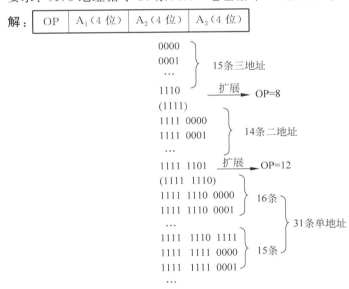

注：此例中还给零地址留出了扩展口。

3．奔腾指令格式

奔腾机的指令字长度是可变的：从 1 字节到 12 字节，还可以带前缀，指令格式如下所示。这种非固定长度的指令格式是典型的 CISC 结构特征。之所以如此，一是为了与它的前身 80486 保持兼容，二是希望能给编译程序写作者以更多灵活的编程支持。

(0或1)	(0或1)	(0或1)	(0或1)字节数
指令前缀	段取代	S长度取代	地址长度取代

1或2		0或1			0或1		0,1,2,4	0,1,2,4(字节数)
操作码	MOD	REG或OP	R/M	比例S	变址I	基址B	位移量	立即数
	2位	3位	3位	2位	3位	3位		

指令的前缀是可选项,其作用是对其后的指令本身进行显示约定。4个前缀各占1字节(不选时取0字节),其中四部分说明如下:

(1) **指令前缀**。包括LOCK(锁定)前缀和重复前缀。LOCK前缀用于多CPU环境中对共享存储器的排他性访问。重复前缀用于字符串的重复操作,以获得比软件循环方法更快的速度。

(2) **段取代前缀**。根据指令的定义和程序的上下文,一条指令所使用的段寄存器名称可以不出现在指令格式中,这称为段默认规则。当要求一条指令不按默认规则使用某个段寄存器时,必须以段取代前缀明确指明此段寄存器。

(3) **操作数长度取代前缀和地址长度取代前缀**。在实地址模式下,操作数和地址的默认长度是16位;在保护模式下,由段描述符中的D位来确定默认长度:若$D=1$,操作数和地址的默认长度是32位;若$D=0$,二者的默认长度是16位。当一条指令不采用默认的操作数或地址长度时,可分别或同时使用这两类前缀予以显示指明。

指令本身由操作码字段、MOD-R/M字段、SIB字段、位移量字段、立即数字段组成。除操作码字段外,其他四个字段都是可选字段(不选时取0字节)。

MOD-R/M字段规定了存储器操作数的寻址方式,给出了寄存器操作数的寄存器地址号。除少数预先规定寻址方式的指令外,绝大多数指令都包含这个字段。

SIB字段由比例系数S、变址寄存器号I、基址寄存器号B组成。利用该字段,可和MOD-R/M字段一起,对操作数来源进行完整的说明。显然,奔腾采用RS型指令,指令格式中只有一个存储器操作数。

【**例4.3**】 指令格式如下所示,其中OP为操作码字段,试分析指令格式的特点。

15	9	7	4	3	0
OP		—	源寄存器	目标寄存器	

解:(1) 单字长二地址指令。

(2) 操作码字段OP可以指定$2^7=128$条指令。

(3) 源寄存器和目标寄存器都是通用寄存器(可分别指定16个),所以是RR型指令,两个操作数均在寄存器中。

(4) 这种指令结构常用于算术逻辑运算类指令。

【**例4.4**】 指令格式如下所示,OP为操作码字段,试分析指令格式特点。

15	10	7	4	3	0
OP		—	源寄存器	目标寄存器	
位移量(16位)					

解：(1) 双字长二地址指令,用于访问存储器。

(2) 操作码字段 OP 为 6 位,可以指定 $2^6 = 64$ 种操作。

(3) 一个操作数在源寄存器(共 16 个)中,另一个操作数在存储器中(由变址寄存器和位移量决定),所以是 RS 型指令。

4.3　指令和数据的寻址方式

存储器既可用来存放数据,又可用来存放指令。因此,当某个操作数或某条指令存放在某个存储单元时,其存储单元的编号,就是该操作数或指令在存储器中的地址。

在存储器中,操作数或指令字写入或读出的方式,有地址指定方式、相联存储方式和堆栈存取方式。几乎所有的计算机,在内存中都采用地址指定方式。当采用地址指定方式时,形成操作数或指令地址的方式,称为寻址方式。寻址方式分为两类,即指令寻址方式和数据寻址方式,前者比较简单,后者比较复杂。值得注意的是,在传统方式设计的计算机中,内存中指令的寻址与数据的寻址是交替进行的。

4.3.1　指令的寻址方式

指令的寻址方式有两种,一种是顺序寻址方式,另一种是跳跃寻址方式。

1. 顺序寻址方式

由于指令地址在内存中按顺序安排,当执行一段程序时,通常是一条指令接一条指令的顺序进行。就是说,从存储器取出第一条指令,然后执行这条指令;接着从存储器取出第二条指令,再执行第二条指令;接着再取出第三条指令……这种程序顺序执行的过程,我们称为指令的顺序寻址方式。为此,必须使用程序计数器(又称指令指针寄存器)来计数指令的顺序号,该顺序号就是指令在内存中的地址。图 4.2 是指令顺序寻址方式的示意图。

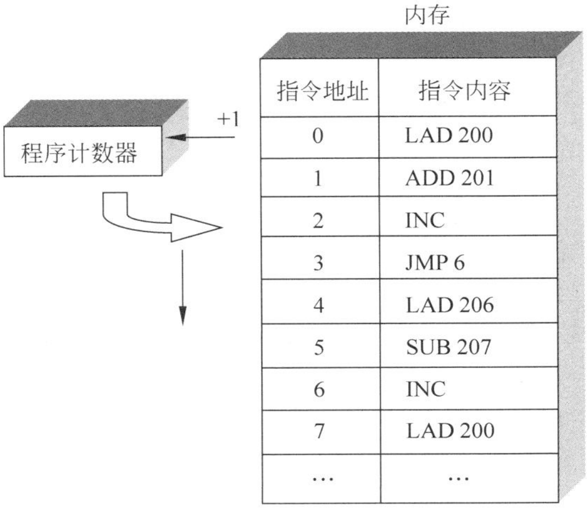

内存	
指令地址	指令内容
0	LAD 200
1	ADD 201
2	INC
3	JMP 6
4	LAD 206
5	SUB 207
6	INC
7	LAD 200
…	…

图 4.2　指令的顺序寻址方式

2. 跳跃寻址方式

当程序转移执行的顺序时,指令的寻址就采取跳跃寻址方式。所谓跳跃,是指下条指令的地址码不是由程序计数器给出,而是由本条指令给出。图 4.3 给出了指令跳跃寻址方式的示意图。注意,程序跳跃后,按新的指令地址开始顺序执行。因此,指令计数器的内容也必须相应改变,以便及时跟踪新的指令地址。

采用指令跳跃寻址方式,可以实现程序转移或构成循环程序,从而能缩短程序长度,或将某些程序作为公共程序引用。指令系统中的各种条件转移或无条件转移指令,就是为了实现指令的跳跃寻址而设置的。

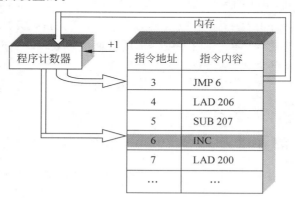

图 4.3　指令的跳跃寻址方式

4.3.2　操作数的寻址方式

数据寻址方式种类较多,在指令字中必须设一字段来指明属于哪一种寻址方式。指令的地址码字段通常都不代表操作数的真实地址,把它称为形式地址,记作 A。操作数的真实地址称为有效地址,记作 EA,它是由寻址方式和形式地址共同来确定的。由此可得指令的格式应如图 4.4 所示。

操作码OP	寻址方式#	形式地址A

图 4.4　一种一地址指令格式

1. 立即寻址

指令的地址字段指出的不是操作数的地址,而是操作数本身,又称之为立即数,数据是采用补码形式存放的,这种寻址方式称为立即寻址,如图 4.5 所示。

图 4.5　立即寻址示意图

立即寻址方式的特点是指令中包含操作数,只要取出指令,便可立即获得操作数,这种指令在执行阶段不必要访问存储器,节省了访问内存的时间。

2. 直接寻址

直接寻址是一种基本的寻址方法,其特点是:在指令格式的地址字段中直接指出操作数在内存的地址 A。由于操作数的地址直接给出而不需要经过某种变换,所以称这种寻址方式为直接寻址方式。图 4.6 是直接寻址方式的示意图。

采用直接寻址方式时,指令字中的形式地址 A 就是操作数的有效地址 EA。因此通常把形式地址 A 又称为直接地址。直接寻址方式的优点是操作数比较简单,也不需要专门计算操作数的地址,指令执行阶段对主存只访问一次。它的缺点在于 A 的位数限制了操作数的寻址范围,而且必须修改 A 的值,才能修改操作数的地址。

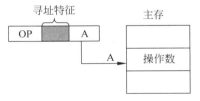

图 4.6 直接寻址示意图

3. 间接寻址

间接寻址是相对于直接寻址而言的,在间接寻址的情况下,指令地址字段中的形式地址 A 不是操作数的真正地址,而是操作数地址的指示器,也就是说有效地址是由形式地址间接提供的。图 4.7 给出了间接寻址方式的示意图。

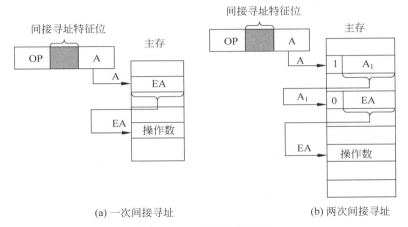

(a) 一次间接寻址 　　　　　　　　 (b) 两次间接寻址

图 4.7 间接寻址示意图

图 4.7(a)为一次间接寻址,即 A 地址单元的内容 EA 是操作数的有效地址;图 4.7(b)为两次间接寻址,即 A 地址单元的内容 A_1 还不是有效地址,而由 A_1 所指单元的内容 EA 才是有效地址。

这种寻址方式与直接寻址相比,它扩大了操作数的寻址范围,因为 A 的位数通常小于指令字长,而存储字长可与指令字长相等。若设指令字长和存储字长均为 16 位,A 为 8 位,显然直接寻址范围为 2^8,一次间接寻址的寻址范围可达 2^{16}。当多次间接寻址时,可用存储字的首位来标志间接寻址是否结束。如图 4.7(b)中,当存储字首位为"1"时,标明还需继续访存寻址;当存储字首位为"0"时,标明该存储字即为 EA。由此可见,存储字首位不能作为 EA 的组成部分,因此,它的寻址范围为 2^{15}。

间接寻址的第二个优点在于它便于编制程序。例如,用间接寻址可以很方便地完成子程序返回,图 4.8 示意了用于子程序返回的间址过程。

图中表示两次调用子程序,只要在调用前先将返回地址存入子程序最末条指令的形式地址 A 的存储单元内,便可准确返回到原程序断点。例如,第一次调用前,使[A]=81,第二次调用前,使[A]=202。这样,当第一次子程序执行到最末条指令"JMP @ A"(@为间址特征位),便可无条件转至81号单元。同理,第二次执行完子程序后,便可返回到202号单元。

间接寻址的缺点在于指令的执行阶段需要访存两次(一次间接寻址)或多次(多次间接寻址),致使指令执行时间延长。

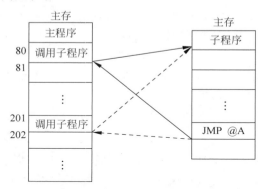

图4.8 用于子程序返回的间址过程的示意图

通常,在间接寻址情况下,由寻址特征位给予指示。如果把直接寻址和间接寻址结合起来,指令有如下形式

若寻址特征位 $I=0$,表示直接寻址,这时有效地址 $EA=A$;若 $I=1$,则表示间接寻址,这时有效地址 $EA(A)$。

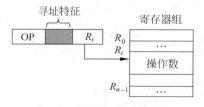

图4.9 寄存器寻址示意图

4. 寄存器寻址

当操作数不在内存中,而是放在 CPU 的通用寄存器中时,地址码字段直接指出了寄存器的编号,即 $EA=R_i$,如图4.9所示。指令结构中的 RR 型指令,就是采用寄存器寻址方式的例子。

由于操作数不在主存中,故寄存器寻址在指令执行阶段无须访存,减少了执行时间。由于地址字段只需指明寄存器编号(计算机中寄存器数有限),故指令字较短,节省了存储空间,因此寄存器寻址在计算机中得到广泛应用。

5. 寄存器间接寻址

寄存器间接寻址与寄存器寻址的区别在于:指令格式中的寄存器内容不是操作数,而是操作数的地址,该地址指明的操作数在内存中,如图4.10所示。此时 $EA=(R_i)$。与寄存器寻址相比,指令的执行阶段还是需要访问主存的。

6. 偏移寻址

一种强有力的寻址方式是直接寻址和寄存器间接寻址方式的结合,它有几种形式,我们称它为偏移寻址,如图4.11所示。有效地址计算公式为 $EA=A+(R)$,它要求指令中有两个地址字段,至少其中一个是显示的。容纳在一个地址字段中的形式地址 A 直接被使用;

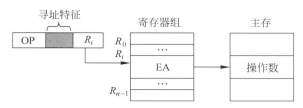

图 4.10 寄存器间接寻址示意图

另一个地址字段,基于操作码的一个隐含引用,指的是某个专用寄存器。此寄存器的内容加上形式地址 A 就产生有效地址 EA。

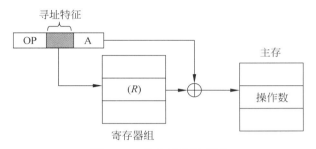

图 4.11 偏移寻址示意图

常用的三种偏移寻址方式是相对寻址、基址寻址、变址寻址。

1) 基址寻址

基址寄存器需设有基址寄存器 BR,其操作数的有效地址 EA 等于指令字中的形式地址与基址寄存器中的内容(称为基地址)相加,即

$$EA = (BR) + A$$

基址寄存器可采用隐式和显式两种。所谓隐式,是在计算机内专门设有一个基址寄存器 BR。使用时用户不必明显指出该基址寄存器,只需由指令的寻址特征位反映出基址寻址即可。显式是在一组通用寄存器里,由用户明确指出哪个寄存器用做基址寄存器,存放基地址。例如,IBM 370 计算机中设有 16 个通用寄存器,用户可任意选中某个寄存器作为基址寄存器。图 4.12 中(a)为隐式基址寻址,(b)为显式基址寻址。

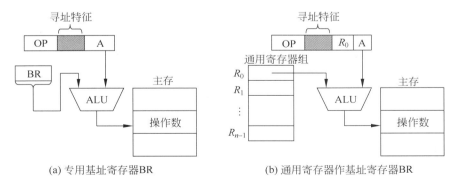

(a) 专用基址寄存器 BR   (b) 通用寄存器作基址寄存器 BR

图 4.12 基址寻址示意图

基址寻址可以扩大操作数的寻址范围,因基址寄存器的位数可以大于形式地址 A 的位数。当主存容量较大时,若采用直接寻址,因受 A 的位数限制,无法对主存所有单元进行访

问,但采用基址寻址便可实现对主存空间的更大范围寻访。例如,将主存空间分为若干段,每段首地址存于基址寄存器中,段内的位移量由指令字中形式地址 A 指出,这样操作数的有效地址就等于基址寄存器内容与段内位移量之和,只要对基址寄存器的内容作修改,便可访问主存的任一单元。

基址寻址在多道程序中极为有用。用户可不必考虑自己的程序存于主存的哪一空间区域,完全可由操作系统或管理程序根据主存的使用状况,赋予基址寄存器内一个初始值(即基地址),便可将用户程序的逻辑地址转化为主存的物理地址(实际地址),把用户程序安置于主存的某一空间区域。例如,对于一个具有多个寄存器的机器来说,用户只需指出哪一个寄存器作为基址寄存器即可,至于这个基址寄存器应赋予何值,完全由操作系统或管理程序根据主存空间状况来确定。在程序执行过程中,用户不知道自己的程序在主存的哪个空间,用户也不可修改基址寄存器的内容,以确保系统安全可靠地运行。

2) 变址寻址

变址寻址与基址寻址极为相似。其有效地址 EA 等于指令字中的形式地址 A 与变址寄存器 IX 的内容相加之和,即

$$EA = (IX) + A$$

显然只要变址寄存器位数足够,也可扩大操作数的寻址范围,其寻址过程如图 4.13 所示。

图 4.12(a)、(b)与图 4.13(a)、(b)相比,显然变址寻址与基址寻址的有效地址形成过程极为相似。由于两者的应用场合不同,因此从本质来认识,它们还是有较大的区别。基址寻址主要用于为程序或数据分配存储空间,故基址寄存器的内容通常由操作系统或管理程序确定,在程序的执行过程中其值是不可变的,而指令字中的 A 是可变的。在变址寻址中,变址寄存器的内容是由用户设定的,在程序执行过程中其值可变,而指令字中的 A 是不可变的。

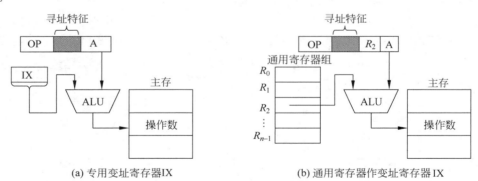

(a) 专用变址寄存器IX　　　　　　　(b) 通用寄存器作变址寄存器IX

图 4.13　变址寻址示意图

变址寻址主要用于处理数组问题,在数组处理过程中,可设定 A 为数组的首地址,不断改变变址寄存器 IX 的内容,便可很容易形成数组中任一数据的地址,特别适合编制循环程序。例如,某数组有 N 个数存放在以 D 为首地址的主存一段空间内。如果求 N 个数的平均值,则用直接寻址方式很容易完成程序的编制。表 4.4 列出了用直接寻址方式求 N 个数的平均值的程序。

表 4.4 直接寻址求 N 个数的平均值程序

程 序	说 明
LDA D	$[D] \rightarrow$ ACC
ADD $D+1$	$[ACC]+[D+1] \rightarrow$ ACC
ADD $D+2$	$[ACC]+[D+2] \rightarrow$ ACC
…	…
ADD $D+(N-1)$	$[ACC]+[D+(N-1)] \rightarrow$ ACC
DIV $\#N$	$[ACC] \div N \rightarrow$ ACC
STA ANS	$[ACC] \rightarrow$ ANS 单元(ANS 为主存某单元地址)

显然,当 $N=100$ 时,该程序用了 102 条指令,除数据外,共占用 102 个存储单元存放指令。而且随着 N 的增加,程序所用的指令数也增加(共 N+2 条)。

若用变址寻址,则只要改变变址寄存器的内容,而保持指令"ADD X   D"(X 为变址寄存器,D 为形式地址)不变,便可依次完成 N 个数相加。用变址寻址编制的程序如表 4.5 所示。

该程序仅用了 8 条指令,而且随着 N 的增加,指令数不变,指令所占的存储单元大大减少。有的机器(如 Intel 8086、VAX-11)的变址寻址具有自动变址的功能,即每存取一个数据,根据数据长度(即所占字节数),变址寄存器能自动增量或减量,以便形成下一个数据的地址。

表 4.5 变址寻址方式求 N 个数的平均值程序

程 序	说 明
LDA $\#0$	$0 \rightarrow$ ACC
LDX $\#0$	$0 \rightarrow X$(X 为变址寄存器)
M ADD X,D	$[ACC]+[D+(X)] \rightarrow$ ACC(D 为形式地址,X 为变址寄存器)
INX	$[X]+1 \rightarrow X$
CPX $\#N$	$[X]-N$,并建立 Z 的状态,结果为 $0,Z=1$,结果非 $0,Z=0$
BNE M	当 $Z=1$ 时,按顺序执行;当 $Z=0$ 时,转至 M
DIV $\#N$	$[ACC] \div N \rightarrow$ ACC
STA ANS	$[ACC] \rightarrow$ ANS 单元(ANS 为主存某单元地址)

变址寻址还可以与其他寻址方式结合使用。例如,变址寻址可与基址寻址合用,此时有效地址 EA 等于指令字中的形式地址 A 和变址寄存器 IX 的内容(IX)及基址寄存器 BR 中的内容(BR)相加之和,即

$$EA = A + (IX) + (BR)$$

变址寻址还可与间接寻址合用,形成先变址后间址或先间址再变址等寻址方式。

3) 相对寻址

相对寻址的有效地址是将程序计数器 PC 的内容(即当前指令的地址)与指令字中的形式地址 A 相加而成,即

$$EA = (PC) + A$$

图 4.14 示意了相对寻址的过程,由图中可见,操作数的位置与当前指令的位置有一段距离 A。

相对寻址常被用于转移类指令,转移后的目标地址与当前指令有一段距离,称为相对位

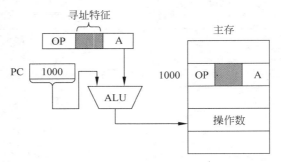

图 4.14   相对寻址示意图

移量,它由指令字的形式地址 A 给出,故 A 又称位移量。位移量 A 可正可负,通常用补码表示。倘若位移量为 8 位,则指令的寻址范围在(PC)+127~(PC)−128。

相对寻址的最大特点是转移地址不固定,它可随 PC 值的变化而变化,因此,无论程序在主存的哪段区域,都可正确运行,对于编写浮动程序特别有利。例如,表 4.5 中有一条转移指令"BNE   M",它存于 $M+3$ 单元内,即

$$
\left\{
\begin{array}{l}
M \quad \text{ADD } X, D \\
M+1 \quad \text{INX} \\
M+2 \quad \text{CPX } \#N \\
M+3 \quad \text{BNE } M
\end{array}
\right.
$$

显然,随着程序首地址改变,M 也改变。如果采用相对寻址,将"BNE   M"改写为"BNE,*−3"(* 为相对寻址特征),就可使该程序浮动至任一地址空间都能正常运行。因为从第 $M+3$ 条指令转至第 M 条指令,其相对位移量为−3,故当执行第 $M+3$ 条指令"BNE *−3"时,其有效地址为

$$EA=(PC)+(-3)=M+3-3=M$$

直接指向了转移后的目标地址。相对寻址也可与间接寻址配合使用。

【例 4.5】   设相对寻址的转移指令占 3 字节,第一字节为操作码,第二、三字节为相对位移量(补码表示),而且数据在存储器中采用以低字节地址为字地址的存放方式。每当CPU 从存储器取出 1 字节时,即自动完成(PC)+1→PC。

(1) 若 PC 当前值为 240(十进制),要求转移到 290(十进制),则转移指令的第二、三字节的机器代码是什么?

(2) 若 PC 当前值为 240(十进制),要求转移到 200(十进制),则转移指令的第二、三字节的机器代码是什么?

解:(1) PC 当前值为 240,该指令取出后 PC 值为 243,要求转移到 290,即相对位移量为 290−243=47,转换成补码为 2FH。由于数据在存储器中采用以低字节地址为字地址的存放方式,故该转移指令的第二字节为 2FH,第三字节为 00H。

(2) PC 当前值为 240,该指令取出后 PC 值为 243,要求转移到 200,即相对位移量为 200−243=−43,转换成补码为 D5H,由于数据在存储器中采用以低字节地址为字地址的存放方式,故该转移指令的第二字节为 D5H,第三字节为 FFH。

7. 隐含寻址

这种类型的指令,不是明显地给出操作数的地址,其操作数隐含在操作码或某个寄存器

中。例如,一地址格式的加法指令中只给出一个操作数的地址,另一个操作数隐含在累加器 ACC 中,这样累加器 ACC 成了另一个数的地址,如图 4.15 所示。

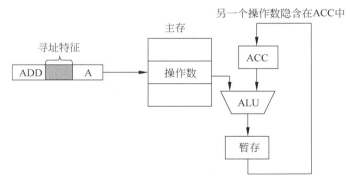

图 4.15 隐含寻址示意图

如 IBM PC(Intel 8086)中的乘法指令,被乘数隐含在寄存器 AX(16 位)或寄存器 AL(8 位)中,可见 AX(或 AL)就是被乘数的地址。又如字符串传送指令 MOVS,其源操作数的地址隐含在 SI 寄存器中(即操作数在 SI 指明的存储单元中),目的操作数的地址隐含在 DI 寄存器中。

由于隐含寻址在指令字中少了一个地址,因此,这种寻址方式的指令有利于缩短指令字长。

8. 段寻址方式

微型机中采用了段寻址方式,例如它们可以给定一个 20 位的地址,从而有 $2^{20} = 1M$ 存储空间的直接寻址能力。为此将整个 1M 空间存储器以 64K 为单位划分成若干段。在寻址一个内存具体单元时,由一个基地址再加上某些寄存器提供的 16 位偏移量来形成实际的 20 位物理地址。这个基地址就是 CPU 中的段寄存器。在形成 20 位物理地址时,段寄存器中的 16 位数会自动左移 4 位,然后与 16 位偏移量相加,即可形成所需的内存地址,如图 4.16 所示。这种寻址方式的实质还是基址寻址。

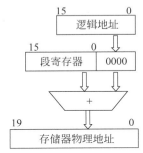

图 4.16 段寻址方式示意图

9. 堆栈寻址

计算机中的堆栈(Stack)是一组能存储和取出数据的暂时存储单元,所有信息的存入和取出均按照后进先出(Last In First Out,LIFO)或先进后出(First In last Out,FILO)的原则进行。

堆栈存取方式决定了其"一端存取"的特点,数据按顺序存入堆栈称为进栈或压栈(PUSH),存入数据的单元称为栈项,数据按与进栈相反的顺序从堆栈中取出称为出栈或弹出(POP),最后进栈的数据或最先出栈的数据称为栈顶元素。

计算机中的堆栈有寄存器堆栈和存储器堆栈两种形式。

1) 寄存器堆栈

寄存器堆栈又称串联堆栈或硬堆栈。某些计算机在 CPU 中设置了一组专门用于堆栈的寄存器,每个寄存器可保存一个字的数据。因为这些寄存器直接设置于 CPU 中,所以它们是极好的暂存单元。CPU 通过进栈指令(PUSH)把数据存入堆栈,通过出栈指令(POP)把数据从堆栈中取出。寄存器堆栈的数据存储过程如图 4.17 所示。

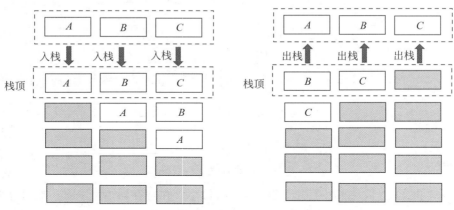

图 4.17　寄存器堆栈工作过程

寄存器堆栈的栈顶是固定的,左右的操作都在栈顶端的寄存器进行,从寄存器堆栈的数据进栈操作结果可见,最后进栈的数据位于栈顶,位于栈顶的数据出栈时最先被取出。在寄存器堆栈中,还必须有"栈空"和"栈满"的指示,以防在栈空时企图执行出栈、在栈满时企图执行进栈的误操作。这可以通过另外设置一个计数器来实现:每次进栈,计数器加 1,计数值等于堆栈中寄存器个数时表示栈满;每次出栈,计数器减 1,该计数值等于 0 时表示栈空。

2) 存储器堆栈

当前计算机普遍采用的是存储器堆栈,也就是从主存中划出一块区域来作为堆栈使用,又称软堆栈。这种堆栈的大小可变,栈底固定,栈顶浮动,但是需要设置一个指向栈顶的堆栈指示器,它是 CPU 中的一个专用寄存器(Stack Pointer,SP)用来保存栈顶地址。由于主存的容量越来越大,存储器堆栈能够满足程序员对堆栈容量的要求,而且在需要时可建立多个存储器堆栈。

由于存储器堆栈是使用内存空间,所以涉及内存地址,作为堆栈的存储区,其两端的存储单元有高、低地址之分,因此,存储器堆栈又可分为两种:从高地址开始生成堆栈(自底向上生成堆栈)和从低地址开始生成堆栈(自顶向下生成堆栈)。无论采用哪种类型的存储器堆栈,进栈和出栈的操作一定是互逆的。

(1) 向下生长堆栈。

向下生长的堆栈是指从高地址向低地址生成堆栈,也叫逆向生长堆栈。从高地址开始生成堆栈是一种较常用的方式,这种堆栈的栈底地址大于栈顶地址,在建栈时,SP 指向堆栈中地址最大的单元(栈底),每次进栈时,先调整堆栈指针 SP-Δ,为要压入的数据留出空间,Δ 是数据需要占用的内存单元个数,然后把数据压入堆栈。出栈时,先把指针 SP+Δ,然后将栈顶的数据弹出到指定的位置,这个位置可以是寄存器也可以是存储器。图 4.18 是以 8086 为例的堆栈操作。8086 是 16 位机,内部含 8 个 16 位的通用寄存器,分别是 AX、BX、CX、DX、SI、DI、SP、DP,专用寄存器 SP 是堆栈指针寄存器。假设当前 AX 内容为 1234H,BX 的内容为 5678H,堆栈栈顶的逻辑地址为 2000H,则入栈操作如图 4.18 所示。

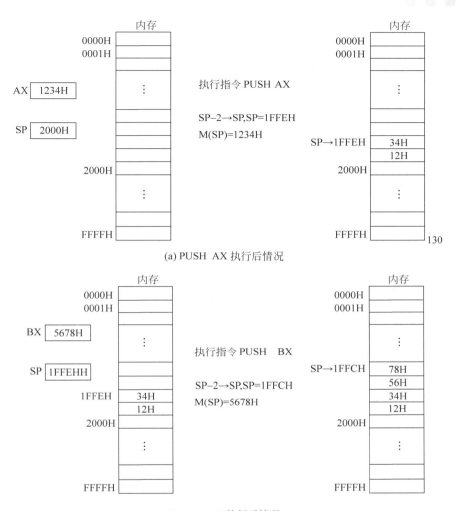

(a) PUSH AX 执行后情况

(b) PUSH BX执行后情况

图 4.18　8086 入栈指令执行情况

出栈操作是入栈操作的逆过程,并遵循先进后出的原则,出栈时,先将数据弹到指定的寄存器或存储单元,然后调整堆栈栈顶指针。出栈过程如图 4.19 所示。

若再执行一次 POP　AX 指令,则 SP 的值恢复为 2000H,并且 AX 的值恢复为 1234H,此处不再给出图示。

向下生长的堆栈可以描述为:

进栈操作:调整堆栈栈顶指针(SP)-Δ→SP,然后将寄存器或存储器的数据压入堆栈,register(memery)→M(SP)。

出栈操作:先将 SP 所指向的栈顶数据读出到指定位置,M(SP)→register(memery),然后调整栈顶指针(SP)+Δ→SP。

(2) 向上生长堆栈。

向上生长的堆栈是指从低地址向高地址生成堆栈,也叫正向生长堆栈。这种堆栈与逆向生长堆栈正好相反,它的栈底地址小于栈顶地址,建栈时 SP 指向堆栈中地址最小的单元

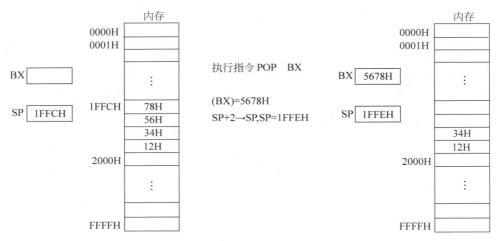

图 4.19　8086 出栈指令执行情况

(栈底)。例如 MCS-51 系列机器采用此种堆栈操作。MCS-51 单片机的堆栈原则上设在内部 RAM 的任意区域内,但是一般设在 31H～7FH 的范围之间,栈顶的位置由栈顶指针 SP 指出。例如入栈时执行指令:PUSH ACC,则完成(SP)+1→(SP),(ACC)→M(SP)。堆栈指针首先加 1,ACC 中的数据送到堆栈指针 SP 所指的单元中。出栈时执行指令 POP ACC,栈顶所指向的存储单元 M(SP)将数据弹到指定位置,然后修改栈顶指针,M(SP)→(ACC),(SP)−1→(SP)。

3)寄存器堆栈和存储器堆栈的区别

(1)使用的存储元不同,串联堆栈使用的是寄存器,而存储器堆栈使用的是内存单元。

(2)所处位置不同,串联堆栈位于 CPU 内部,而存储器堆栈位于主存中。

(3)大小不同,串联堆栈一般存储空间比较小,且大小固定,而存储器堆栈存储空间较大,且空间可以根据需求变化。

(4)栈的存储方式不同,串联堆栈的栈顶不变,栈底随栈中元素数量而变化,存储器堆栈栈底固定,栈顶根据栈中元素数量而变化。

堆栈中对数据的操作具有后进先出的特点,因此,凡是以后进先出方式进行的信息传送都可以用堆栈很方便地实现。例如,在子程序的调用中,用堆栈存放主程序的返回地址,实现子程序的嵌套和递归调用;在程序中断处理中,用堆栈存放多级中断的相关信息,实现多级中断的嵌套。

【例 4.6】　一条双字长直接寻址的子程序调用指令,其第一个字为操作码和寻址特征,第二个字为地址码 5000H。假设 PC 当前值为 2000H,SP 的内容为 0100H,栈顶内容为 2746H,存储器按字节编址,而且进栈操作是先执行(SP)−Δ→SP,后存入数据。试回答下列几种情况下,PC、SP 及栈顶内容各为多少?

(1)CALL 指令被读取前。

(2)CALL 指令被执行后。

(3)子程序返回后。

解:

(1)CALL 指令被读取前,PC＝2000H,SP＝0100H,栈顶内容为 2746H。

（2）CALL 指令执行后，由于存储器按字节编址，CALL 指令共占 4 字节，故程序断点 2004 进栈，此时 SP＝(SP)－2＝00FEH，栈顶内容为 2004H，PC 被更新为子程序入口地址 5000H。

（3）子程序返回后，程序断点出栈，SP 被修改为 0100H，栈顶内容为 2746H。

由于当前计算机种类繁多，各类机器的寻址方式均有各自的特点，还有些机器的寻址方式可能本书并未提到，故读者在使用时需自行分析，以利于编程。

从高级语言角度考虑问题，机器指令的寻址方式对用户无关紧要，一旦采用汇编语言编程，用户只有了解并掌握机器的寻址方式，才能正确编程，否则程序将无法正常运行。如果读者参与机器的指令系统设计，则了解寻址方式对确定机器指令格式是不可缺少的。从另一角度来看，倘若透彻了解了机器指令的寻址方式，将会使读者进一步加深对机器内信息流程及整体工作概念的理解。

现将寻址方式总结一下，例如，一种单地址指令的结构如下所示，其中用 X、I、A 各字段组成该指令的操作数地址。

操作码 OP	变址 X	间址 I	形式地址 A

由于指令中操作数字段的地址码是由形式地址和寻址方式特征位等组合形成，因此，一般来说，指令中所给出的地址码，并不是操作数的有效地址。

形式地址 A，也称**偏移量**，它是指令字结构中给定的地址量。寻址方式特征位，此处由间址位和变址位组成。如果这条指令无间址和变址的要求，那么形式地址就是操作数的有效地址。如果指令中指明要变址或间址变换，那么形式地址就不是操作数的有效地址，而要经过指定方式的变换，才能形成有效地址。因此，寻址过程就是把操作数的形式地址，变换为操作数的有效地址的过程。

由于大型机、微型机和单片机结构不同，从而形成了各种不同的操作数寻址方式。表 4.6 列出了比较典型且常用的寻址方式。

表 4.6 基本寻址方式

方 式	算 法	主 要 优 点	主 要 缺 点
隐含寻址	操作数在专用寄存器	无存储器访问	数据范围有限
立即寻址	操作数＝A	无存储器访问	操作数幅值有限
直接寻址	EA＝A	简单	地址范围有限
间接寻址	EA＝(A)	大的地址范围	多重存储访问
寄存器寻址	EA＝R	无存储器访问	地址范围有限
寄存器间接寻址	EA＝(R)	大的地址范围	额外存储访问
偏移寻址	EA＝A＋(R)	灵活	复杂
段寻址	EA＝A＋(R)	灵活	复杂
堆栈寻址	EA＝栈顶	无存储器访问	应用有限

【**例 4.7**】 一种二地址 RS 型指令的结构如下所示。

6位	4位	1位	2位	16位
OP …	通用寄存器	I	X	偏移量D

其中 I 为间接寻址标志位,X 为寻址模式字段,D 为偏移量字段。通过 I、X、D 的组合,可构成表 4.7 所示的寻址方式。请写出 6 种寻址方式的名称。

表 4.7 例 4.7 的寻址方式

寻址	I	X	有效地址 E 的算法	说　　明
(1)	0	00	$E=D$	
(2)	0	01	$E=(PC)\pm D$	PC 为程序计数器
(3)	0	10	$E=(R_2)\pm D$	R_2 为变址寄存器
(4)	1	11	$E=(R_2)$	
(5)	1	00	$E=(D)$	
(6)	0	11	$E=(R_1)\pm D$	R_1 为基址寄存器

解:(1)直接寻址　　(2)相对寻址

(3)变址寻址　　(4)寄存器间接寻址

(5)间接寻址　　(6)基址寻址

【例 4.8】 某 16 位机器所使用的指令格式和寻址方式如下所示,该机有两个 20 位基址寄存器,四个 16 位变址寄存器,十六个 16 位通用寄存器。指令汇编格式中的 S(源),D(目标)都是通用寄存器,M 是主存中的一个单元。三种指令的操作码分别是 MOV(OP)=(A)H,STO(OP)=(lB)H,LAD(OP)=(3C)H。MOV 是传送指令,STO 为存数指令,LDA 为取数指令。

要求:

(1)分析三种指令的指令格式与寻址方式特点。

(2)完成哪一种操作所花时间最短?哪一种操作所花时间最长?第二种指令的执行时间有时会等于第三种指令的执行时间吗?

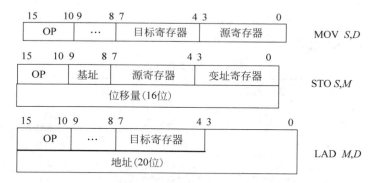

(3)下列情况下每个十六进制指令字分别代表什么操作?其中如果有编码不正确的,如何改正才能成为合法指令?

①(F0F1)H (3CD2)H　②(2856)H　③(6FD6)H　④(1C2)H

解:(1)第一种指令是单字长二地址指令,RR 型;第二种指令是双字长二地址指令,RS型,其中 S 采用基址寻址或变址寻址,R 由源寄存器决定;第三种也是双字长二地址指令,RS 型,其中 R 由目标寄存器决定,S 由 20 位地址(直接寻址)决定。

(2)处理机完成第一种指令所花时间最短,因为是 RR 型指令,不需要访问存储器。第二种指令所花时间最长,因为是 RS 型指令,需要访问存储器,同时要进行寻址方式的变换运算(基值或变址),这也需要时间。第二种指令的执行时间不会等于第三种指令,因为第三种指令虽然也访问存储器,但节省了求有效地址运算的时间开销。

(3) 根据已知条件:MOV(OP)=001010,STO(OP)=011011,LAD(OP)= 111100,将指令的十六进制格式转换成二进制代码且比较后可知:

① (F0F1)H (3CD2)H 指令代表 LAD 指令,编码正确,其含义是把主存(l3CD2)地址单元的内容取至 15 号寄存器。

② (2856)H 代表 MOV 指令,编码正确,含义是把 6 号源寄存器的内容传送至 5 号目标寄存器。

③ (6FD6)H 是单字长指令,一定是 MOV 指令,但编码错误,可改正为(28D6)H。

④ (1C2)H 是单字长指令,代表 MOV 指令,但编码错误,可改正为(28C2)H。

【例 4.9】 某计算机的单字长指令格式如下

15	10 9	8 7	0
操作码	X	D	

D 为位移量,格式中 X 为寻址方式,当 $X=00$ 时,表示直接寻址方式,$X=01$ 时,表示变址寻址方式,$X=10$ 时,表示基址寻址方式,$X=11$ 时,表示相对寻址方式。程序计数器的内容为 1234H,变址寄存器(IX)的内容为 0037H,基址寄存器(BR)的内容为 1122H,有一组机器码如下,请确定下列机器码所对应指令的操作数的有效地址。

(1) 4420H (2) 2244H (3) 1322H (4) 3521H

解:将所给指令展开成二进制的机器码形式

```
(1) 4420H → 0 1 0 0 0 1 0 0 0 0 1 0 0 0 0 0
(2) 2244H → 0 0 1 0 0 0 1 0 0 1 0 0 0 1 0 0
(3) 1322H → 0 0 0 1 0 0 1 1 0 0 1 0 0 0 1 0
(4) 3521H → 0 0 1 1 0 1 0 1 0 0 1 0 0 0 0 1
                  ⇑       ⇑       ⇑
                  OP      X       D
```

由图示可知:

指令(1)采用直接寻址方式,有效地址 EA=20H。

指令(2)采用基址寻址方式,有效地址 EA=(BR)+44H=1122H+44H=1166H。

指令(3)采用相对寻址方式,有效地址 EA=(PC)+22H=1234H+22H=1256H。

指令(4)采用变址寻址方式,有效地址 EA=(IX)+21H=0037H+21H=0058H。

4.4 典型指令

4.4.1 指令的分类

不同机器的指令系统是各不相同的。从指令的操作码功能来考虑,一个较完善的指令系统,应当有数据处理、数据存储、数据传送、程序控制四大类指令,具体有数据传送类指令、算术运算类指令、逻辑运算类指令、程序控制类指令、输入输出类指令、字符串类指令、系统控制类指令。

1．数据传送指令

数据传送指令主要包括取数指令、存数指令、传送指令、成组传送指令、字节交换指令、清寄存器指令、堆栈操作指令等,这类指令主要用来实现主存与寄存器之间,或寄存器和寄存器之间的数据传送。例如,通用寄存器 R_i 中的数存入主存;通用寄存器 R_i 中的数送到另一通用寄存器 R_j 中;寄存器清零或主存单元清零等。

2．算术运算指令

这类指令包括二进制定点加、减、乘、除指令,浮点加、减、乘、除指令,或求补指令,算术移位指令,算术比较指令,十进制加、减运算指令等。这类指令主要用于定点或浮点的算术运算,大型机中有向量运算指令,直接对整个向量或矩阵进行求和、求积运算。

3．逻辑运算指令

这类指令包括逻辑加、逻辑乘、按位加、逻辑移位等指令,主要用于无符号数的位操作、代码的转换、判断及运算。

移位指令用来对寄存器的内容实现左移、右移或循环移位。左移时,若寄存器的数看作算术数,符号位不动,其他位左移,低位补零,右移时则高位补零,这种移位称算术移位。移位时,若寄存器的数为逻辑数,则左移或右移时,所有位一起移位,这种移位称逻辑移位。

4．程序控制指令

程序控制指令也称转移指令。计算机在执行程序时,通常情况下按指令计数器的现行地址顺序取指令。但有时会遇到特殊情况:机器执行到某条指令时,出现了几种不同结果,这时机器必须执行一条转移指令,根据不同结果进行转移,从而改变程序原来执行的顺序。这种转移指令称为条件转移指令。转移条件有进位标志(C)、结果为零标志(Z)、结果为负标志(N)、结果溢出标志(V)和结果奇偶标志(P)等。

除各种条件转移指令外,还有无条件转移指令、转子程序指令、返回主程序指令、中断返回指令等。

转移指令的转移地址一般采用直接寻址和相对寻址方式来确定。若采用直接寻址方式,则称为绝对转移,转移地址由指令地址码部分直接给出。若采用相对寻址方式,则称为相对转移,转移地址为当前指令地址(PC 的值)和指令地址部分给出的偏移量相加之和。

5．输入输出指令

输入输出指令主要用来启动外围设备,检查测试外围设备的工作状态,并实现外部设备和 CPU 之间,或外围设备与外围设备之间的信息传送。

各种不同机器的输入输出指令差别很大。例如,有的机器指令系统中含有输入输出指令,而有的机器指令系统中没有设置输入输出指令。这是因为后一种情况下外部设备的寄存器和存储器单元统一编址,CPU 可以和访问内存一样地去访问外部设备。换句话说,可以使用取数、存数指令来代替输入输出指令。

6. 字符串处理指令

字符串处理指令是一种非数值处理指令,一般包括字符串传送、字符串转换(把一种编码的字符串转换成另一种编码的字符串)、字符串比较、字符串查找(查找字符串中某一子串)、字符串抽取(提取某一子串)、字符串替换(把某一字符串用另一字符串替换)等。这类指令在文字编辑中对大量字符串进行处理。

7. 特权指令

特权指令是指具有特殊权限的指令。由于指令的权限最大,若使用不当,会破坏系统和其他用户信息。因此这类指令只用于操作系统或其他系统软件,一般不直接提供给用户使用。

在多用户、多任务的计算机系统中特权指令必不可少。它主要用于系统资源的分配和管理,包括改变系统工作方式,检测用户的访问权限,修改虚拟存储器管理的段表、页表,完成任务的创建和切换等。

8. 其他指令

除以上各类指令外,还有状态寄存器置位指令、复位指令、测试指令、暂停指令、空操作指令,以及其他一些系统控制用的特殊指令。

4.4.2 复杂指令系统

CISC(复杂指令系统计算机)的指令系统一般多达二三百条,例如 VAX 11/780 计算机有 303 条指令,18 种寻址方式。奔腾机也有 191 条指令,9 种寻址方式。但是对 CISC 进行的测试表明,最常使用的是一些最简单最基本的指令,仅占指令总数的 20%,但在程序中出现的频率却占 80%。因此从教学目的考虑,下面给出一个基本指令系统的操作,如表 4.8 所示。

表 4.8　基本指令系统的操作

指令类型	操作名称		说　　明
数据传送	MOV	传送	由原向目标传送字,源和目标是寄存器
	STO	存数	由 CPU 向存储器传送字
	LAD	取数	由存储器向 CPU 传送字
	EXC	交换	源和目标交换内容
	CLA	清零	传送全 0 字到目标
	SET	置 1	传送全 1 字到目标
	PUS	进栈	由源向堆栈顶传送字
	POP	退栈	由堆栈顶向目标传送字
算术运算	ADD	加法	计算两个操作数的和
	SUB	减法	计算两个操作数的差
	MUL	乘法	计算两个操作数的积
	DIV	除法	计算两个操作数的商

指令类型	操作名称		说明
算术运算	ABS	绝对值	以其绝对值替代操作数
	NEG	变负	改变操作数的符号
	INC	增量	操作数加1
	DEC	减量	操作数减1
逻辑运算	AND	与	按位完成指定的逻辑操作
	OR	或	
	NOT	求反	
	EOR	异或	
	TES	测试	测试指令的条件,根据结果设置标志
	COM	比较	对两个操作数进行逻辑或比较,根据结果设置标志
	SHI	移位	左(右)移位操作数,一端引入常数
	ROT	循环移位	左(右)移位操作数,两端环绕
控制传递	JMP	无条件转移	无条件转移,以指定地址装入PC
	JMPX	条件转移	根据测试条件,将指定地址装入PC,或什么也不做
	JMPC	转子	将当前程序控制信息放在一个已知位置,转移到指定地址
	RET	返回	由已知位置内容替代PC和其他寄存器的内容

从应用角度考虑,这些指令的功能也具有普遍意义,几乎所有计算机的指令系统中都能找到这些指令。

4.4.3　精简指令系统

RISC技术是用20%的简单指令的组合来实现不常用的80%的那些指令功能,但这不意味着RISC技术只是简单地精简其指令系统。在提高性能方面,RISC技术还采取了许多有效的措施,最有效的方法就是减少指令的执行周期数。

RISC指令系统的主要特点:

(1) 选取使用频度较高的一些简单指令以及一些很有用但又不复杂的指令,让复杂指令的功能由频度高的简单指令的组合来实现。

(2) 指令长度固定,指令格式种类少,寻址方式种类少。

(3) 只有取数/存数(LOAD/STORE)指令访问存储器,其余指令的操作都在寄存器内完成。

(4) CPU中有多个通用寄存器。

(5) 采用流水线技术,大部分指令在一个时钟周期内完成。采用超标量和流水线技术,可使每条指令的平均执行时间小于一个时钟周期。

(6) 控制器采用组合逻辑控制,不用微程序控制。

(7) 采用优化的编译程序。

值得注意的是,商品化的RISC通常不会是纯RISC,故上述这些特点不是所有RISC全部具备的。表4.9列出一些RISC指令系统的指令条数。

表 4.9 一些 RISC 的指令条数

机 器 名	指 令 数	机 器 名	指 令 数
RISC Ⅱ	39	ACORN	44
MIPS	31	INMOS	111
IBM 801	120	IBM RT	118
MIRIS	64	HPPA	140
PYRAMID	128	CLIPPER	101
RIDGE	128	SPARC	89

4.4.4 RISC 和 CISC 的比较

与 CISC 相比,RISC 的主要优点可归纳如下:

1. 充分利用 VLSI 芯片的面积

CISC 的控制器大多采用微程序控制,其控制存储器在 CPU 芯片内所占的面积的 50%以上(如 Motorola 公司的 MC68020 占 68%)。而 RISC 控制器采用组合逻辑控制,其硬布线逻辑只占 CPU 芯片面积的 10%左右。可见它可将空出的面积提供给其他功能部件用,例如用于增加大量的通用寄存器(如 Sun 公司的 SPARC 有 100 多个通用寄存器),或将存储管理部件也集成到了 CPU 芯片内(如 MIPS 公司的 R2000/R3000)。以上两种芯片的集成度分别小于 10 万个和 20 万个晶体管。

随着半导体工艺技术的提高,集成度可达 100 万至几百万个晶体管,此时无论是 CISC 还是 RISC 都将多个功能部件集成在一个芯片内。但此时 RISC 已占领了市场,尤其是在工作站领域占有明显优势。

2. 提高机器运算速度

RISC 能提高运算速度,主要反映在以下 5 方面。

(1) RISC 的指令数、寻址方式和指令格式种类较少,而且指令的编码很有规律,因此 RISC 的指令译码比 CISC 的指令译码快。

(2) RISC 内通用寄存器多,减少了访存次数,可加快运行速度。

(3) RISC 采用寄存器窗口重叠技术,程序嵌套时不必将寄存器内容保存到存储器中,故又提高了执行速度。

(4) RISC 采用组合逻辑控制,比采用微程序控制的 CISC 的延迟小,缩短了 CPU 的周期。

(5) RISC 选用精简指令系统,适合流水线工作,大多数指令在一个时钟周期内完成。

3. 便于设计,可降低成本,提高可靠性

RISC 指令系统简单,故机器设计周期短,如美国加州伯克莱大学的 RISC Ⅰ从设计到芯片试制成功只用了十几个月,而 Intel 80386 处理机(CISC)的开发花了三年半的时间。

RISC 逻辑简单,设计出错可能性小,有错时也容易发现,可靠性高。

4．有效支持高级语言程序

RISC 靠优化编译来更有效地支持高级语言程序。由于 RISC 指令少，寻址方式少，使编译程序容易选择更有效的指令和寻址方式，而且由于 RISC 的通用寄存器多，尽可能安排寄存器的操作，使编译程序的代码优化效率提高。例如，IBM 的研究人员发现 IBM801（RISC）产生的代码大小是 IBM S/370（CISC）的 90％。

有些 RISC（如 Sun 公司的 SPARC）采用寄存器窗口重叠技术，使过程间的参数传送加快，且不必保存与恢复现场，能直接支持调用子程序和过程的高级语言程序。表 4.10 列出了一些 CISC 与 RISC 微处理器的特征。

表 4.10　一些 CISC 与 RISC 微处理器的特征

特　征	CISC			RISC	
	IBM 370/168	VAX 11/780	Intel 80486	Motorola 88000	MIPS R4000
开发年份	1973	1978	1989	1988	1991
指令数	208	303	235	51	94
指令字长/B	2～6	2～57	1～11	4	32
寻址方式	4	22	11	3	1
通用寄存器数	16	16	8	32	32
控制存储器容量/KB	420	480	246		
Cache 容量/KB	64	64	8	16	128

此外，从指令系统兼容性看，CISC 大多能实现软件兼容，即高档机包含了低档机的全部指令，并可加以扩充。但 RISC 简化了指令系统，指令数量少，格式也不同于老机器，因此大多数 RISC 不能与老机器兼容。

本章小结

一台计算机中所有指令的集合，称为这台计算机的指令系统。指令系统是表征一台计算机性能的重要因素，它的格式与功能不仅直接影响机器的硬件结构，而且也影响系统的软件。

指令格式是指令字用二进制代码表示的结构形式，通常由操作码字段和地址码字段组成。操作码字段表征指令的操作特性与功能，而地址码字段表示操作数的地址。指令格式中多采用二地址、单地址、零地址混合方式的指令格式。指令字长度分为：单字长、半字长、双字长三种格式。

形成指令地址的方式，称为指令寻址方式。有顺序寻址和跳跃寻址两种，由程序计数器（PC）来跟踪。

形成操作数地址的方式，称为数据寻址方式。操作数可以放在专用寄存器、通用寄存器、内存和指令中。数据的寻址方式有立即寻址、寄存器寻址、隐含寻址、直接寻址、间接寻址、寄存器间接寻址、相对寻址、基址寻址、变址寻址、块寻址、段寻址等多种方式。根据操作数的物理位置不同，有 RR 型和 RS 型。前者比后者的执行速度快。堆栈寻址是特殊的寻址方式,采用先进后出的原理,按结构不同,分为寄存器堆栈和存储器堆栈。

不同的机器有不同的指令系统。一个较完善的指令系统应当包含数据传送类指令、算术运算类指令、逻辑运算类指令、程序控制类指令、输入输出类指令、字符串类指令、系统控制类指令。

RISC 指令系统是目前计算机发展的主流,也是 CISC 指令系统的改进,它的最大特点是:①指令条数少;②指令长度固定,指令格式和寻址方式种类少;③只有取数/存数指令访问存储器,其余指令的操作均在寄存器之间进行。

习题

1. 什么叫机器指令?什么叫指令系统?

2. 什么是指令字长、机器字长和存储字长?

3. 什么叫寻址方式?为什么要学习寻址方式?

4. 零地址指令的操作数来自哪里?在一地址指令中,另一个操作数的地址通常可采用什么寻址方式获得?

5. 假设某计算机指令长度为 32 位,具有双操作数、单操作数、无操作数三类指令形式,指令系统共有 70 条指令,请设计满足要求的指令格式。

6. 指令格式结构如下所示,试分析指令格式及寻址方式的特点。

15 9	7	4 3	0
OP	···	源寄存器	目标寄存器

7. 指令格式结构如下所示,试分析指令格式及寻址方式的特点。

15 10	7	4 3	0
OP	···	源寄存器	目标寄存器
位移量(16位)			

8. 指令格式结构如下所示,试分析指令格式及寻址方式的特点。

15 12	11 9	8 6	5 3	2 0
OP	寻址方式	寄存器	寻址方式	寄存器

9. 一种单地址指令格式如下所示,其中 I 为间接寻址特征,X 为寻址模式,D 为形式地址。I、X、D 组成该指令的操作数有效地址 E。设 R 为变址寄存器,R_1 为基址寄存器,PC 为程序计数器,请在下表中第一列位置填入适当的寻址方式名称。

OP	I	X	D

寻址方式名称	I	X	有效地址 E
(1)	0	00	$E=D$
(2)	0	01	$E=(PC)+D$
(3)	0	10	$E=(R)+D$

续表

寻址方式名称	I	X	有效地址 E
(4)	0	11	$E=(R_1)+D$
(5)	1	00	$E=(D)$
(6)	1	11	$E=((R_1)+D), D=0$

10. 某计算机字长为 32 位,主存容量为 1M 字,单字长指令,有 50 种操作码,采用寄存器寻址、寄存器间接寻址、立即、直接等寻址方式。CPU 中有 PC、IR、AR、DR 和 16 个通用寄存器,问:

(1) 指令格式如何安排?

(2) 能否增加其他寻址方式?

11. 某计算机字长为 32 位,主存容量为 64M 字,采用单字长单地址指令,共有 40 条指令。试采用直接、立即、变址、相对四种寻址方式设计指令格式。

12. 以下有关 RISC 的描述中,正确的是_____。

A. 采用 RISC 技术后,计算机的体系结构又恢复到早期的比较简单的情况。

B. 为了实现兼容,新设计的 RISC,是从原来 CISC 系统的指令系统中挑选一部分实现的。

C. RISC 的主要目标是减少指令数。

D. RISC 设有乘、除法指令和浮点运算指令。

13. 根据操作数所在的位置,指出其寻址方式(填空):

(1) 操作数在寄存器,为_____寻址方式。

(2) 操作数地址在寄存器中,为_____寻址方式。

(3) 操作数在指令中,为_____寻址方式。

(4) 操作数地址在指令中,为_____寻址方式。

(5) 操作数的地址,为某一寄存器的内容与位移量之和,可以是_____、_____、_____寻址方式。

14. 设相对寻址的转移指令占 4 字节,其中第 1、2 字节是操作码,第 3、4 字节是相对位移量(用补码表示)。

(1) 设当前 PC 的内容为 3006H,要求转移到 300EH 的地址,则该转移指令第 3、4 字节的内容应为多少?

(2) 设当前 PC 的内容为 3008H,要求转移到 3006H 的地址,则该转移指令第 3、4 字节的内容应为多少?

15. 某计算机系统中,存储器堆栈的栈顶内容是 8000H,堆栈采用"自底向上"生长方式,设栈指针寄存器 SP 的内容是 0100H,一条双字长的子程序调用指令位于存储器地址 2000H 和 2001H 处,指令第 2 个字是地址字段,内容为 6000H。问以下三种情况下 PC、SP 和栈顶的内容各为多少?

(1) 子程序调用指令被读取之前。

(2) 子程序调用指令被读取之后。

(3) 从子程序返回之后。

第5章 中央处理机

本章从分析 CPU 的功能和内部结构入手,详细讨论机器完成一条指令的全过程,以及为了进一步提高数据的处理能力、开发系统的并行性所采取的流水技术。详细讲述 CPU 的功能和基本组成,指令周期的概念,时序产生器,微程序控制器,硬连线控制器,传统 CPU 的结构。在此基础上,介绍流水 CPU、RISC CPU 等先进的计算机科学技术成果。

5.1 CPU 的功能和组成

5.1.1 CPU 的功能

当用计算机解决某个问题时,我们首先必须为它编写程序。程序是一个指令序列,这个序列明确告诉计算机应该执行什么操作,在什么地方找到用来操作的数据。一旦把程序装入内存储器,就可以由计算部件来自动完成取指令和执行指令的任务。专门用来完成此项工作的计算机部件称为中央处理机,通常简称 CPU。

CPU 对整个计算机系统的运行是极其重要的,它具有如下四方面的基本功能:

(1) 指令控制。程序的顺序控制,称为指令控制。由于程序是一个指令序列,这些指令的顺序不能任意颠倒,必须严格按程序规定的顺序进行,因此,保证机器按顺序执行程序是 CPU 的首要任务。

(2) 操作控制。一条指令的功能往往是由若干操作信号的组合来实现的,因此,CPU 管理并产生由内存取出的每条指令的操作信号,把各种操作信号送往相应的部件,从而控制这些部件按指令的要求进行动作。

(3) 时间控制。对各种操作实施时间上的定时,称为时间控制。因为在计算机中,各种指令的操作信号均受到时间的严格定时。另一方面,一条指令的整个执行过程也受到时间的严格定时。只有这样,计算机才能有条不紊地自动工作。

(4) 数据加工。所谓数据加工,就是对数据进行算术运算和逻辑运算处理。完成数据的加工处理,是 CPU 的根本任务。因为,原始信息只有经过加工处理后才能对人们有用。

5.1.2 CPU 的基本组成

早期的 CPU 由运算器和控制器两大部分组成。但是随着 ULSI 技术的发展,早期放在 CPU 芯片外部的一些逻辑功能部件,如浮点运算器、Cache、总线仲裁器等纷纷移入 CPU 内部,因而使 CPU 的内部组成越来越复杂。这样 CPU 的基本部分变成了运算器、Cache、控制器三大部分。

为便于读者建立计算机的整体概念,图 5.1 给出了 CPU 的整体模型。

控制器由程序计数器、指令寄存器、指令译码器、时序产生器和操作控制器组成。对于冯·诺依曼结构的计算机而言,一旦程序进入存储器后,就可由计算机自动完成取指令和执行指令的任务,控制器就是专用于完成此项工作的,它是发布命令的"决策机构",它负责协调并控制计算机各部件执行程序的指令序列,其基本功能是取指令、分析指令和执行指令。

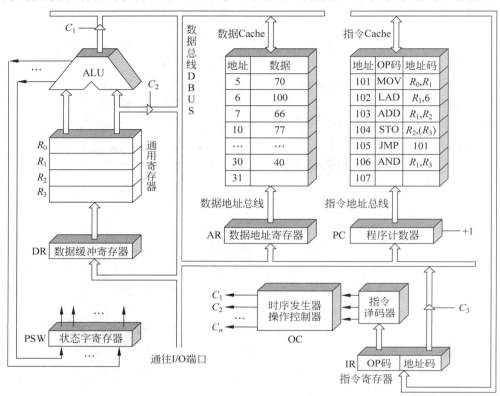

图 5.1   CPU 模型

控制器的主要功能有:

(1) 从指令 Cache 中取出一条指令,并指出下一条指令在指令 Cache 中的位置。

(2) 对指令进行译码或测试,并产生相应的操作控制信号,以便启动规定的动作。例如一次数据 Cache 的读/写操作,一个算术逻辑运算操作,或一个 I/O 操作。

(3) 指挥并控制 CPU、数据 Cache 和 I/O 设备之间数据流动的方向。

运算器由算术逻辑单元(Arithmetic and Logic Unit,ALU)、通用寄存器、数据缓冲寄存器 DR 和状态条件寄存器 PSW 组成,它是数据加工处理部件。相对控制器而言,运算器接受控制器的命令而进行动作,即运算器所进行的全部操作都是由控制器发出的控制信号来指挥的,所以它是执行部件。运算器有两个主要功能:

(1) 执行所有的算术运算。

(2) 执行所有的逻辑运算,并进行逻辑测试,如零值测试或两个值的比较。

通常,一个算术操作产生一个运算结果,而一个逻辑操作则产生一个判决。

鉴于第 2、3 章中已经详细讨论了运算器和存储器,所以本章重点放在控制器上。

5.1.3　CPU 中的主要寄存器

各种计算机的 CPU 可能有这样或那样的不同,但是在 CPU 中至少要有六类寄存器,如图 5.1 所示。这些寄存器是:①指令寄存器(IR);②程序计数器(PC);③数据地址寄存器(AR);④数据缓冲寄存器(DR);⑤通用寄存器($R_0 \sim R_3$);⑥状态字寄存器(PSW)。

上述这些寄存器用来暂存一个计算机字。根据需要,可以扩充其数目。下面详细介绍这些寄存器的功能与结构。

(1) 数据缓冲寄冲器(DR)。数据缓冲寄存器用来暂时存放 ALU 的运算结果,或由数据存储器读出的一个数据字,或来自外部接口的一个数据字。缓冲寄存器的作用是:

① 作为 ALU 运算结果和通用寄存器之间信息传送中时间上的缓冲。

② 补偿 Cache 和内存、外围设备之间在操作速度上的差别。

(2) 指令寄存器(IR)。指令寄存器用来保存当前正在执行的一条指令。当执行一条指令时,先把它从指令存储器(简称指存)读出,然后再传送至指令寄存器。指令划分为操作码和地址码字段,由二进制数字组成。为了执行任何给定的指令,必须对操作码进行测试,以便识别所要求的操作。一个叫作指令译码器的部件就是做这项工作的。指令寄存器中操作码字段的输出就是指令译码器的输入。操作码一经译码后,即可向操作控制器发出具体操作的特定信号。

(3) 程序计数器(PC)。为了保证程序能够连续地执行下去,CPU 必须具有某些手段来确定下一条指令的地址。而程序计数器(PC)正是起到这种作用,所以它又称为指令计数器。在程序开始执行前,必须将它的起始地址,即程序的第一条指令所在的指存单元地址送入 PC,因此 CPU 的内容即是从指存提取的第一条指令的地址。当执行指令时,CPU 将自动修改 PC 的内容,以便使其保持的总是将要执行的下一条指令的地址。由于大多数指令都是按顺序来执行的,所以修改的过程通常只是简单的对 PC 加 1。

但是,当遇到转移指令如 JMP 指令时,那么后继指令的地址(即 PC 的内容)必须从指令寄存器中的地址字段取得。在这种情况下,下一条从指存取出的指令将由转移指令来规定,而不是像通常一样按顺序来取得。因此程序计数器的结构应当是具有寄存器和计数器两种功能的结构。

(4) 数据地址寄存器(AR)。数据地址寄存器用来保存当前 CPU 所访问的数据 Cache 存储器中(简称数存)单元的地址。由于要对存储器阵列进行地址译码,因此必须使用地址寄存器来保持地址信息,直到一次读/写操作完成为止。

地址寄存器的结构和数据缓冲寄存器、指令寄存器一样,通常使用单纯的寄存器结构。信息的存入一般采用电位—脉冲方式,即电位输入端对应数据信息位,脉冲输入端对应控制信号,在控制信号作用下,瞬时地将信息输入寄存器。

(5) 通用寄存器($R_0 \sim R_3$)。在我们的模型中,通用寄存器有 4 个($R_0 \sim R_3$),其功能是：当算术逻辑单元(ALU)执行算术或逻辑运算时,为 ALU 提供一个工作区。例如,在执行一次加法运算时,选择两个操作数(分别放在两个寄存器)相加,所得的结果送回其中一个寄存器(比如 R_2 中),而 R_2 中原有的内容随即被替换。

目前 CPU 中的通用寄存器,多达 64 个,甚至更多。其中任何一个可存放源操作数,也可存放结果操作数。在这种情况下,需要在指令格式中对寄存器号加以编址。从硬件结构来讲,需要使用通用寄存器堆结构,以便选择输入信息源。通用寄存器还用作地址指示器、变址寄存器、堆栈指示器等。

(6) 状态字寄存器(PSW)。状态字寄存器保存由算术指令和逻辑指令运算或测试结果建立的各种条件代码,如运算结果进位标志(C),运算结果溢出标志(V),运算结果为零标志(Z),运算结果为负标志(N)等。这些标志位通常分别由 1 位触发器保存。

除此之外,状态条件寄存器还保存中断和系统工作状态等信息,以便使 CPU 和系统能及时了解机器运行状态和程序运行状态。因此,状态条件寄存器是一个由各种状态条件标志拼凑而成的寄存器。

从上面叙述可知,CPU 中的 6 类主要寄存器,每一类完成一种特定的功能。然而信息怎样才能在各寄存器之间传送呢? 也就是说,数据的流动是由什么部件控制的呢?

通常把许多寄存器之间传送信息的通路称为数据通路。信息从什么地方开始,中间经过哪个寄存器或三态门,最后传送到哪个寄存器,都要加以控制。在各寄存器之间建立数据通路的任务,是由称为操作控制器的部件来完成的。操作控制器的功能,就是根据指令操作码和时序信号,产生各种操作控制信号,以便正确地选择数据通路,把有关数据输入一个寄存器中,从而完成取指令和执行指令的控制。

根据设计方法不同,操作控制器可分为时序逻辑型和存储逻辑型两种。第一种称为硬布线控制器,它是采用时序逻辑技术来实现的;第二种称为微程序控制器,它是采用存储逻辑来实现的。本书重点介绍微程序控制器。

操作控制器产生的控制信号必须定时,为此必须有时序产生器。因为计算机高速地进行工作,每一个动作的时间是非常严格的,不能太早也不能太迟。时序产生器的作用,就是对各种操作信号实施时间上的控制。

CPU 中除了上述组成部分外,还有中断系统、总线接口等其他功能部件,这些内容将在以后各章中陆续展开。

5.1.4　寄存器结构举例

不同计算机的 CPU 中,寄存器结构是不一样的,图 5.2 画出了 Zilog Z8000、Intel 8086 和 Motorola MC68000 三种微处理器的寄存器结构。

Zilog Z8000 有 16 个 16 位的通用寄存器,这些寄存器可存放地址、数据,也可作为变址寄存器,其中有两个寄存器被用做栈指针,寄存器可被用作 8 位和 32 位的运算。Zilog Z8000 中有 5 个与程序状态有关的寄存器,一个用于存放状态标记,两个用于程序计数器,两个用于存放偏移量。确定一个地址需要两个寄存器。

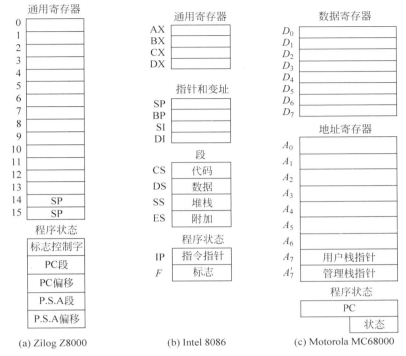

图 5.2　三种微处理器的寄存器结构

Intel 8086 采用不同的寄存器组织,尽管某些寄存器可以通用,但它的每个寄存器大多是专用的。它有 4 个 16 位的数据寄存器,即 AX(累加器)、BX(基址寄存器)、CX(计数寄存器)和 DX(数据寄存器)。也可兼作 8 个 8 位的寄存器(AH、AL、BH、BL、CH、CL、DH、DL)。另外,还有两个 16 位的指针(堆栈指针 SP 和基址指针 BP)和两个变址寄存器(源变址寄存器 SI 和目的变址寄存器 DI)。在一些指令中,寄存器是隐式使用的,如乘法指令总是用累加器。Intel 8086 还有 4 个段地址寄存器(代码段 CS、数据段 DS、堆栈段 SS 和附加段 ES)以及指令指针 IP(相当于程序计数器)和状态标志寄存器 F。

Motorola 的寄存器组织介于 Zilog 和 Intel 微处理器之间,它将 32 位寄存器分为 8 个数据寄存器($D_0 \sim D_7$)和 9 个地址寄存器。数据寄存器主要用于数据运算,当需要变址时,也可作变址寄存器使用。寄存器允许 8 位、16 位和 32 位的数据运算,这由操作码确定。地址寄存器存放 32 位地址(没有段),其中两个(A_7 和 A_7')也可用作堆栈指针,分别供用户和操作系统使用。针对当前执行的模式,这两个寄存器在某个时刻只能用一个。此外,MC68000 还有一个 32 位的程序计数器和一个 16 位的状态寄存器。

与 Zilog 的设计者类似,Motorola 设计的寄存器组织也不含专用寄存器。至于到底什么形式的寄存器组织最好,目前尚无一致的观点,主要由设计者根据需要自行决定。

计算机的设计者们为了给在早期计算机上编写的程序提供向上的兼容性,在新计算机的设计上经常保留原设计的寄存器结构形式。图 5.3 就是 Zilog 8000 和 Intel 80386 的用户可见寄存器结构,它们分别是 Zilog Z8000 和 Intel 8086 的扩展,它们都采用 32 位寄存器,但又分别保留了原先一些特点。由于受这种限制,因此 32 位处理器在寄存器结构的设计上只有有限的灵活性。

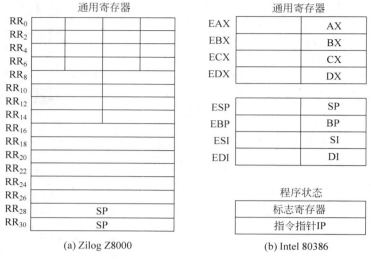

图 5.3　两种 32 位微处理器的寄存器结构

5.2　指令周期

5.2.1　指令周期的基本概念

我们知道,指令和数据从形式上看,它们都是二进制代码,所以对人来说,很难区分出这些代码是指令还是数据。然而 CPU 却能识别这些二进制代码:它能准确地判别出哪些是指令字,哪些是数据字,并将它们送往相应的地方。本节我们将讨论在一些典型的指令周期中,CPU 的各部分是怎样工作的,从而能加深对这一问题的理解和体验。

计算机之所以能自动地工作,是因为 CPU 能从存放程序的内存里取出一条指令并执行这条指令;紧接着又是取指令,执行指令……如此周而复始,构成了一个封闭的循环。除非遇到停机指令,否则这个循环将一直继续下去,其过程如图 5.4 所示。

图 5.4　取指令-执行指令序列

CPU 每取出一条指令并执行这条指令,都要完成一系列的操作,这一系列操作所需的时间通常叫作一个指令周期。换言之指令周期是取出一条指令并执行这条指令的时间。由于各种指令的操作功能不同,因此各种指令的指令周期是不尽相同的。例如,一条加法指令的指令周期,同一条乘法指令的指令周期是不相同的。

指令周期常常用若干个 CPU 周期数来表示,CPU 周期也称为机器周期。由于 CPU 内部的操作速度较快,而 CPU 访问一次内存所花的时间较长,因此通常用内存中读取一个指令字的最短时间来规定 CPU 周期。这就是说,一条指令的取出阶段(通常称为取指)需要一个 CPU 周期时间。而一个周期时间又包含有若干个时钟周期(通常称为节拍脉冲或 T

周期,它是处理操作的最基本单位)。这些时钟周期的总和则规定了一个周期的时间宽度。图 5.5 示出了采用定长周期的指令周期示意图。从这个例子知道,取出和执行任何一条指令所需的最短时间为两个周期。就是说,任何一条指令,它的指令周期至少需要两个周期,而复杂一些的指令,可能需要更多的周期。

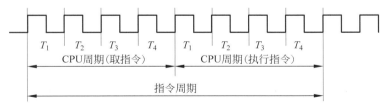

图 5.5 指令周期

表 5.1 列出了由 6 条指令组成的一个简单程序。这 6 条指令是有意安排的,因为它们是非常典型的,既有 RR 型指令,又有 RS 型指令;既有算术逻辑指令,又有访存指令;还有程序转移指令,信息存储采用哈佛结构。我们将在下面通过取出一条指令并执行这条指令的分解动作,来具体认识每条指令的指令周期。

表 5.1 6 条典型指令组成的一个简单程序

	八进制地址	指令助记符	说　明
指令存储器	100		1. 程序执行前$(R_0)=00$,$(R_1)=10$,$(R_2)=20$,$(R_3)=30$
	101	MOV R_0,R_1	2. 传送指令 MOV 执行$(R_1)\rightarrow R_0$
	102	LAD R_1,6	3. 取数指令 LAD 从数存 6 号单元取数(100)
	103	ADD R_1,R_2	4. 加法指令 ADD 执行$(R_1)+(R_2)\rightarrow R_2$,结果为$(R_2)=120$
	104	STO R_2,(R_3)	5. 取数指令 STO 用(R_3)间接寻址,$(R_2)=120$写入数存 30 号单元
	105	JMP 101	6. 转移指令 JMP 改变程序执行顺序到 101 号单元
	106	AND R_1,R_3	7. 逻辑乘 AND 指令执行$(R_1)\cdot(R_3)\rightarrow R_3$
	八进制地址	八进制数据	说　明
数据存储器	5	70	
	6	100	执行 LAD 指令后,数存 6 号单元的数据 100 仍保存在其中
	7	66	
	10	77	
	…	…	
	30	40(120)	执行 STO 指令后,数存 30 号单元的数据由 40 变为 120

5.2.2 MOV 指令的指令周期

MOV 是一条 RR 型指令,其指令周期如图 5.6 所示。它需要两个 CPU 周期,其中取指周期需要一个 CPU 周期,执行周期需要一个 CPU 周期。

取指周期中 CPU 完成三件事:①从指存取出指令;②对程序计数器 PC 加 1,以便为取下一条指令做好准备;③对指令操作码进行译码或测试,以便确定进行什么操作。

执行周期中 CPU 根据对指令操作码的译码或测试,进行指令所要求的操作。对 MOV 指令来说,执行周期中完成两个通用寄存器 R_0、R_1 之间的数据传送操作。由于时间充足,执行周期一般只需要一个 CPU 周期。

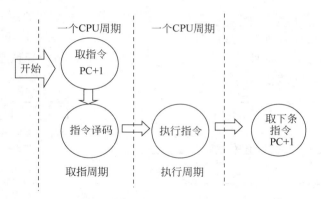

图 5.6　MOV 指令的指令周期

1. 取指周期

第一条指令的取指周期示于图 5.7。我们假定表 5.1 的程序已装入指存中,因而在此阶段内,CPU 的动作如下:

(1) 程序计数器中装入第一条指令地址 101(八进制)。

(2) 程序计数器的内容被放到指令地址总线 ABUS(I)上,对指存进行译码,并启动读命令。

(3) 从 101 号地址读出的 MOV 指令通过指令总线(IBUS)装入指令寄存器 IR。

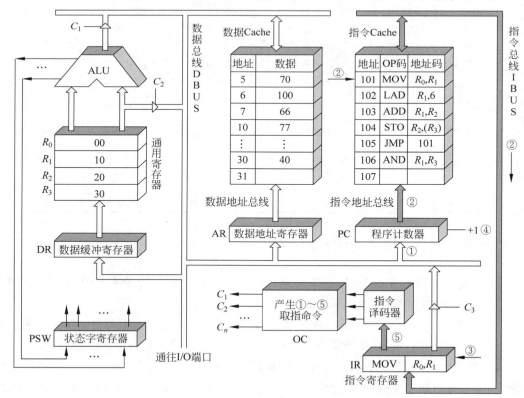

图 5.7　MOV 指令取指周期

（4）程序计数器内容加 1，变成 102，为取下一条指令做好准备。

（5）指令寄存器中的操作码（OP）被译码。

（6）CPU 识别出是 MOV 指令，至此，取指周期即告结束。

2．执行指令阶段（执行周期）

MOV 指令的执行周期示于图 5.8 中，在此阶段，CPU 的动作如下：

（1）操作控制器（OC）送出控制信号到通用寄存器，选择 R_1（10）作源寄存器，选择 R_0 作目标寄存器。

（2）OC 送出控制信号到 ALU，指定 ALU 做传送操作。

（3）OC 送出控制信号，打开 ALU 输出三态门，将 ALU 输出送到数据总线（DBUS）上。注意，任何时候 DBUS 上只能有一个数据。

（4）OC 送出控制信号，将 DBUS 上的数据输入数据缓冲寄存器 DR（10）中。

（5）OC 送出控制信号，将 DR 中的数据 10 输入目标寄存器 R_0 中，R_0 的内容由 00 变为 10。至此，MOV 指令执行结束。

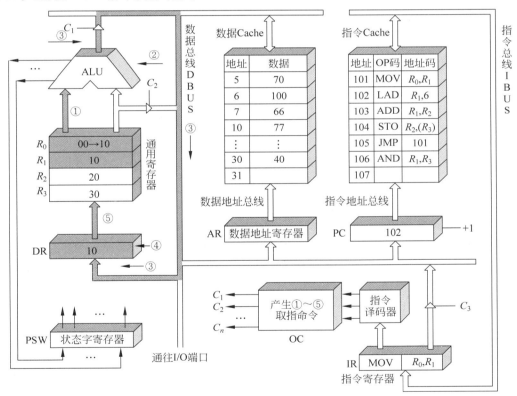

图 5.8 MOV 指令执行周期

5.2.3 LAD 指令的指令周期

LAD 指令是 RS 型指令，它先从指令存储器取出指令，然后从数据存储器 6 号单元取出数据 100 装入通用寄存器 R_1，原来 R_1 中存放的数据 10 被更换成 100。由于一次访问指存,一次访问数存,LAD 指令的指令周期需要 3 个 CPU 周期,如图 5.9 所示。

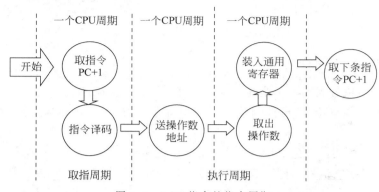

图 5.9   LAD 指令的指令周期

1. 取指周期

在 LAD 指令的取指周期中,CPU 的动作完全与 MOV 指令取指周期中一样(如图 5.7),只是 PC 提供的指令地址为 102,按此地址从指令存储器读出"LDA R_1,6"指令放入 IR 中,然后将 PC+1,使 PC 内容变成 103,为取下条 ADD 指令做好准备。

以下 ADD、STO、JMP 三条指令的取指周期中,CPU 的动作完全与 MOV 指令一样,不再赘述。

2. 执行周期

LAD 指令的执行周期如图 5.10 所示。CPU 执行的动作如下:

(1) 操作控制器(OC)发出控制命令打开 IR 输出三态门,将指令中的直接地址码 6 放到数据总线(DBUS)上。

(2) OC 发出操作命令,将地址码 6 装入数存地址寄存器(AR)。

(3) OC 发出读命令,将数据存储器 6 号单元中的数 100 读出到 DBUS 上。

(4) OC 发出命令,将 DBUS 上的数据 100 装入缓冲寄存器(DR)。

(5) OC 发出命令,将 DR 中的数 100 装入通用寄存器 R_1,原来 R_1 中的数 10 被冲掉。至此,LAD 指令执行周期结束。

注意,数据总线(DBUS)上分时进行了地址传送和数据传送,所以需要 2 个 CPU 周期。

5.2.4   ADD 指令的指令周期

ADD 指令是 RR 型指令,在运算器中用两个寄存器 R_1 和 R_2 的数据进行加法运算。指令周期只需两个 CPU 周期,其中一个是取指周期,与图 5.7 相同。下面只讲执行周期,CPU 完成的动作如图 5.11 所示。

(1) 操作控制器(OC)送出控制命令到通用寄存器,选择 R_1 做源寄存器,R_2 做目标寄存器。

(2) OC 送出控制命令到 ALU,指定 ALU 做 R_1(100)和 R_2(20)的加法操作。

(3) OC 送出控制命令,打开 ALU 输出三态门,运算结果 ALU 放到 DBUS 上。

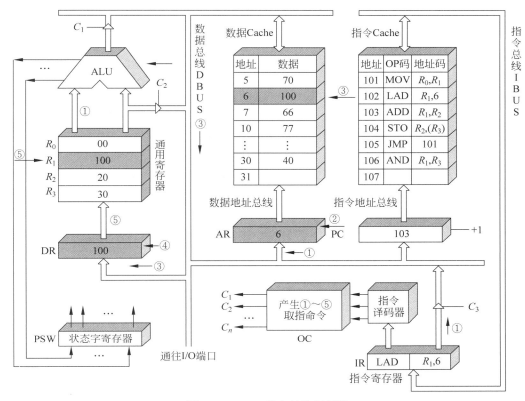

图 5.10　LAD 指令的执行周期

（4）OC 送出控制命令，将 DBUS 上数据输入缓冲寄存器 DR 中，ALU 产生的进位信号保存在状态字寄存器（PSW）中。

（5）OC 送出控制命令，将 DR(120) 装入 R_2，R_2 原来的内容 20 被冲掉。

5.2.5　STO 指令的指令周期

STO 指令是 RS 型指令，它先访问指存取出 STO 指令，然后按 $(R_3)=30$ 地址访问数存，将 $(R_2)=120$ 写入 30 号单元。由于一次访问指存，一次访问数存，因此指令周期需 3 个 CPU 周期，其中执行周期为 2 个 CPU 周期，如图 5.12 所示。

完成的动作如图 5.13 所示。

（1）操作控制器（OC）送出操作命令到通用寄存器，选择 $(R_3)=30$ 做数据存储器的地址单元。

（2）OC 发出操作命令，打开通用寄存器输出三态门（不经 ALU 以节省时间），将地址 30 放到 DBUS 上。

（3）OC 发出操作命令，将地址 30 输入 AR 中并进行数据存储器地址译码。

（4）OC 发出操作命令到通用寄存器，选择 $(R_2)=120$，作为数据存储器的写入数据。

（5）OC 发出操作命令，打开通用寄存器输出三态门，将数据 120 放到 DBUS 上。

（6）OC 发出操作命令，数据写入数据存储器 30 号单元，它原先的数据 40 被冲掉。至此，STO 指令执行周期结束。

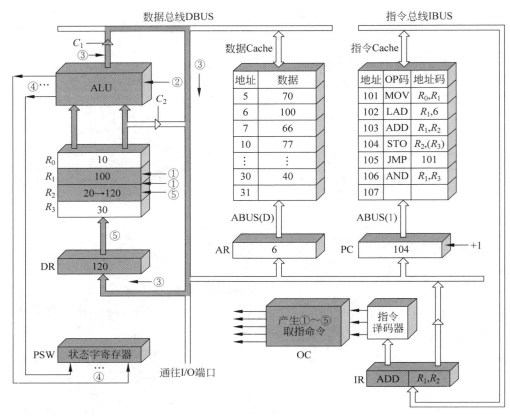

图 5.11　ADD 指令执行周期

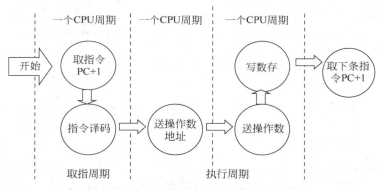

图 5.12　STO 指令的指令周期

注意,DBUS 是单总线结构,先送地址(30),后送数据(120),必须分时传送。

5.2.6　JMP 指令的指令周期

JMP 指令是一条无条件转移指令,用来改变程序的执行顺序。指令周期为两个 CPU 周期,其中取指周期为 1 个 CPU 周期,执行周期为 1 个 CPU 周期。CPU 完成的动作如图 5.14 所示。

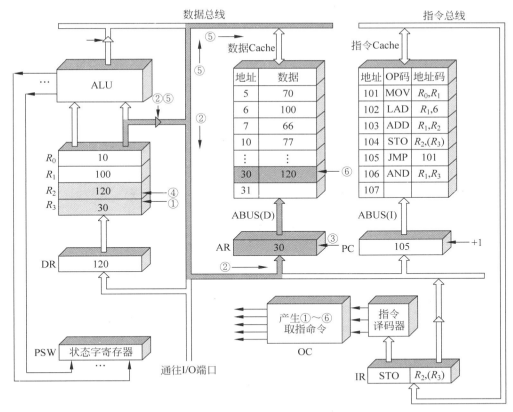

图 5.13 STO 指令执行周期

（1）OC 发生操作控制命令，打开指令寄存器（IR）的输出三态门，将 IR 中的地址码 101 发送到 DBUS 上。

（2）OC 发出操作控制命令，将 DBUS 上的地址码 101 输入程序计数器（PC）中，PC 中的原先内容 106 被更换。于是下一条指令不是从 106 号单元取出，而是转移到 101 号单元取出。至此 JMP 指令执行周期结束。

应当指出，执行"JMP 101"指令时，我们此处所给的五条指令组成的程序进入了死循环，除非人为停机，否则这个程序将无休止地运行下去。当然，我们此处所举的转移地址 101 是随意的，仅仅用来说明转移指令能够改变程序的执行顺序而已。

5.2.7 用方框图语言表示指令周期

我们在上面介绍了 5 条典型指令的指令周期，从而使我们对一条指令的取指过程和执行过程有了一个较深刻的印象。然而我们是通过画示意图或数据通路图来解释这些过程的。之所以这样做，主要是为了教学的目的。但是在进行计算机设计时，如果用这种办法来表示指令周期，那就显得过于繁琐，而且也没有这种必要。

在进行计算机设计时，可以采用方框图语言来表示指令的指令周期。一个方框代表一个 CPU 周期，方框中的内容表示数据通路的操作或某种控制操作。除了方框以外，还需要

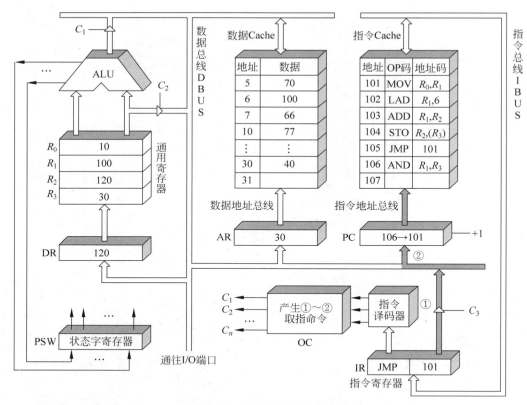

图 5.14 JMP 指令执行周期

一个菱形符号,它通常用来表示某种判别或测试,不过时间上它依附于紧接它的前面一个方框的 CPU 周期,而不单独占用一个 CPU 周期。

我们把前面的 5 条典型指令加以归纳,用方框图语言表示的指令周期示于图 5.15。

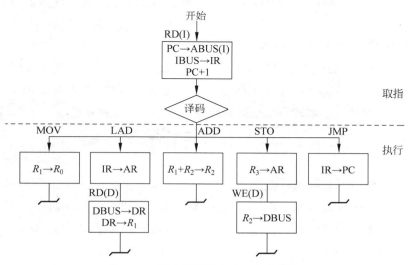

图 5.15 用方框图语言表示指令周期

我们明显地看到,所有指令的取指周期是完全相同的,而且是一个 CPU 周期。但是指令的执行周期,由于各条指令的功能不同,所用的执行周期是各不相同的,其中 MOV、ADD、JMP 指令是一个 CPU 周期；LAD 和 STO 指令是两个 CPU 周期。框图中 DBUS 代表数据总线,ABUS(D)代表数存地址总线,ABUS(I)代表指存地址总线,RD(D)代表数存读命令,WE(D)代表数存写命令,RD(I)代表指存读命令。

图 5.15 中,还有一个"~"符号,我们称它为公操作符号。这个符号表示一条指令已经执行完毕,转入公操作。所谓公操作,就是一条指令执行完毕后,CPU 所开始进行的一些操作,这些操作主要是 CPU 对外围设备请求的处理,如中断处理、通道处理等。如果外围设备没有向 CPU 请求交换数据,那么 CPU 又转向指存取下一条指令。由于所有指令的取指周期是完全一样的,因此,取指令也可认为是公操作。这是因为,一条指令执行结束后,如果没有外设请求,一定转入"取指令"操作。

【例 5.1】 图 5.16 所示为双总线结构机器的数据通路,IR 为指令寄存器,PC 为程序计数器(具有自增功能),M 为主存(受 R/$\overline{W}$ 信号控制),它既存放指令又存放数据,AR 为地址寄存器,DR 为数据缓冲寄存器,ALU 由加、减控制信号决定完成何种操作,控制信号 G 控制的是一个门电路,它相当于两条总线之间的桥。另外,线上标注有小圈表示有控制信号,例中 y_i 表示 Y 寄存器的输入控制信号,R_{1O} 为寄存器 R_1 的输出控制信号,未标字符的线为直通线,不受控制。

（1）"ADD R_2,R_0"指令完成 $(R_2)+(R_0)\to R_0$ 的功能操作,画出其指令周期流程图,假设该指令的地址已放入 PC 中。并列出相应的微操作控制信号序列。

（2）"SUB R_1,R_3"指令完成 $(R_3)-(R_1)\to R_3$ 的功能操作,画出其指令周期流程图,并列出相应的微操作控制信号序列。

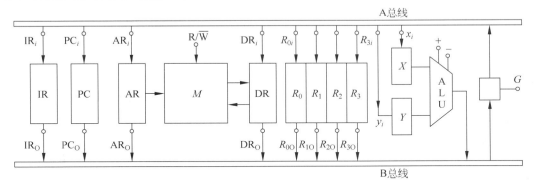

图 5.16 双总线结构机器的数据通路

解： ①"ADD R_2,R_0"指令是一条加法指令,参与运算的两个数放在寄存器 R_2 和 R_0 中,指令周期流程图包括取指令阶段和执行指令阶段两部分(为简单起见,省去了"→"号和左边各寄存器代码上应加的括号)。根据给定的数据通路图,"ADD R_2,R_0"指令的详细指令周期流程图如图 5.17(a)所示,图的右边部分标注了每一个机器周期中用到的微操作控制信号序列。②SUB 减法指令周期流程图如图 5.17(b)所示。

思考题 为了缩短"ADD R_2,R_0"指令的取值周期,修改图 5.17 数据通路,在此基础上画出该指令周期流程图。

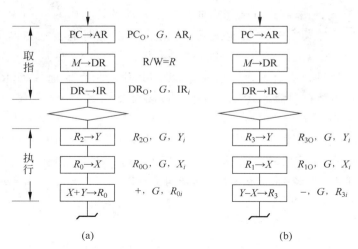

图 5.17　加法和减法指令周期流程

5.3　时序产生器和控制方式

5.3.1　时序信号的作用和体制

在日常生活中,我们学习、工作和休息都有一个严格的作息时间。比如早晨 6:00 起床;8:00～12:00 上课,12:00～14:00 午休……每个教师和学生都必须严格遵守这一规定,在规定的时间里上课,在规定的时间里休息,否则就难以保证正常的教学秩序。

CPU 中也有一个类似“作息时间”的东西,它称为时序信号。计算机之所以能够准确、迅速、有条不紊地工作,正是因为在 CPU 中有一个时序信号产生器。机器一旦被启动,即 CPU 开始取指令并执行指令时,操作控制器就利用定时脉冲的顺序和不同的脉冲间隔,有条理、有节奏地指挥机器的动作,规定在这个脉冲到来时做什么,在那个脉冲到来时又做什么,给计算机各部分提供工作所需的时间标志。为此,需要采用多级时序体制。

让我们再来考虑上一节中提出的一个问题:用二进制码表示的指令和数据都放在内存里,那么 CPU 是怎样识别出它们是数据还是指令呢?事实上,我们通过上一节讲述指令周期后,就自然会得出如下结论:从时间上来说,取指令事件发生在指令周期的第一个 CPU 周期中,即发生在“取指令”阶段,而取数据事件发生在“执行指令”阶段。从空间上来说,如果取出的代码是指令,那么一定送往指令寄存器,如果取出的代码是数据,那么一定送往运算器。由此可见,时间控制对计算机来说是太重要了。

不仅如此,在一个 CPU 周期中,又把时间分为若干个小段,以便规定在这一小段时间中 CPU 干什么,在那一小段时间中 CPU 又干什么,这种时间约束对 CPU 来说是非常必要的,否则就可能造成丢失信息或导致错误的结果。因为时间的约束是如此严格,以至于时间进度既不能来得太早,也不能来得太晚。

总之,计算机的协调动作需要时间标志,而时间标志则是用时序信号来体现的。一般来说,操作控制器发出的各种控制信号都是时间因素(时序信号)和空间因素(部件位置)的函数。如果忽略了时间因素,那么我们学习计算机硬件时往往就会感到困难,这一点请读者加以注意。

组成计算机硬件的器件特性决定了时序信号最基本的体制是电位—脉冲制。这种体制最明显的一个例子,就是当实现寄存器之间的数据传送时,数据加在触发器的电位输入端,而输入数据的控制信号加在触发器的时钟输入端。电位的高低,表示数据是 1 还是 0,而且要求输入数据的控制信号到来之前,电位信号必须已稳定。这是因为,只有电位信号先建立,输入寄存器中的数据才是可靠的。当然,计算机中有些部件,例如算术逻辑运算单元只用电位信号工作就可以了。但尽管如此,运算结果还是要送入通用寄存器,所以最终还是需要脉冲信号来配合。

硬布线控制器中,时序信号往往采用主状态周期—节拍电位—节拍脉冲三级体制。一个节拍电位表示一个 CPU 周期的时间,它表示了一个较大的时间单位;在一个节拍电位中又包含若干个节拍脉冲,以表示较小的时间单位;而主状态周期可包含若干个节拍电位,所以它是最大的时间单位。主状态周期可以用一个触发器的状态持续时间来表示。

在微程序控制器中,时序信号比较简单,一般采用节拍电位—节拍脉冲二级体制。就是说,它只有一个节拍电位,在节拍电位中又包含若干个节拍脉冲(时钟周期)。节拍电位表示一个 CPU 周期的时间,而节拍脉冲把一个 CPU 周期划分成几个较小的时间间隔。根据需要,这些时间间隔可以相等,也可以不相等。

5.3.2　时序信号产生器

前面我们已分析了指令周期中需要的一些典型时序。时序信号产生器的功能是用逻辑电路来实现这些时序。

各种计算机的时序信号产生电路是不尽相同的。一般来说,大型计算机的时序电路比较复杂,而微型机的时序电路比较简单,这是因为前者涉及的操作动作较多,后者涉及的操作动作较少。另一方面,从设计操作控制器的方法来讲,硬连线控制器的时序电路比较复杂,而微程序控制器的时序电路比较简单。然而不管是哪一类,时序信号产生器最基本的构成是一样的。

图 5.18 示出了微程序控制器中使用的时序信号产生器的结构图,它由时钟源、环形脉冲发生器、节拍脉冲和读写时序译码逻辑、启停控制逻辑等部分组成。

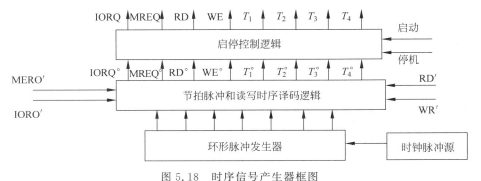

图 5.18　时序信号产生器框图

1. 时钟源

时钟源用来为环形脉冲发生器提供频率稳定且电平匹配的方波时钟脉冲信号。它通常由石英晶体振荡器和与非门组成的正反馈振荡电路组成,其输出送至环形脉冲发生器。

2. 环形脉冲发生器

环形脉冲发生器的作用是产生一组有序的间隔相等或不等的脉冲序列,以便通过译码电路来产生最后所需的节拍脉冲,其启停控制的电路如图 5.19 所示。

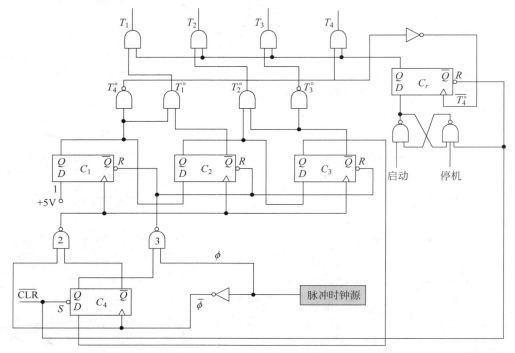

图 5.19　环形脉冲发生器

3. 节拍脉冲和存储器读/写时序

我们假定在一个 CPU 周期中产生四个等间隔的节拍脉冲 $T_1^\circ \sim T_4^\circ$,每个节拍脉冲的脉冲宽度均为 200ns,因此一个 CPU 周期便是 800ns,在下一个 CPU 周期中,它们又按固定的时间关系重复。不过注意,图 5.19 中画出的节拍脉冲信号是 $T_1 \sim T_4$,它们在逻辑关系上与 $T_1^\circ \sim T_4^\circ$ 是完全一致的,是后者经过启停控制逻辑中与门以后的输出,图中忽略了一级与门的时间延迟细节。

存储器读/写时序信号 RD°、WE°用来进行存储器的读/写操作。

在硬连线控制器中,节拍电位信号是由时序产生器本身通过逻辑电路产生的,一个节拍电位持续时间正好包含若干个节拍脉冲。然而在微程序设计的计算机中,节拍电位信号可由微程序控制器提供。一个节拍电位持续时间,通常也是一个 CPU 周期时间。例如图 5.20 中的 RD′、WE′信号持续时间均为 800ns,而一个 CPU 周期也正好是 800ns。关于微程序控制器如何产生节拍电位信号,将留在下一节介绍。

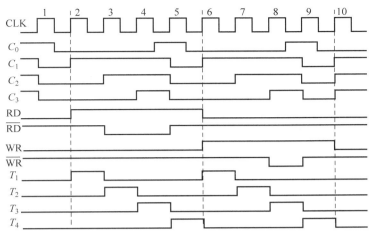

图 5.20 节拍电位与节拍脉冲时序关系图

4. 启停控制逻辑

机器一旦接通电源,就会自动产生原始的节拍脉冲信号 $T_1^\circ \sim T_4^\circ$,然而,只有在启动机器运行的情况下,才允许时序产生器发出 CPU 工作所需的节拍脉冲 $T_1 \sim T_4$。为此需要由启停控制逻辑来控制 $T_1^\circ \sim T_4^\circ$ 的发送。同样,对读/写时序信号也需要由启停逻辑加以控制。图 5.21 给出了启停控制逻辑电路。

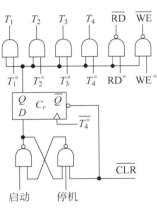

启停控制逻辑的核心是一个运行标志触发器 C_r。当运行触发器为"1"时,原始节拍脉冲 $T_1^\circ \sim T_4^\circ$ 和读/写时序信号 RD°、WE° 通过门电路发送出去,变成 CPU 真正需要的节拍脉冲信号 $T_1 \sim T_4$ 和读/写时序信号 $\overline{\text{RD}}$、$\overline{\text{WE}}$。反之,当运行触发器为"0"时,就关闭时序产生器。

由于启动计算机是随机的,停机也是随机的,为此必须要求:当计算机启动时,一定要从第 1 个节拍脉冲前沿开始工作,而在停机时一定要在第 4 个节拍脉冲结束后关闭时序产生器。只有这样,才能使发送出去的脉冲都是完整的脉冲。图 5.21 中,在 C_r(D 触发器)下面加上一个 RS 触发器,且用 $\overline{T_4^\circ}$ 信号作 C_r 触发器的时钟控制端,那么就可以保证在 T_1 的前沿开启时序产生器,而在 T_4 的后沿关闭时序产生器。

图 5.21 启停控制逻辑

5.3.3 控制方式

从 5.2 节知道,机器指令的指令周期是由数目不等的 CPU 周期组成,CPU 周期的多少反映了指令动作的复杂程度,即操作控制信号的多少。对一个 CPU 周期而言,也有操作控制信号的多少与出现的先后问题。这两种情况综合在一起,说明每条指令和每个操作控制信号所需的时间各不相同。控制不同操作序列时序信号的方法,称为控制器的控制方式。常用的有同步控制、异步控制、联合控制三种方式,其实质反映了时序信号的定时方式。

1．同步控制方式

在任何情况下,指令在执行时所需的机器周期数和时钟周期数都是固定不变的,称为同步控制方式。根据不同情况,同步控制方式可选取如下方案:

(1)采用完全统一的机器周期执行各种不同的指令。这意味着所有指令周期具有相同的节拍电位数和相同的节拍脉冲数。显然,对简单指令和简单的操作来说,将造成时间浪费。

(2)采用不定长机器周期。将大多数操作安排在一个较短的机器周期内完成,对某些时间紧张的操作,则采取延长机器周期的办法来解决。

(3)中央控制与局部控制结合。将大部分指令安排在固定的机器周期完成,称为中央控制,对少数复杂指令(乘、除、浮点运算)采用另外的时序进行定时,称为局部控制。

2．异步控制方式

异步控制方式的特点是:每条指令、每个操作控制信号需要多少时间就占用多少时间。这意味着每条指令的指令周期可由多少不等的机器周期组成;也可以是当控制器发出某一操作控制信号后,等待执行部件完成操作后发回"回答"信号,再开始新的操作。显然,用这种方式形成的操作控制序列没有固定的 CPU 周期数(节拍电位)或严格的时钟周期(节拍脉冲)与之同步。

3．联合控制方式

此为同步控制和异步控制相结合的方式。一种情况是,大部分操作序列安排在固定的机器周期中,对某些时间难以确定的操作则以执行部件的"回答"信号作为本次操作的结束。例如 CPU 访问主存时,依靠其送来的"READY"信号作为读/写周期的结束。另一种情况是,机器周期的节拍脉冲数固定,但是各条指令周期的机器周期数不固定。

5.4　微程序控制器

5.4.1　微程序控制原理

微程序控制器同硬布线控制器相比较,具有规整性、灵活性、可维护性等一系列优点,因而在计算机设计中逐渐取代了早期采用的硬布线控制器,并已被广泛地应用。在计算机系统中,微程序设计技术是利用软件方法来设计硬件的一门技术。

微程序控制的基本思想,就是仿照通常的解题程序的方法,把操作控制信号编成所谓的"微指令",存放到一个只读存储器里。当机器运行时,一条又一条地读出这些微指令,从而产生全机所需要的各种操作控制信号,使相应部件执行所规定的操作。

1．微命令和微操作

一台数字计算机基本上可以划分为两大部分——控制部件和执行部件。控制器就是控制部件,而运算器、存储器、外围设备相对控制器来讲,就是执行部件。那么两者之间是怎样进行联系的呢?

　　控制部件与执行部件的一种联系,就是通过控制线。控制部件通过控制线向执行部件发出各种控制命令,通常把这种控制命令叫作微命令,而执行部件接受微命令后所进行的操作,叫作微操作。

　　控制部件与执行部件之间的另一种联系是反馈信息。执行部件通过反馈线向控制部件反映操作情况,以便使控制部件根据执行部件的"状态"来下达新的微命令,这也叫作"状态测试"。

　　微操作在执行部件中是最基本的操作。由于数据通路的结构关系,微操作可分为相容性和相斥性两种。所谓相容性的微操作,是指在同时或同一个 CPU 周期内可以并行执行的微操作。所谓相斥性的微操作,是指不能在同时或不能在同一个 CPU 周期内并行执行的微操作。

　　图 5.22 示出了一个简单运算器模型,其中 ALU 为算术逻辑单元,R_1、R_2、R_3 为三个寄存器。三个寄存器的内容都可以通过多路开关从 ALU 的 X 输入端或 Y 输入端送至 ALU,而 ALU 的输出可以送往任何一个寄存器或同时送往 R_1、R_2、R_3 三个寄存器。在我们给定的数据通路中,多路开关的每个控制门仅是一个常闭的开关,它的一个输入端代表来自寄存器的信息,而另一个输入端则作为操作控制端。一旦两个输入端都有输入信号时,它才产生一个输出信号,从而在控制线能起作用的一个时间宽度中来控制信息在部件中流动。图中每个开关门由控制器中相应的微命令来控制,例如,开关门 4 由控制器中编号为 4 的微命令控制,开关门 6 由编号为 6 的微命令控制等。三个寄存器 R_1、R_2、R_3 的时钟输入端 1、2、3 也需要加以控制,以便在 ALU 运算完毕而输出公共总线上电平稳定时,将结果输入某一寄存器中。另外,我们假定 ALU 只有 +、-、M(传送)三种操作。C_y 为最高进位触发器,有进位时该触发器状态为"1"。

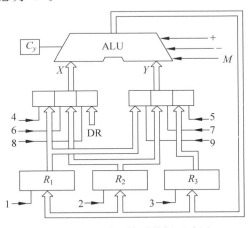

图 5.22　简单运算器数据通路图

　　ALU 的操作(加、减、传送)在同一个 CPU 周期中只能选择一种,不能并行,所以 +、-、M(传送)三个微操作是相斥性的微操作。类似地,4、6、8 三个微操作是相斥性的,5、7、9 三个微操作也是相斥性的。

　　微操作 1、2、3 是可以同时进行的,所以是相容性的微操作。另外,ALU 的 X 输入微操作 4、6、8 分别与 Y 输入微操作 5、7、9 任意两个微操作也都是相容性的。

2. 微指令和微程序

在机器的一个 CPU 周期中,一组实现一定操作功能的微命令的组合,构成一条微指令。

图 5.23 表示一个具体的微指令结构,微指令字长为 23 位,它由操作控制和顺序控制两大部分组成。

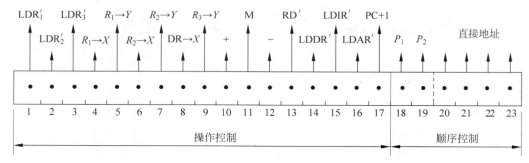

图 5.23　微指令基本格式

操作控制部分用来发出管理和指挥全机工作的控制信号。为了形象直观,在我们的例子中,该字段为 17 位,每一位表示一个微命令。每个微命令的编号同图 5.22 所示的数据通路相对应,具体功能示于微指令格式的左上部。当操作控制字段某一位信息为"1"时,表示发出微命令;而某一位信息为"0"时,表示不发出微命令。例如,当微指令字第 1 位信息为"1"时,表示发出 LDR_1' 的微命令,那么运算器将执行 $ALU \rightarrow R_1$ 的微操作,把公共总线上的信息输入寄存器 R_1 中。同样,当微指令第 10 位信息为"1"时,则表示向 ALU 发出进行"+"的微命令,因而 ALU 就执行"+"的微操作。

注意,图 5.23 中微指令给出的控制信号都是节拍电位信号,它们的持续时间都是一个 CPU 周期。如果要用来控制图 5.22 所示的运算器数据通路,势必会出现问题,因为前面的三个微命令信号(LDR_1'、LDR_2'、LDR_3')既不能来得太早,也不能来得太晚。为此,要求这些微命令信号还要加入时间控制,例如同节拍脉冲 T_4 相与而得到 $LDR_1 \sim LDR_3$ 信号,如图 5.24 右图所示。在这种情况下,控制器最后发给运算器的 12 个控制信号中,3 个是节拍脉冲信号(LDR_1、LDR_2、LDR_3),其他 9 个都是节拍电位信号,从而保证运算器在前 600ns 时间内进行运算。600ns 后运算完毕,公共总线上输出稳定的运算结果,由 LDR_1(或 LDR_2、LDR_3)信号输入相应的寄存器中,其时间关系如图 5.24 所示。

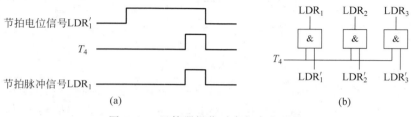

图 5.24　运算器操作时序与产生逻辑

微指令格式中的顺序控制部分用来决定产生下一条微指令的地址。下面我们将会知道,一条机器指令的功能是用许多条微指令组成的序列来实现的,这个微指令序列通常叫作微程序。既然微程序是由微指令组成的,那么当执行当前一条微指令时,必须指出后继微指令的地址,以便当前一条微指令执行完毕后,取出下一条微指令。

决定后继微指令地址的方法不止一种。在我们所举的例子中,由微指令顺序控制字段的 6 位信息来决定。其中 4 位(20~23)用来直接给出下一条微指令的地址。第 18、19 两位作为判别测试标志。当此两位为"00"时,表示不进行测试,直接按顺序控制字段第 20~23位给出的地址取下一条微指令;当第 18 位或第 19 位为"1"时,表示要进行 P_1 或 P_2 的判别测试,根据测试结果,需要对第 20~23 位的某一位或几位进行修改,然后按修改后的地址取下一条微指令。

3. 微程序控制器原理框图

微程序控制器原理框图如图 5.25 所示。它主要由控制存储器、微指令寄存器和地址转移逻辑三大部分组成,其中微指令寄存器分为微地址寄存器和微命令寄存器两部分。

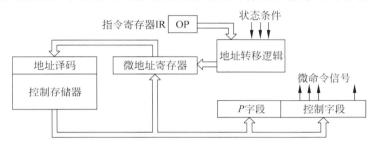

图 5.25 微程序控制器组成原理框图

(1) 控制存储器。控制存储器用来存放实现全部指令系统的微程序,它是一种只读型存储器。一旦微程序固化,机器运行时则只读不写。其工作过程是:每读出一条微指令,则执行这条微指令;接着又读出下一条微指令,又执行这一条微指令……读出一条微指令并执行微指令的时间总和称为一个微指令周期。通常,在串行方式的微程序控制器中,微指令周期就是只读存储器的工作周期。控制存储器的字长就是微指令字的长度,其存储容量视机器指令系统而定,即取决于微程序的数量。对控制存储器的要求是速度快、读出周期要短。

(2) 微指令寄存器。微指令寄存器用来存放由控制存储器读出的一条微指令信息。其中微地址寄存器决定将要访问的下一条微指令的地址,而微命令寄存器则保存一条微指令的操作控制字段和判别测试字段的信息。

(3) 地址转移逻辑。在一般情况下,微指令由控制存储器读出后直接给出下一条微指令的地址,通常我们简称微地址,这个微地址信息就存放在微地址寄存器中。如果微程序不出现分支,那么下一条微指令的地址就直接由微地址寄存器给出。当微程序出现分支时,意味着微程序出现条件转移。在这种情况下,通过判别测试字段 P 和执行部件的"状态条件"反馈信息,去修改微地址寄存器的内容,并按改好的内容去读下一条微指令。地址转移逻辑就承担自动完成修改微地址的任务。

4. 微程序举例

一条机器指令是由若干条微指令组成的序列来实现的。因此,一条机器指令对应着一个微程序,而微程序的总和便可实现整个指令系统。

现在我们举"十进制加法"指令为例,具体看一看微程序控制的过程。

"十进制加法"指令的功能是用 BCD 码来完成十进制数的加法运算。在十进制运算时,当相加二数之和大于 9 时,便产生进位。可是用 BCD 码完成十进制数运算时,当和数大于 9 时,必须对和数进行加 6 修正。这是因为,采用 BCD 码后,在二数相加的和数小于或等于 9 时,十进制运算的结果是正确的;而当二数相加的和数大于 9 时,结果不正确,必须加 6 修正后才能得出正确结果。

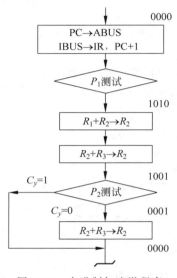

图 5.26 十进制加法微程序

假定指令存放在指存中,数据 a、b 及常数 6 已存放在图 5.22 中的 R_1、R_2、R_3 三个寄存器中,因此,完成十进制加法的微程序流程图示于图 5.26 中。执行周期要求先进行 a+b+6 运算,然后判断结果有无进位:当进位标志 $C_y=1$,不减 6;当 $C_y=0$,减去 6,从而获得正确结果。

我们看到,十进制加法微程序流程图由四条微指令组成,每一条微指令用一个长方框表示。第一条微指令为"取指"周期,它是一条专门用来取机器指令的微指令,任务有三个:一是从内存取出一条机器指令,并将指令放到指令寄存器(IR)中。在我们的例子中,取出的是"十进制加法"指令。二是对程序计数器加 1,做好取下一条机器指令的准备。第三个任务是对机器指令的操作码用 P_1 进行判别测试,然后修改微地址寄存器内容,给出下一条微指令的地址。在我们所示的微程序流程图中,每一条微指令的地址用数字示于长方框的右上角。注意,菱形符号代表判别测试,它的动作依附于第一条微指令。第二条微指令完成 a+b 运算。第三条微指令完成加 6 运算,同时又进行判别测试。不过这一次的判别标志不是 P_1 而是 P_2,P_2 用来测试进位标志 C_y。

根据测试结果,微程序或者转向公操作,或者转向第四条微指令。当微程序转向公操作(用符号~表示)时,如果没有外围设备请求服务,那么又转向取下一条机器指令。与此相对应,第三条微指令和第四条微指令的下一个微地址就又指向第一条微指令,即"取指"微指令。

假设我们已经按微程序流程图编好了微程序,并已事先存放到控制存储器中。同时假定用图 5.22 所示的运算器做执行部件。机器启动时,只要给出控制存储器的首地址,就可以调出所需要的微程序。为此,首先给出第一条微指令的地址 0000,经地址译码,控制存储器选中所对应的"取指"微指令,并将其读到微指令寄存器中。此例采用传统存储模式,并未采用哈佛结构。

第一条微指令的二进制编码是

000	000	000	000	11111	10	0000

在这条微指令中,操作控制字段有五个微命令:第 16 位发出 PC→ABUS(I),将 PC 内容送到指存地址总线 ABUS(I);第 13 位发出指存读命令 RD(I),于是指存执行读操作,从

指存单元取出"十进制加法"指令放到指令总线(IBUS)上,其数据通路可参阅图 5.5。第 15 位发出 LDIR',将 IBUS 上的"十进制加法"指令打入到指令寄存器(IR)。假定"十进制加法"指令的操作码为 1010,那么指令寄存器的 OP 字段现在是 1010。第 17 位发出 PC+1 微命令,使程序计数器加 1,做好取下一条机器指令的准备。

另一方面,微指令的顺序控制字段指明下一条微指令的地址是 0000,但是由于判别字段中第 18 位为 1,表明是 P_1 测试,因此 0000 不是下一条微指令的真正的地址。P_1 测试的"状态条件"是指令寄存器的操作码字段,即用 OP 字段作为形成下一条微指令的地址,于是微地址寄存器的内容修改成 1010。

在第二个 CPU 周期开始时,按照 1010 这个微地址读出第二条微指令,它的二进制编码是

010	100	100	100	00000	00	1001

在这条微指令中,操作控制部分发出如下四个微命令:$R_1 \rightarrow X$、$R_2 \rightarrow Y$、$+$、LDR_2',于是运算器完成 $R_1+R_2 \rightarrow R_2$ 的操作,其数据通路如图 5.22 所示。

与此同时,这条微指令的顺序控制部分由于判别测试字段 P_1 和 P_2 均为零,表示不进行测试,于是直接给出下一条微指令的地址为 1001。

在第三个周期开始时,按照 1001 这个微地址读出第三条微指令,它的二进制编码是

010	001	001	100	00000	01	0000

这条微指令的操作控制部分发出 $R_2 \rightarrow X$、$R_3 \rightarrow Y$、$+$、LDR_2' 四个微命令,运算器完成 $R_2+R_3 \rightarrow R_2$ 的操作。

顺序控制部分由于判别字段中 P_2 为 1,表明进行 P_2 测试,测试的"状态条件"为进位标志 C_y。换句话说,此时微地址 0000 需要进行修改,我们假定用 C_y 的状态来修改微地址寄存器的最后一位:当 $C_y=0$ 时,下一条微指令的地址为 0001;当 $C_y=1$ 时,下一条微指令的地址为 0000。

显然,在测试一个状态时,有两条微指令作为要执行的下一条微指令的"候选"微指令。现在我们假设 $C_y=0$,则要执行的下一条微指令地址为 0001。

在第四个 CPU 周期开始时,按微地址 0001 读出第四条微指令,其二进制编码是

010	001	001	001	0000	00	0000

微指令发出 $R_2 \rightarrow X$、$R_3 \rightarrow Y$、$-$、LDR_2' 四个微命令,运算器完成了 $R_2-R_3 \rightarrow R_2$ 的操作功能。顺序控制部分直接给出下一条微指令的地址为 0000,按该地址取出的微指令是"取指"微指令。

如果第三条微指令进行测试 $C_y=1$ 时,那么微地址仍保持为 0000,将不执行第四条微指令而直接由第三条微指令转向公操作。

当下一个 CPU 周期开始时,"取指"微指令又从内存读出第二条机器指令。如果这条机器指令是 STO 指令,那么经过 P_1 测试,就转向执行 STO 指令的微程序。

以上是由四条微指令序列组成的简单微程序。从这个简单的控制模型中,我们就可以看到微程序控制的主要思想及大概过程。

5. CPU 周期与微指令周期的关系

在串行方式的微程序控制器中,微指令周期等于读出微指令的时间加上执行该条微指令的时间。为了保证整个机器控制信号的同步,可以将一个微指令周期时间设计得恰好和 CPU 周期时间相等。图 5.27 示出了某计算机中 CPU 周期与微指令周期的时间关系。

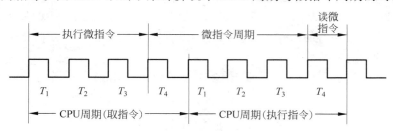

图 5.27　CPU 周期与微指令周期的时间关系

一个 CPU 周期为 $0.8\mu s$,它包含四个等间隔的节拍脉冲 $T_1 \sim T_4$,每个脉冲宽度为 200ns。用 T_4 作为读取微指令的时间,用 $T_1 + T_2 + T_3$ 时间作为执行微指令的时间。例如,在前 600ns 时间内运算器进行运算,在 200ns 时间的末尾运算器已经运算完毕,可用 T_4 上升沿将运算结果输入某个寄存器中。与此同时可用 T_4 间隔读取下条微指令,经时间延迟,下条微指令又从只读存储器读出,并用 T_1 上升沿输入微指令寄存器中。如忽略触发器的翻转延迟,那么下条微指令的微命令信号就从 T_1 上升沿起就开始有效,直到下一条微指令读出后输入微指令寄存器中为止。因此一条微指令的保持时间恰好是 $0.8\mu s$,也就是一个 CPU 周期的时间。

6. 机器指令与微指令的关系

经过上面的讲述,应该说,我们能够透彻地了解机器指令与微指令的关系。也许读者会问:一会儿取机器指令,一会儿取微指令,它们之间到底是什么关系?

现在让我们把前面内容归纳一下,作为对此问题的回答。

第一,一条机器指令对应一个微程序,这个微程序是由若干条微指令序列组成的。因此,一条机器指令的功能是由若干条微指令组成的序列来实现的。简言之,一条机器指令所完成的操作划分成若干条微指令来完成,由微指令进行解释和执行。

第二,从指令与微指令、程序与微程序、地址与微地址的一一对应关系来看,前者与内存储器有关,后者与控制存储器有关。与此相关,也有相对应的硬设备,如图 5.28 所示。

第三,我们在讲述本章 5.2 节时,曾讲述了指令与机器周期概念,并归纳了五条典型指令的指令周期(参见图 5.15)。现在我们看到,图 5.15 就是这五条指令的微程序流程图,每一个 CPU 周期就对应一条微指令。这就告诉我们如何设计微程序,也将使我们进一步体验到机器指令与微指令的关系。

5.4.2　微程序设计技术

我们已经了解了微程序控制器的基本原理。这使我们认识到,如何确定微指令的结构仍是微程序设计的关键。

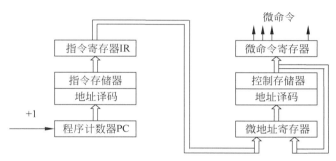

图 5.28 机器指令与微指令的关系

设计微指令结构应当追求的目标是：①有利于缩短微指令字长度；②有利于减小控制存储器的容量；③有利于提高微程序的执行速度；④有利于对微指令的修改；⑤有利于提高设计的灵活性。

1. 微命令编码

微命令编码，就是对微指令中的操作控制字段采用的表示方法。通常有以下三种方法。

（1）直接表示法。采用直接表示法的微指令结构见前面图 5.23，其特点是操作控制字段中的每一位代表一个微命令。这种方法的优点是简单直观，其输出直接用于控制。缺点是微指令字较长，因而使控制存储器容量较大。

（2）编码表示法。又称字段译码表示法。编码表示法是把一组相斥性的微命令信号组成一个小组（即一个字段），然后通过小组（字段）译码器对每一个微命令信号进行译码，译码输出作为操作控制信号，其微指令结构如图 5.29 所示。

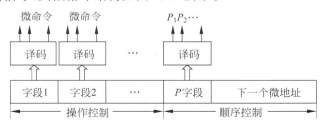

图 5.29 字段译码表示法

采用字段译码的编码方法，可以用较小的二进制信息位表示较多的微命令信号。例如 3 位二进制位译码后可表示 7 个微命令，4 位二进制位译码后可表示 15 个微命令，因为每个译码字段都要留一个"无操作"控制信号。与直接控制法相比，字段译码控制法可使微指令字大大缩短，但由于增加译码电路，使微程序的执行速度稍稍减慢。目前在微程序控制器设计中，字段直接译码法使用较普遍。

（3）混合表示法。这种方法是把直接表示法与字段编码法混合使用，以便能综合考虑微指令字长、灵活性、执行微程序速度等方面的要求。

另外，在微指令中还可附设一个常数字段。该常数可作为操作数送入 ALU 运算，也可作为计数器初值用来控制微程序循环次数。

2. 微地址的形成方式

微指令执行的顺序控制问题，实际上是如何确定下一条微指令的地址问题。通常，产生后继微地址有两种方法。

(1) 计数器方式。这种方法同用程序计数器来产生机器指令地址的方法相类似。在顺序执行微指令时,后继微地址由现行微地址加上一个增量来产生;在非顺序执行微指令时,必须通过转移方式,使现行微指令执行后,转去执行指定后继微地址的下一条微指令。在这种方法中,微地址寄存器通常改为计数器。为此,顺序执行的微指令序列就必须安排在控制存储器的连续单元中。

计数器方式的基本特点是:微指令的顺序控制字段较短,微地址产生机构简单。但是多路并行转移功能较弱,速度较慢,灵活性较差。

(2) 多路转移方式。一条微指令具有多个转移分支的能力称为多路转移。例如,"取指"微指令根据操作码 OP 产生多路微程序分支而形成多个微地址。在多路转移方式中,当微程序不产生分支时,后继微地址直接由微指令的顺序控制字段给出;当微程序出现分支时,有若干"后选"微地址可供选择:即按顺序控制字段的"判别测试"标志和"状态条件"信息息来选择其中一个微地址,其原理如图 5.25 所示。"状态条件"有 1 位标志,可实现微程序两路转移,涉及微地址寄存器的一位;"状态条件"有 2 位标志,可实现微程序 4 路转移,涉及微地址寄存器的两位。依此类推,"状态条件"有 n 位标志,可实现微程序 2^n 路转移,涉及微地址寄存器的 n 位。因此执行转移微指令时,根据状态条件可转移到 2^n 个微地址中的一个。

多路转移方式的特点是,能以较短的顺序控制字段配合,实现多路并行转移,灵活性好,速度较快,但转移地址逻辑需要用组合逻辑方法设计。

【例 5.2】 某计算机的微指令格式如下,运算器示意图如图 5.30 所示,不考虑取指过程,写出如下三条指令执行部分所对应的微程序。

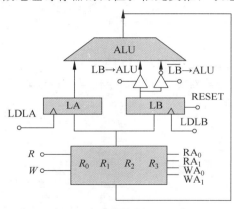

图 5.30 某运算器内部结构

(1) ADD R_0,R_1; $(R_0)+(R_1) \rightarrow R_1$。
(2) SUB R_2,R_3; $(R_3)-(R_2) \rightarrow R_3$。
(3) MOV R_2,R_3; $(R_2) \rightarrow (R_3)$。

RA$_1$ RA$_0$	WA$_1$WA$_0$	R	W	LDLA	LDLB	LB→ALU	$\overline{LB}$→ALU	RESET	～～～

解:

各微信号含义如下。

RA$_1$,RA$_0$:读 $R_0 \sim R_3$ 的选择控制。

WA$_1$,WA$_0$:写 $R_0 \sim R_3$ 的选择控制。

R:寄存器读命令。

W:寄存器写命令。

LDLA:输入 LA 的控制信号。

LDLB:输入 LB 的控制信号。

LB→ALU：传送 LB 的控制信号。

$\overline{\text{LB}}$→ALU：传送 $\overline{\text{LB}}$ 的控制信号,并使加法器最低位加1。

Reset：清暂存器 LB 为 0 的信号。

～～～：一段微程序结束,转入取机器指令的控制信号。

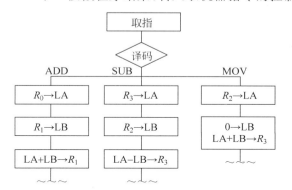

指令	微程序代码	
ADD	① 00　××　10100000	
	② 01　××　10010000	
	③ ××　0 1　01001001	
SUB	④ 11　××　10100000	
	⑤ 10　××　10010000	
	⑥ ××　1 1　01000101	
MOV	⑦ 10　××　10100000	
	⑧ ××　1 1　01001011	

【例 5.3】　微地址寄存器有 6 位($\mu A_5 \sim \mu A_0$),当需要修改其内容时,可通过某一位触发器的强置端 S 将其置"1"。现有三种情况:①执行"取指"微指令后,微程序按 IR 的 OP 字段($IR_3 \sim IR_0$)进行 16 路分支;②执行条件转移指令微程序时,按进位标志 C 的状态进行 2 路分支;③执行控制指令微程序时,按 IR_4、IR_5 的状态进行 4 路分支。请按多路转移方法设计微地址转移逻辑。

解： 按所给设计条件,微程序有三种判别测试,分别为 P_1、P_2、P_3。由于修改 $\mu A_5 \sim \mu A_0$ 内容具有很大灵活性,现分配如下:

(1) 用 P_1 和 $IR_3 \sim IR_0$ 修改 $\mu A_3 \sim \mu A_0$。

(2) 用 P_2 和 C 修改 μA_0。

(3) 用 P_3 和 IR_5、IR_4 修改 μA_5、μA_4。

考虑时间因素 T_4(假设 CPU 周期最后一个节拍脉冲),转移逻辑表达式为

$$\mu A_5 = P_3 \cdot IR_5 \cdot T_4$$
$$\mu A_4 = P_3 \cdot IR_4 \cdot T_4$$
$$\mu A_3 = P_1 \cdot IR_3 \cdot T_4$$
$$\mu A_2 = P_1 \cdot IR_2 \cdot T_4$$
$$\mu A_1 = P_1 \cdot IR_1 \cdot T_4$$
$$\mu A_0 = P_1 \cdot IR_0 \cdot T_4 + P_2 \cdot C \cdot T_4$$

由于从触发器强置端修改,故前 5 个表达式可用"与非"门实现,最后一个用"与或非"门实现。

3. 微指令格式

微指令的编译方法是决定微指令格式的主要因素。考虑到速度、成本等原因,在设计计算机时采用不同的编译法。因此微指令的格式大体分成两类:水平型微指令和垂直型微指令。

1) 水平型微指令

一次能定义并执行多个并行操作微命令的微指令,叫作水平型微指令。水平型微指令的一般格式如下

控制字段	判别测试字段	下地址字段

按照控制字段的编码方法不同,水平型微指令又分为三种:一种是全水平型(不译码法)微指令,第二种是字段译码法水平型微指令,第三种是直接和译码相混合的水平型微指令。

2) 垂直型微指令

微指令中设置微操作码字段,采用微操作码编译法,由微操作码规定微指令的功能,称为垂直型微指令。

垂直型微指令的结构类似于机器指令的结构。它有操作码,在一条微指令中只有 1~2 个微操作命令,每条微指令的功能简单,因此,实现一条机器指令的微程序要比水平型微指令编写的微程序长得多。它是采用较长的微程序结构去换取较短的微指令结构。

下面用 4 条垂直型微指令的微指令格式加以说明。设微指令字长为 16 位,微操作码 3 位。

(1) 寄存器—寄存器传送型微指令。

15　　　　　13	12　　　　　　　　8	7　　　　　　　　3	2　　　0
000	源寄存器编址	目标寄存器编址	其他

其功能是把源寄存器数据送到目标寄存器。13~15 位为微操作码,源寄存器和目标寄存器编址各 5 位,可指定 31 个寄存器。

(2) 运算控制型微指令。

15　　　　　13	12　　　　　　　　8	7　　　　　　　　3	2　　　0
001	左输入源编址	右输入源编址	ALU

其功能是选择 ALU 的左、右两输入源信息,按 ALU 字段所指定的运算功能(8 种操作)进行处理,并将结果送入暂存器中。左、右输入源编址可指定 31 种信息源之一。

(3) 访问主存微指令。

15　　　　13	12　　　　　　8	7　　　　　3	2　　1	0
010	寄存器编址	存储器编址	读写	其他

其功能是将主存中一个单元的信息送入寄存器或者将寄存器的数据送往主存。存储器编址是指按规定的寻址方式进行编址。第 1、2 位指定读操作或写操作(取其之一)。

(4) 条件转移微指令。

15　　　　　13	12　　　　　　　　　　　4	3　　　　0
011	D	测试条件

其功能是根据测试对象的状态决定是转移到 D 所指定的微地址单元,还是顺序执行下一条微指令。9 位 D 字段不足以表示一个完整的微地址,但可以用来替代现行的低位地址。测试条件字段有 4 位,可规定 16 种测试条件。

3）水平型微指令与垂直型微指令的比较

（1）水平型微指令并行操作能力强，效率高，灵活性强，垂直型微指令则较差。

在一条水平型微指令中，设置有控制信息传送通路（控制门）以及进行所有操作的微命令，因此在进行微程序设计时，可以同时定义比较多的并行操作的微命令，来控制尽可能多的并行信息传送，从而使水平型微指令具有效率高及灵活性强的优点。

在一条垂直型微指令中，一般只能完成一个操作，控制一两个信息传送通路，因此微指令的并行操作能力低，效率低。

（2）水平型微指令执行一条指令的时间短，垂直型微指令执行时间长。

因为水平型微指令的并行操作能力强，因此与垂直型微指令相比，可以用较少的微指令数来实现一条指令的功能，从而缩短了指令的执行时间。而且当执行一条微指令时，水平型微指令的微命令一般直接控制对象，而垂直型微指令要经过译码，会影响速度。

（3）由水平型微指令解释指令的微程序，有微指令字较长而微程序短的特点。垂直型微指令则相反，微指令字较短而微程序长。

（4）水平型微指令用户难以掌握，而垂直型微指令与指令比较相似，相对来说，比较容易掌握。

水平型微指令与机器指令差别很大，一般需要对机器的结构、数据通路、时序系统以及微命令很精通才能设计。

垂直型微指令的设计思想在奔腾 4、安腾系列机中得到了应用。

4．动态微程序设计

微程序设计技术还有静态微程序设计和动态微程序设计之分。对应于一台计算机的机器指令只有一组微程序，而且这一组微程序设计好之后，一般无须改变而且也不好改变，这种微程序设计技术称为静态微程序设计。本节前面讲述的内容基本上属于静态微程序设计的概念。

当采用 EEPROM 作为控制存储器时，还可以通过改变微指令和微程序来改变机器的指令系统，这种微程序设计技术称为动态微程序设计。采用动态微程序设计时，微指令和微程序可以根据需要加以改变，因而可在一台机器上实现不同类型的指令系统。

5.5　硬布线控制器

1．基本思想

硬连线控制器是早期设计计算机的一种方法。这种方法是把控制部件看作产生专门固定时序控制信号的逻辑电路，而此逻辑电路以使用最少元件和取得最高操作速度为设计目标。一旦控制部件构成后，除非重新设计和物理上对它重新布线，否则要想增加新的控制功能是不可能的。这种逻辑电路是一种由门电路和触发器构成的复杂树形逻辑网络，故称之为硬连线控制器。

硬连线控制器是计算机中最复杂的逻辑部件之一。当执行不同的机器指令时，通过激活一系列彼此很不相同的控制信号来实现对指令的解释，其结果使得控制器往往很少有明确的结构而变得杂乱无章。结构上的这种缺陷使得硬连线控制器的设计和调试非常复杂且代价很大。正因为如此,硬连线控制器被微程序控制器所取代。但是随着新一代机器及VLSI 技术的发展,硬连线逻辑设计思想又得到了重视。

图 5.31 示出了硬连线控制器的结构方框图。

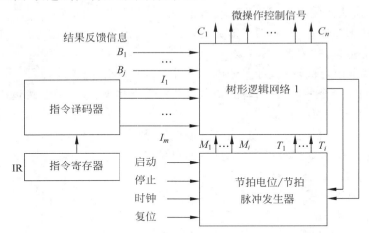

图 5.31　硬连线控制器结构方框图

逻辑网络的输入信号来源有三个:①来自指令操作码译码器的输出 $I_1 \cdots I_m$;②来自执行部件的反馈信息 $B_1 \cdots B_j$;③来自时序产生微操作控制信号器的时序信号,包括节拍电位信号 M 和节拍脉冲信号 T。其中节拍电位信号就是 5.3 节规定的机器周期(CPU 周期)信号,节拍脉冲信号是时钟周期信号。

逻辑网络 N 的输出信号就是微操作控制信号,它用来对执行部件进行控制。另有一些信号则根据条件变量来改变时序发生器的计数顺序,以便跳过某些状态,从而可以缩短指令周期。显然,硬连线控制器的基本原理,归纳起来可叙述为:某一微操作控制信号 C 是指令操作码译码器输出 I_m、时序信号(节拍电位 M_i,节拍脉冲 T_k)和状态条件信号 B_j 的逻辑函数,即

$$C = f(I_m, M_i, T_k, B_j)$$

这个控制信号是用门电路、触发器等许多器件采用布尔代数方法来设计实现的。当机器加电工作时,某一操作控制信号 C 在某条特定指令和状态条件下,在某一序号的特定节拍电位和节拍脉冲时间间隔中起作用,从而激活这条控制信号线,对执行部件实施控制。显然,从指令流程图出发,就可以一个不漏地确定在指令周期中各个时刻必须激活的所有操作控制信号。例如,对引起一次主存读操作的控制信号 C_3 来说,当节拍电位 $M_1 = 1$,取指令时被激活;而节拍电位 $M_4 = 1$,三条指令(LAD、ADD、AND)取操作数时也被激活,此时指令译码器的 LAD、ADD、AND 输出均为 1,因此 C_3 的逻辑表达式可由下式确定

$$C_3 = M_1 + M_4(\text{LAD} + \text{ADD} + \text{AND})$$

一般来说,还要考虑节拍脉冲和状态条件的约束,所以每一个控制信号 C_n 可以由以下形式的布尔代数表达式来确定

$$C_n = \sum (M_i, T_k, B_j, I_m)$$

与微程序控制相比,硬连线控制的速度较快。其原因是微程序控制中每条微指令都要从控存中读取一次,影响了速度,而硬连线控制主要取决于电路延迟。因此在某些超高速新型计算机结构中,又选用了硬连线控制器,或与微程序控制器混合使用。

2. 指令执行流程

我们在介绍微程序控制器时曾提到,一个机器指令对应一个微程序,而一个微指令周期则对应一个节拍电位时间。一条机器指令用多少条微指令来实现,则该条指令的指令周期就包含了多少个节拍电位时间,因而对时间的利用是十分经济的。由于节拍电位是用微指令周期来体现的,因而时序信号比较简单,时序计数器及其译码电路只需产生若干节拍脉冲信号即可。

在用硬连线实现的操作控制器中,通常,时序产生器除了产生节拍脉冲信号外,还应当产生节拍电位信号。这是因为,在一个指令周期中要顺序执行一系列微操作,需要设置若干节拍电位来定时。例如图 5.15 所示五条指令的指令周期,其指令流程可用图 5.32 来表示。

由图 5.32 可知,所有指令的取指周期放在 M_1 节拍。在此节拍中,操作控制器发出微操作控制信号,完成从指令存储器取出一条机器指令。

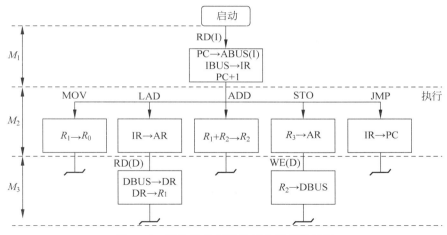

图 5.32　硬连线控制器的指令周期流程图

指令的执行周期由 M_2、M_3 两个节拍来完成。MOV、ADD 和 JMP 指令只需一个节拍(M_2)即可完成。LAD 和 STO 指令需要两个节拍(M_2、M_3)。为了简化节拍控制,指令的执行过程可采用同步工作方式,即各条指令的执行阶段均用最长节拍数 M_3 来考虑。这样,对 MOV、ADD、JMP 三条指令来讲,在 M_3 节拍中没有什么操作。

显然,由于采用同步工作方式,长指令和短指令对节拍时间的利用都是一样的。这对短指令来讲,在时间的利用上是浪费的,因而也降低了 CPU 的指令执行速度,影响到机器的速度指标。为了改变这种情况,在设计短指令流程时可以跳过某些节拍,例如 MOV 指令、ADD 指令和 JMP 指令执行 M_2 节拍后跳过 M_3 节拍而返回 M_1 节拍。当然在这种情况下,节拍信号发生器的电路相应就要复杂一些。

节拍电位信号的产生电路与节拍脉冲产生电路十分类似,它可以在节拍脉冲信号时序器的基础上产生,运行中以循环方式工作,并与节拍脉冲保持同步。

3. 微操作控制信号的产生

在微程序控制器中,微操作控制信号由微指令产生,并且可以重复使用。

在硬连线控制器中,某一微操作控制信号由布尔代数表达式描述的输出函数产生。

设计微操作控制信号的方法和过程是,根据所有的机器指令流程图,寻找出产生同一个微操作信号的所有条件,并与适当的节拍电位和节拍脉冲组合,从而写出其布尔代数表达式并进行简化,然后用门电路或可编程器件来实现。

为了防止遗漏,设计时可按信号出现在指令流程图中的先后次序来书写,然后进行归纳和简化。要特别注意控制信号是电位有效还是脉冲有效,如果是脉冲有效,必须加入节拍脉冲信号进行相"与"。

【例 5.4】　根据图 5.31,写出以下操作控制信号 RD(I)、RD(D)、WE(D)、LDPC、LDIR、LDAR、LDDR、PC+1、LDR_2 的逻辑表达式。其中每个操作控制信号的含义是:

RD(I)——指令存储读命令　　　　RD(D)——数据存储读命令

WE(D)——数据存储写命令　　　　LDPC——输入程序计数器

LDIR——输入指令寄存器　　　　　LDAR——输入数据存储地址寄存器

LDDR——输入数据缓冲寄存器　　　PC+1——程序计数器+1

LDR_2——输入 R_2 寄存器

解: 设 M_1、M_2、M_3 为节拍电位信号,T_1、T_2、T_3、T_4 为一个 CPU 周期中的节拍脉冲信号,MOV、LAD、ADD、STO、JMP 分别表示对应机器指令的 OP 操作码译码输出信号,则有如下逻辑表达式

$RD(I) = M_1$　　　　　　　　(电位信号)

$RD(D) = M_3 LAD$　　　　　　(电位信号)

$WE(D) = M_3 T_3 LAD$　　　　(脉冲信号)

$LDPC = M_1 T_4 + M_2 T_4 JMP$

$LDIR = M_1 T_4$

$LDAR = M_2 T_4 (LAD + STO)$

$LDDR = M_2 T_3 (MOV + ADD) + M_3 T_3 LDA$

$PC+1 = M_1$

$LDR_2 = M_2 T_4 ADD$

5.6　指令流水

计算机自诞生到现在,人们追求的目标之一是很高的运算速度,因此,并行处理技术便成为计算机发展的主流。

早期的计算机基于冯·诺伊曼的体系结构,采用的是串行处理。这种计算机的主要特征是:计算机的各个操作(如读/写存储器,算术或逻辑运算,I/O 操作)只能串行地完成,即任一时刻只能进行一个操作。而并行处理则使得以上各个操作能同时进行,从而大大提高了计算机的速度。

广义地讲,并行性有着两种含义:一是同时性,指两个以上事件在同一时刻发生;二是并发性,指两个以上事件在同一时间间隔内发生。计算机的并行处理技术可贯穿于信息加工的各个步骤和阶段,概括起来,主要有三种形式:①时间并行;②空间并行;③时间并行＋空间并行。

时间并行指时间重叠,在并行性概念中引入时间因素,让多个处理过程在时间上相互错开,轮流重叠地使用同一套硬件设备的各个部分,以加快硬件周转而赢得速度。

时间并行性概念的实现方式就是采用流水处理部件。这是一种非常经济而实用的并行技术,能保证计算机系统具有较高的性能价格比。目前的高性能微型机几乎无一例外地使用了流水技术。

空间并行指资源重复,在并行性概念中引入空间因素,以“数量取胜”为原则来大幅度提高计算机的处理速度。大规模和超大规模集成电路的迅速发展为空间并行技术带来了巨大生机,因而成为目前实现并行处理的一个主要途径。空间并行技术主要体现在多处理器系统和多计算机系统。但是在单处理器系统中也得到了广泛应用。

时间并行＋空间并行指时间重叠和资源重复的综合应用,既采用时间并行性又采用空间并行性。例如,奔腾 CPU 采用了超标量流水技术,在一个机器周期中同时执行两条指令,因而既具有时间并行性,又具有空间并行性。显然,第三种并行技术带来的高速效益是最好的。

5.6.1　指令流水原理

指令流水类似于工厂的装配线,装配线利用了产品在装配的不同阶段其装配过程不同这一特点,使不同产品处在不同的装配段上,即每个装配段同时对不同产品进行加工,这样可大大提高装配效率。将这种装配生产线的思想用到指令的执行上,就引出了指令流水的概念。

完成一条指令实际上也可分为许多阶段。为简单起见,把指令的处理过程分为取指令和执行指令两个阶段,在不采用流水技术的计算机里,取指令和执行指令是周而复始地重复出现,各条指令按顺序串行执行的,如图 5.33 所示。

| 取指令1 | 执行指令1 | 取指令2 | 执行指令2 | 取指令3 | 执行指令3 | … |

图 5.33　指令的串行执行

图 5.33 中取指令的操作可由指令部件完成,执行指令的操作可由执行部件完成。进一步分析发现,这种顺序执行虽然控制简单,但执行中各部件的利用率不高,如指令部件工作时,执行部件基本空闲,而执行部件工作时,指令部件基本空闲。如果指令执行阶段不访问主存,则完全可以利用这段时间取下一条指令,这样就使取下一条指令的操作和执行当前指令的操作同时进行,如图 5.34 所示,这就是两条指令的重叠,即指令的二级流水。

由指令部件取出一条指令,并将它暂存起来,如果执行部件空闲,就将暂存的指令传送给执行部件执行。与此同时,指令部件又

图 5.34　指令的二级流水

可取出下一条指令并暂存起来,这称为指令预存。显然,这种工作方式能加速指令的执行。如果取指和执行阶段在时间上完全重叠,相当于将指令周期减半。然而进一步分析流水线,就会发现两个原因使得执行效率加倍是不可能的。

(1)指令的执行时间一般大于取指时间,因此,取指阶段可能要等待一段时间,也即存放在指令部件缓冲区的指令还不能立即传给执行部件,缓冲区不能空出。

(2)当遇到条件转移指令时,下一条指令是不可知的,因为必须等到执行阶段结束后,才能获知条件是否成立,从而决定下条指令的地址,造成时间损失。

通常为了减少时间损失,采用猜测法,即当条件转移指令从取指阶段进入执行阶段时,指令部件仍按顺序预取下一条指令。这样,如果条件不成立,转移没有发生,则没有时间损失;若条件成立,转移发生,则所取的指令必须丢掉,并再取新的指令。

尽管这些因素降低了两级流水线的潜在效率,但还是可以获得一定程度的加速。为了进一步提高处理速度,可将指令的处理过程分解为更细的几个阶段。

取指令(IF):从存储器取出一条指令并暂时存入指令部件的缓冲区。

指令译码(ID):确定操作性质和操作数地址的形成方式。

计算操作数地址(CO):计算操作数的有效地址,涉及寄存器间接寻址、间接寻址、变址、基址、相对寻址等各种地址计算方式。

取操作数(FO):从存储器中取操作数(若操作数在寄存器中,则无须此阶段)。

执行指令(EI):执行指令所需的操作,并将结果存于目的位置(寄存器中)。

写操作数(WO):将结果存入存储器。

为了说明方便起见,假设上述各段的时间都是相等的(即每段都为一个时间单元),于是可得表5.2所示的指令六级流水时序。在这个流水线中,处理器有6个操作部件,同时对6条指令进行加工,加快了程序的执行速度。

图中9条指令若不采用流水线技术,最终出结果需要54个时间单元,采用六级流水只需要14个时间单元就可出最后结果,大大提高了处理器速度。当然,图中假设每条指令都经过流水线的6个阶段,但事实并不总是这样。例如,取数指令并不需要WO阶段。此外,这里还假设不存在存储器访问冲突,所有阶段均并行执行。如IF、FO和WO阶段都涉及存储器访问,如果出现冲突就无法并行执行,表5.2示意了所有这些访问都可以同时进行,但多数存储系统做不到这点,从而影响了流水线的性能。

表 5.2　指令六级流水时序

指令	时　钟													
	1	2	3	4	5	6	7	8	9	10	11	12	13	14
指令1	IF	ID	CO	FO	EI	WO								
指令2		IF	ID	CO	FO	EI	WO							
指令3			IF	ID	CO	FO	EI	WO						
指令4				IF	ID	CO	FO	EI	WO					
指令5					IF	ID	CO	FO	EI	WO				
指令6						IF	ID	CO	FO	EI	WO			
指令7							IF	ID	CO	FO	EI	WO		
指令8								IF	ID	CO	FO	EI	WO	
指令9									IF	ID	CO	FO	EI	WO

还有一些其他因素也会影响流水线性能,例如,6个阶段时间不等或遇到转移指令,都会出现讨论二级流水时出现的问题。

5.6.2 影响流水线性能的因素

要使流水线具有良好的性能,必须设法使流水线能畅通流动,即必须做到充分流水,不发生断流。但通常由于在流水过程中会出现三种相关,使流水线不断流实现起来很困难,这三种相关是结构相关、数据相关和控制相关。

结构相关是当多条指令进入流水线后,硬件资源满足不了指令重叠执行的要求时产生的。数据相关是指令在流水线中重叠执行时,当后继指令需要用到前面指令的执行结果时发生的。控制相关是当流水线遇到分支指令和其他改变PC值的指令时引起的。

为了讨论方便起见,假设流水线由5段组成,它们分别是取指令(IF)、指令译码/读寄存器(ID)、执行/访存有效地址计算(EX)、存储器访问(MEM)、结果写回寄存器(WB)。

不同类型指令在各流水段的操作是不同的,表5.3列出了ALU类指令、访存类(取数、存数)指令和转移类指令在各流水段中所进行的操作。

下面分析上述三种相关对流水线工作的影响。

表5.3 不同类型指令在各流水段中所进行的操作

流水段	指令		
	ALU	取/存	转移
IF	取指	取指	取指
ID	译码读寄存器堆	译码读寄存器堆	译码读寄存器堆
EX	执行	计算访存有效地址	计算转移目标地址,设置条件码
MEM	——	访存(读/写)	若条件成立则转移目标地址送PC
WB	结果写回寄存器堆	将读出的数据写入寄存器堆	——

1. 结构相关

结构相关是当指令在重叠执行过程中,不同指令争用同一功能部件产生资源冲突时产生的,故又有资源相关之称。

通常,大多数机器都是将指令和数据保存在同一存储器中,且只有一个访问口,如果在某个时钟周期内,流水线既要完成某条指令对操作数的存储器访问操作,又要完成另一条指令的取指操作,这就会发生访存冲突。如表5.4中,在第4个时钟周期,第 i 条指令(LOAD)的MEM段和第 $i+3$ 条指令的IF段发生了访存冲突。解决冲突的方法可以让流水线在完成前一条指令对数据的存储器访问时,暂停(一个时钟周期)取后一条指令的操作,如表5.5所示。当然,如果第 i 条指令不是LOAD指令,在MEM段不访存,也就不会发生访存冲突。

表5.4 两条指令同时访存造成结构相关冲突

指令	时钟							
	1	2	3	4	5	6	7	8
LOAD指令	IF	ID	EX	MEM	WB			
指令 $i+1$		IF	ID	EX	MEM	WB		

续表

指　　令	时　　钟							
	1	2	3	4	5	6	7	8
指令 $i+2$			IF	ID	EX	MEM	WB	
指令 $i+3$				IF	ID	EX	MEM	WB
指令 $i+4$					IF	ID	EX	MEM

解决访存冲突的另一种方法是设置两个独立的存储器分别存放操作数和指令，以免取指令和取操作数同时进行时互相冲突，使取某条指令和取另一条指令的操作数实现时间上的重叠。还可以采用指令预取技术，例如，在 CPU(8086)中设置指令队列，将指令预先取到指令队列中排队。指令预取技术的实现基于访存周期很短的情况，例如，在执行指令阶段，取数时间很短，因此在执行指令时，主存会有空闲，此时，只要指令队列空出，就可取下一条指令，并放至空出的指令队列中，从而保证在执行第 K 条指令的同时对第 $K+1$ 条指令进行译码，实现"执行 K"与"分析 $K+1$"的重叠。

表 5.5　解决访存冲突的一种方案

指　　令	时　　钟								
	1	2	3	4	5	6	7	8	9
LOAD 指令	IF	ID	EX	MEM	WB				
指令 $i+1$		IF	ID	EX	MEM	WB			
指令 $i+2$			IF	ID	EX	MEM	WB		
指令 $i+3$				停顿	IF	ID	EX	MEM	
指令 $i+4$						IF	ID	EX	MEM

2．数据相关

数据相关是流水线中的各条指令因重叠操作，可能改变对操作数的读写访问顺序，从而导致了数据相关冲突。例如，流水线要执行以下两条指令

ADD R_1,R_2,R_3;　　$(R_2)+(R_3)\longrightarrow R_1$

SUB R_4,R_1,R_5;　　$(R_1)+(R_5)\longrightarrow R_4$

这里第二条 SUB 指令中 R_1 的内容必须是第一条 ADD 指令的执行结果。可见正常的读写顺序是先由 ADD 指令写入 R_1，再由 SUB 指令来读 R_1。在非流水线时，这种先写后读的顺序是自然维持的。但在流水线时，由于重叠操作，使读写的先后顺序关系发生了变化，如表 5.6 所示。

表 5.6　ADD 和 SUB 指令发生先写后读(RAW)的数据相关冲突

指　　令	时　　钟					
	1	2	3	4	5	6
ADD	IF	ID	EX	MEM	WB(写 R_1)	
SUB		IF	ID(读 R_1)	EX	MEM	WB

由表 5.6 可见，在第 5 个时钟周期，ADD 指令方可将运算结果写入 R_1，但后继 SUB 指令在第 3 个时钟周期就要从 R_1 中读数，使先写后读的顺序改变为先读后写，发生了先写后读(RAW)的数据相关冲突。如果不采取相应的措施，按表 5.6 的读写顺序，就会使操作结果出错。解决这种数据相关的方法可以采用后推法，即遇到数据相关时，就停顿后继指令的

运行,直至前面指令的结果已经生成。例如,流水线要执行下列指令序列

$$\text{ADD} \quad R_1,R_2,R_3; \quad (R_2)+(R_3) \longrightarrow R_1$$

$$\text{SUB} \quad R_4,R_1,R_5; \quad (R_1)+(R_5) \longrightarrow R_4$$

$$\text{ADD} \quad R_6,R_1,R_7; \quad (R_1) \text{ AND } (R_7) \longrightarrow R_6$$

$$\text{OR} \quad R_8,R_1,R_9; \quad (R_1) \text{ OR}(R_9) \longrightarrow R_8$$

$$\text{XOR} \quad R_{10},R_1,R_{11}; \quad (R_1)+(R_{11}) \longrightarrow R_{10}$$

其中,第一条指令将向 R_1 寄存器写入操作结果,后继的 4 条指令都要使用 R_1 中的值作为一个源操作数,显然,这时就出现了前述的 RAW 数据相关。表 5.7 列出了未对数据相关进行特殊处理的流水线,表中 ADD 指令在 WB 段才将计算结果写入寄存器 R_1 中,但 SUB 指令在其 ID 段就要从寄存器 R_1 中读取该计算结果。同样,AND 指令、OR 指令也要受到这种相关关系的影响。对于 XOR 指令,由于其 ID 段(第 6 个时钟周期)在 ADD 指令的 WB 段(第 5 个时钟周期)之后,因此可以正常操作。

表 5.7 未对数据相关进行特殊处理的流水线

指　令	时　钟								
	1	2	3	4	5	6	7	8	9
ADD	IF	ID	EX	MEM	WB				
SUB		IF	ID	EX	MEM	WB			
AND			IF	ID	EX	MEM	WB		
OR				IF	ID	EX	MEM	WB	
XOR					IF	ID	EX	MEM	WB

如果采用后推法,即将相关指令延迟到所需操作数被写回到寄存器后再执行的方式,就可解决这种数据相关冲突,其流水线如表 5.8 所示。显然这将要使流水线停顿 3 个时钟周期。

表 5.8 对数据相关进行特殊处理的流水线

指令	时　钟											
	1	2	3	4	5	6	7	8	9	10	11	12
ADD	IF	ID	EX	MEM	WB							
SUB		IF				ID	EX	MEM	WB			
AND			IF				ID	EX	MEM	WB		
OR				IF				ID	EX	MEM	WB	
XOR					IF				ID	EX	MEM	WB

另一种解决方法是采用定向技术,又称为旁路技术或相关专用通路技术。其主要思想是不必待某条指令的执行结果送回到寄存器后,再从寄存器中取出该结果,作为下一条指令的源操作数,而是直接将执行结果送到其他指令所需要的地方。上述 5 条指令序列中,实际上要写入 R_1 的 ADD 指令在 EX 段的末尾处已形成,如果设置专用通路技术,将此时产生的结果直接送往需要它的 SUB、AND 和 OR 指令的 EX 段,就可以使流水线不发生停顿。显然,此时要对 3 条指令进行定向传送操作。图 5.35 示出了带有旁路技术的 ALU 执行部件。图中有两个暂存器,当 AND 指令将进入 EX 段时,ADD 指令的执行结果已存入暂存器 2,SUB 指令的执行结果已存入暂存器 1,而暂存器 2 的内容(存放送往 R_1 的结果)可通过

旁路通道,经多路开关送到 ALU 中。这里的定向传送仅发生在 ALU 内部。

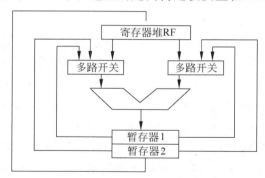

图 5.35　带有旁路技术的 ALU 执行部件

根据指令间对同一寄存器读和写操作的先后次序关系,数据相关冲突可分为写后读相关(Read After Write,RAW)、读后写相关(Write After Read,WAR)和写后写相关(Write After Write,WAW)。例如有 i 和 j 两条指令,i 指令在前,j 指令在后,则三种不同类型的数据相关含义如下。

(1) 写后读相关:指令 j 试图在指令 i 写入寄存器前就读出该寄存器内容,这样,指令 j 就会错误地读出该寄存器旧的内容。

(2) 读后写相关:指令 j 试图在指令 i 读出寄存器之前就写入该寄存器,这样,指令 i 就错误地读出该寄存器新的内容。

(3) 写后写相关:指令 j 试图在指令 i 写入寄存器之前就写入该寄存器,这样,两次写的先后次序被颠倒,就会错误地使由指令 i 写入的值成为该寄存器的内容。

上述三种数据相关在按序流动的流水线中,只可能出现 RAW 相关。在非按序流动的流水线中,由于允许后进入流水线的指令超过先进入流水线的指令而先流出流水线,则既可能发生 RAW 相关,还可能发生 WAR 和 WAW 相关。

3. 控制相关

控制相关主要是由转移指令引起的。统计表明,转移指令约占总指令的 1/4 左右,比起数据相关,它会使流水线丧失更多的性能。当转移发生时,将使流水线的连续流动受到破坏。当执行转移指令时,根据是否发生转移,它可能将 PC 内容改变成转移目标地址,也可能只是使 PC 加上一个增量,指向下一条指令的地址。表 5.9 示意了条件转移的效果。这里使用了和表 5.2 相同的程序,并假设指令 3 是一条条件转移指令,即指令 3 必须待指令 2 的结果出现后(第 7 个时间单元)才能决定下一条指令是 4(条件不满足)还是 15(条件满足)。由于结果无法预测,此流水线继续预取指令 4,并向前推进。当最后结果满足条件时,发现对第 4、5、6、7 条指令所做的操作全部报废。在第 8 个时间单元,指令 15 进入流水线。在时间单元 9~12 之间没有指令完成,这就是由于不能预测转移条件而带来的性能损失。而表 5.2 中因转移条件不成立,未发生转移,得到了较好的流水线性能。

为了解决控制相关,可以采用尽早判别转移是否发生,尽早生成转移目标地址;预取转移成功或不成功两个控制流方向上的目标指令;加快和提前形成条件码;提高转移方向的猜准率等方法。

表 5.9　条件转移对指令流水操作的影响

指令	时　钟													
	1	2	3	4	5	6	7	8	9	10	11	12	13	14
指令 1	IF	ID	CO	FO	EI	WO								
指令 2		IF	ID	CO	FO	EI	WO							
指令 3			IF	ID	CO	FO	EI	WO						
指令 4				IF	ID	CO	FO							
指令 5					IF	ID	CO							
指令 6						IF	ID							
指令 7							IF							
指令 8								IF	ID	CO	FO	EI	WO	
指令 9									IF	ID	CO	FO	EI	WO

5.6.3　流水线性能

流水线性能通常用吞吐率、加速比和效率 3 项指标来衡量。

1. 吞吐率

在指令级流水线中,吞吐率是指单位时间内流水线所完成指令或输出结果的数量。吞吐率又有最大吞吐率和实际吞吐率之分。

最大吞吐率是指流水线在连续流动达到稳定状态(参见表 5.2 第 6～9 个时间单元,流水线中各段都处于工作状态)后所获得的吞吐率。对于 m 段的指令流水线而言,若各段的时间均为 Δt,则最大吞吐率为

$$T_{p\max} = \frac{1}{\Delta t}$$

流水线仅在连续流动时才可达到最大吞吐率。实际上由于流水线在开始时有一段建立时间(第一条指令输入后到其完成的时间),结束时有一段排空时间(最后一条指令输入后到其完成的时间),以及由于各种相关因素使流水线无法连续流动,因此,实际吞吐率总是小于最大吞吐率。

实际吞吐率是指流水线完成 n 条指令的实际吞吐率。对于 m 段的指令流水线,若各段的时间均为 Δt,连续处理 n 条指令,除第一条指令需 $m \cdot \Delta t$ 外,其余 $n-1$ 条指令,每隔 Δt 就有一个结果输出,即总共需 $m \cdot \Delta t + (n-1)\Delta t$ 时间,故实际吞吐率为

$$T_p = \frac{n}{m\Delta t + (n-1)\Delta t} = \frac{1}{\Delta t[1 + (m-1)/n]} = \frac{T_{p\max}}{1 + (m-1)/n}$$

仅当 $n \gg m$ 时,才会有 $T_p \approx T_{p\max}$。

表 5.2 所示的六级流水线中,设每段时间为 Δt,其最大吞吐率 $\frac{1}{\Delta t}$,完成 9 条指令的实际吞吐率为 $\frac{9}{6\Delta t + (9-1)\Delta t}$。

2. 加速比

流水线的加速比是指 m 段流水线的速度与等功能的非流水线的速度之比。如果流水线各段时间均为 Δt,则完成 n 条指令在 m 段流水线上共需 $T = m\Delta t + (n-1)\Delta t$ 时间。而

在等效的非流水线上所需时间为 $T'=nm\Delta t$。故加速比 S_p 为

$$S_p = \frac{nm\Delta t}{m\Delta t + (n-1)\Delta t} = \frac{nm}{m+n-1} = \frac{m}{1+(m-1)/n}$$

可以看出，在 $n \gg m$ 时，S_p 接近于 m，即当流水线各段时间相等时，其最大加速比等于流水线的段数。

3. 效率

效率是指流水线中各功能段的利用率。由于流水线有建立时间和排空时间，因此各功能段的设备不可能一直处于工作状态，总有一段空闲时间。图 5.36 是 4 段（$m=4$）流水线的时空图，各段时间相等，均为 Δt。图中 $nm\Delta t$ 是流水线各段处于工作时间的时空区，而流水线中各段总的时空区是 $m(m+n-1)\Delta t$。通常用流水线各段处于工作时间的时空区与流水线中各段总的时空区之比来衡量流水线的效率。用公式表示为

$$E = \frac{nm\Delta t}{m(m+n-1)\Delta t} = \frac{n}{m+n-1} = \frac{S_p}{m} = T_p \Delta t$$

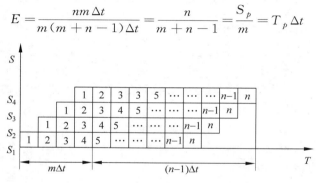

图 5.36　各段时间相等的流水线时空图

【例 5.5】　假设指令流水线分取指（IF）、译码（ID）、执行（EX）、回写（WR）4 个过程段，共有 10 条指令连续输入此流水线。

（1）画出指令周期流程。

（2）画出非流水线时空图。

（3）画出流水线时空图。

（4）假设时钟周期为 100ns，求流水线的实际吞吐率。

（5）求该流水处理器的加速比。

解：（1）指令周期包括 IF、ID、EX、WR 这 4 个子过程，图 5.37（a）为指令周期流程图。

（2）非流水线时空图如图 5.37（b）所示。假设一个时间单位为一个时钟周期，每隔 4 个时钟周期才有一个输出结果。

（3）流水线时空图如图 5.37（c）所示。图中可见，第一条指令出结果需要 4 个时钟周期。当流水线满载时，以后每个时钟周期可以出一个结果，即执行完一条指令。

（4）如图 5.37 所示，若有 10 条指令进入流水线，在 13 个时钟周期结束时，CPU 执行完10 条指令，故实际吞吐率为

$$10/(100\text{ns} \times 13) \approx 0.77 \times 10^7 (\text{条指令/秒})$$

（5）在流水处理器中，当任务饱满时，指令不断输入流水线，不论是几级流水线，每隔一个时钟周期都输出一个结果。对于本题四级流水线而言，处理 10 条指令所需的时钟周期数为 $T_4 = 4 + (10-1) = 13$，而非流水线处理 10 条指令需 $4 \times 10 = 40$ 个时钟周期，故该流水处

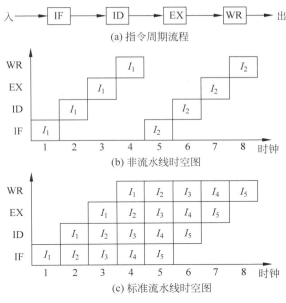

(a) 指令周期流程

(b) 非流水线时空图

(c) 标准流水线时空图

图 5.37 例 5.5 题答图

理器的加速比为 $40/13 \approx 3.08$。

5.6.4 流水线中的多发技术

流水线技术使计算机系统结构产生重大革新,为了进一步发展,除了采用好的指令调度算法、重新组织指令执行顺序、降低相关带来的干扰以及优化编译外,还可开发流水线中的多发技术,设法在一个时钟周期(机器主频的倒数)内,产生更多条指令的结果。常见的多发技术有超标量技术、超流水线技术和超长指令字技术。假设处理一条指令分 4 个阶段:取指(IF)、译码(ID)、执行(EX)和回写(WR)。图 5.38 是三种多发技术与普通四级流水线的比较,其中图 5.38(a)为普通四级流水线,一个时钟周期出一个结果。

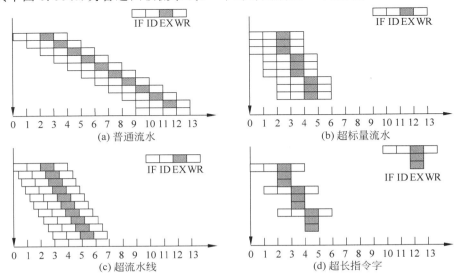

图 5.38 四种流水技术的比较

1．超标量技术

超标量技术(Super Scalar)如图 5.38(b)所示。它是指在每个时钟周期内可同时并发多条独立指令,即以并行操作方式将两条或两条以上(图中所示为 3 条)指令编译并执行。

要实现超标量技术,要求处理机中配置多个功能部件和指令译码电路,以及多个寄存器端口和总线,以便能实现同时执行多个操作,此外还要编译程序决定哪几条相邻指令可并行执行。

例如,下面两个程序段

程序段 1   程序段 2

MOV   BL,8   INC   AX

ADD   AX,1756H   ADD   AX,BX

ADD   CL,4EH   MOV   DS,AX

左边程序段中的 3 条指令是互相独立的,不存在数据相关,可实现指令级并行。右边程序段中的 3 条指令存在数据相关,不能并行执行。超标量计算机不能重新安排指令的执行顺序,但可以通过编译优化技术,在高级语言翻译成机器语言时精心安排,把能并行执行的指令搭配起来,挖掘更多的指令并行性。

2．超流水线技术

超流水线(Super Pipe Lining)技术是将一些流水线寄存器插入到流水线段中,好比将流水线再分段,如图 5.38(c)所示。图中将原来的一个时钟周期又分成 3 段,使超流水线的处理器周期比普通流水线的处理器周期短,如图 5.38(a)所示,这样,在原来的时钟周期内,功能部件被使用 3 次,使流水线以 3 倍于原来时钟频率的速度运行。与超标量计算机一样,硬件不能调整指令的执行顺序,靠编译程序解决优化问题。

5.6.5 流水线结构

1．指令流水线结构

指令流水线是将指令的整个执行过程用流水线进行分段处理,典型的指令执行过程分为"取指令—指令译码—形成地址—取操作数—执行指令—回写结果—修改指令指针"这几个阶段,与此相对应的指令流水线结构由图 5.39 所示的几个部件组成。

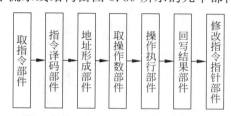

图 5.39 指令流水线结构框图

指令流水线对机器性能的改善程度取决于把处理过程分解成多少个相等的时间段数。如上述共分 7 段,若每一段需要一个时钟周期,则当不采用流水技术时,需 7 个时钟周期出一个结果。采用流水线后,假设流水线不出现断流(如遇到转移指令),则除第一条指令需7个时钟周期出结果外,以后所有的指令都是一个时钟周期出一个结果。因此,在理想的情况下(流水线不断流),该流水线的速度约提高到7倍。

2. 运算流水线

上述讨论的指令流水线是指令级的流水技术,实际上流水技术还可用于部件级。例如,浮点加法运算,可以分成"对阶""尾数加""结果规格化"3段,每一段都有一个专门的逻辑电路完成操作,并将其结果保存在锁存器中,作为下一段的输入。如图5.40所示,当对阶完成后,将结果存入锁存器,便又可进入下一条指令的对阶运算。

若执行浮点乘运算也按浮点加运算那样分段,即分成阶码运算、尾数乘和结果规格化三级流水线,就不够合理。因为尾数乘所需的时间比阶码运算和规格化操作长得多,而且尾数乘可以和阶码运算同时进行,因此,尾数乘本身就可以用流水线。

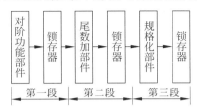

图5.40　浮点加运算操作流水线

由图5.40可见,流水线相邻两段在执行不同的操作,因此在相邻两段之间必须设置锁存器或寄存器,以保证在一个时钟周期内流水线的输入信号不变。这一指导思想也适用于指令流水。此外,只有当流水线各段工作饱满时,才能发挥最大作用。上例中如果浮点运算没有足够的数据来源,那么流水线中的某些段甚至全部段都处于空闲状态,使流水线的作用没有充分发挥。因此具体是否采用流水线技术以及在计算机的哪一部分采用流水线技术需根据情况而定。

5.6.6　奔腾 CPU

1. 奔腾的技术性能

奔腾是 Intel 公司生产的超标量流水处理器,早期使用5V工作电压,后期使用3.3V工作电压。CPU 的主频是片外主总线时钟频率(60MHz 或 66MHz)的倍频,有 120MHz、166MHz、200MHz 等多种。

CPU 内部的主要寄存器宽度为32位,故认为它是一个32位微处理器。但它通向存储器的外部数据总线宽度为64位,每次总线操作可同时传输8字节。以主总线(存储器总线)时钟频率 66MHz 计算,64 位数据总线可使 CPU 与主存的数据交换速率达到 528MB/s;CPU 支持多种类型的总线周期,其中一种称猝发模式,在此模式下,可在一个总线周期内读出或写入 256 位(32 字节)的数据。

CPU 外部地址总线宽度是36位,但一般使用32位宽,故物理地址空间为4096MB(4GB)。虚拟地址空间为(64TB),分页模式除支持 4KB 页面外(与 486 相同),还支持 2MB 和 4MB

页面。其中 2MB 页面的分页模式必须使用 36 位地址总线。

　　CPU 内部分别设置指令 Cache 和数据 Cache,外部还可接 L_2 Cache。CPU 采用 U、V 两条指令流水线,能在一个时钟周期内发射两条简单的整数指令,也可发射一条浮点指令。操作控制器采用硬布线控制和微程序控制相结合的方式。大多数简单指令用硬布线控制实现,在一个时钟周期内执行完毕。对微程序实现的指令,也在 2～3 个时钟周期内执行完毕。

　　奔腾具有非固定长度的指令格式,9 种寻址方式,191 条指令,但是在每个时钟周期又能执行两条指令。因此它具有 CISC 和 RISC 两者的特性,不过具有的 CISC 特性更多一些,因此被看成为一个 CISC 结构的处理器。以 CISC 结构实现超标量流水线,并有 BTB 方式的转移预测能力,堪称当代 CISC 机器的经典之作。

2. 奔腾 CPU 的结构框图

　　奔腾 CPU 的结构框图如图 5.41 所示。下面重点介绍超标量流水线、指令 Cache 和数据 Cache、浮点单元、转移预测四个方面的新型体系结构特点。

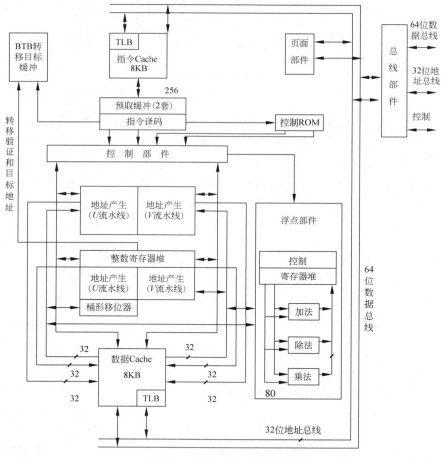

图 5.41　奔腾 CPU 结构框图

1) 超标量流水线

超标量流水线是奔腾系统结构的核心。它由 U 和 V 两条指令流水线构成,每条流水线都有自己的 ALU、地址生成电路、与数据 Cache 的接口。两个指令预取缓冲器,每个都是 32 字节,负责由指令 Cache 或主存取指令并放入其中。

指令译码器除完成译码指令外,还要完成指令配对检查。两条连续的指令 I_1、I_2 前后被译码,然后判断是否将这一对指令并行发射出去。发射一对指令必须满足如下条件:①两条指令是简单指令;②两条指令不发生数据相关;③每条指令都不同时含有立即数和偏移量;④只有 I_1 允许带有指令前缀。CPU 对 U、V 两条流水线的调度采用按序发射按序完成策略。检查合格的一对指令同时被发射到 U、V 流水线的下一段。如果不满足配对条件,只允许 I_1 指令发射到 U 流水线的下一段。在指令配对条件下,流水线在每个时钟周期内执行两条简单的整数指令,但一般只能执行一条浮点数指令。原因是:浮点数指令流水线是 8 段,而前 4 段与 U、V 流水线共享,而且某些浮点操作数是 64 位,所以浮点数指令不能与整数指令同时执行。

控制 ROM 属于微程序控制器,其中存放一组解释指令操作顺序的微指令代码。

两个地址生成器用于计算存储器操作数地址。各种模式下的逻辑地址最终要转换成物理地址来访问数据 Cache,并用转换后援缓冲器(TLB)来加速这种地址转换过程。寄存器堆有 8 个 32 位整数寄存器,用于地址计算、保存 ALU 的源操作数和目的操作数。

2) 指令 Cache 和数据 Cache

80486 CPU 中有 8KB 的指令和数据共用的 Cache。而奔腾 CPU 则分设指令 Cache 和数据 Cache,各为 8KB。指令 Cache 是只读的,以单端口 256 位(32B)向指令预取缓冲器提供超长指令字代码。数据 Cache 是可读可写的,双端口,每个端口 32 位,与 U、V 两条流水线交换整数数据,或组合成一个 64 位端口与浮点预算部件交换浮点数据。两个 Cache 与 64 位数据、32 位地址的 CPU 内部总线相连接。

两个 Cache 都是 2 路组相联结构,每行 32 字节。数据 Cache 可设置成行写回或全写法方式,并遵守 MESI 协议来维护 L_1 Cache、L_2 Cache 的一致性。

两个 Cache 都是用物理地址。每个 Cache 都有一个后援缓冲器(TLB),负责将 TLB 命中的线性地址转换成 32 位物理地址。

指令 Cache 与数据 Cache 独立设置是对标量流水线的有力支持,它不仅使指令预取和数据读写能无冲突地同时完成,而且可同时与 U、V 两条流水线分别交换数据。

3) 浮点运算部件

奔腾 CPU 内部包含了一个 8 段的流水浮点运算器。前 4 段为指令预取(IF)、指令译码(D1)、地址生成(D2)、取操作数(EX),在 U、V 流水线中完成;后 4 段为执行 1(X1)、执行 2(X2)、结果写回寄存器堆(WR)、错误报告(ER),在浮点运算部件中完成。一般情况下,只能由 U 流水线完成一条浮点数操作指令。

浮点部件支持 IEEE 754 标准的单、双精度格式的浮点数,另外还使用一种称为临时实数的 80 位浮点数。其中有浮点专用加法器、乘法器和除法器,有 8 个 80 位寄存器组成的寄存器堆,内部的数据总线为 80 位宽。对于浮点数的常用指令如 LOAD、ADD、MUL 等采用了新的算法,用硬件来实现,其执行速度是 80486 CPU 的 10 倍多。

4) 动态转移预测技术

执行转移指令时为了不使流水线断流,奔腾采用了动态转移预测技术。转移目标缓冲器(BTB)是一个小容量的 Cache。当一条指令导致程序转移时,BTB 便记录这条指令及其转移目标地址。以后遇到这条转移指令时,BTB会依据前后转移发生的历史来预测该指令这次是转移取还是顺序取。若预测为转移取,则将BTB记录的转移目标地址立即送出可用。

两个指令预取缓冲器,每个容量为32字节,当前总是使用其中一个(假设为缓冲器1)。当在指令译码(DI)段译出一条转移指令时立即检索BTB。若预测为"顺序取",则继续从缓冲器1取指;若预测为"转移取",则立即冻结缓冲器1,启动另一个缓冲器2,由给出的转移目标地址处开始取分支程序的指令序列。这样,保证了流水线的指令预取步骤永远不会空置。并且预测转移取错误时,正确路径的指令已经在另一个缓冲器中,使流水线的性能损失减至最小。

3. 奔腾4 CPU 的结构框图

奔腾4 CPU 结构框图如图5.42所示,它是奔腾CPU流水线的进一步改进和发展。

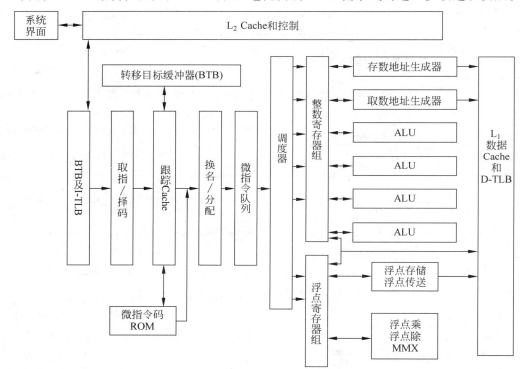

图 5.42   奔腾 4 CPU 结构框图

CPU 的基本操作有如下四点:

(1) 处理器以静态程序的顺序由存储器取指令。

(2) 每条指令译成一个或多个定长的 RISC 指令,它们实际上是微指令。

(3) 处理器在超标量流水线上执行微指令,通过调度器,微指令以乱序方式执行。

(4) 最后,处理器以原程序流的顺序,将每个微指令的执行结果转交到 CPU 的公用寄存器组。

从图5.42看到,奔腾4的体系结构由外层的 CISC 壳和内部的 RISC 核所组成。内部的 RISC 微指令至少要通过包含 20 段的流水线,如图 5.43 所示。与奔腾上使用的 5 段流水线相比,增加了很多流水段,这是因为微指令要求多个执行段,导致流水线更长。

1	2	3	4	5	6	7	8	9	10	11	12	13	14	15	16	17	18	19	20
TCNI		TCF		驱动	分配	寄存器换名		排队	调度	调度	调度	派遣	派遣	RF	RF	执行	标志	转检	驱动

图 5.43　奔腾 4 CPU 流水线

下面对流水线的操作做简要说明:

(1) 微指令的生成。奔腾 4 CPU 中包含了一个有序进行的前端,它由转移目标缓冲器(BTB)和指令转移后援缓冲器(I-TLB)单元、取指/译码单元组成。这个前端向"跟踪 Cache"单元的 L_1 指令 Cache 提供指令。从"跟踪 Cache"起,才算是流水线的正式开始。通常,CPU 从"跟踪 Cache"取指,如未命中,有序前端向它提供新指令。

得到"BTB 和 I-TLB"单元的支援,"取指/译码"单元由 L_2 Cache 取奔腾 4 的机器指令,每次 64 字节。默认的情况是顺序取指。转移预测逻辑经由"BTB 和 I-TLB"单元可改变操作顺序。I-TLB 将指令指针的线性地址转换为物理地址,以便访问 L_2 Cache。BTB 使用静态转移预测技术来确定下次取哪条指令。

一旦取出指令,先被"取指/译码"单元扫描其字节,以确定指令边界(奔腾指令是变长的)。译码器再将每条机器指令译成 1~4 个微指令,每个微指令是长 118 位的 RISC 型指令。产生的微指令存储于"跟踪 Cache"中。

(2) TCNI。流水线前 2 段 TCNI 的意思是跟踪 Cache 下一指令指针,它负责在"跟踪 Cache"中选择指令。每当在指令流中遇到一条转移指令时,就去检查 BTB,它保存有转移指令的相关信息,以确定是否转移发生? 如果是,将转移目标地址作为下一指针;如果否,则顺序取下一条指令。BTB 是一个 4 路组相联 Cache。

(3) TCF。流水线的 3、4 段称为"跟踪 Cache 取指",它取得由指令译码器译出指令,并将它们装成按程序顺序的微指令序列。少数机器指令要求多于 4 个微指令。这些微指令被传送到"微指令码 ROM"单元,它为每条复杂的机器指令保持一个对应的微指令串组,因此"微指令码 ROM"实际上是一个微程序控制器。

(4) 驱动。流水线第 5 段称为驱动,它负责将译码后的指令由"跟踪 Cache"递交给"换名/分配器"模块。第 20 段也是驱动。设两个驱动段的目的是加快传输时间。

(5) 分配。该段为微指令的执行进行资源分配。每个时钟周期有 3 个微指令到达分配器,且在"重排序缓冲器(ROB)"中分配。ROB 能保存多达 126 个微指令,并含有 128 个硬件寄存器。微指令按序进入 ROB,然后由它出发去排队、被调度、被派遣以及去执行,都将是乱序的。

(6) 寄存器换名。该流水段将对 8 个浮点寄存器和 8 个 EAX、EBX、ECX、EDX、ESI、EDI、EBP、ESP 寄存器的引用重新映射到 128 个物理寄存器。其目的是避免体系结构寄存器数量有限引起的虚假数据相关性,保留真实数据相关性。

(7) 微指令排队。在资源分配和寄存器换名之后,微指令进入流水线第 9 段。微指令被放入两个队列之一,并保持在其中直到调度器去取它们。两个队列中一个用于存储器操作(取数和存数),另一个用于不涉及存储器访问的其他微指令。每个队列遵循先入先出规则。一个微指令是否出队列,与另一个队列的微指令没有次序关系,这个调度器提供了较大灵活性。

(8) 微指令调度和派遣。调度器负责由队列取出微指令并派遣它们去执行。为此,调度器查找那些状态指示已具备的微指令:若它所需的执行单元可用,则调度器取出此微指令并将它派遣到相应的执行单元。如果多个微指令使用同一个执行单元,调度器按队列中顺序逐个派遣它们。此时指令流重新排列了,实际上是乱序执行。调度器有 4 个端口与执行单元连接。其中端口 0 用于整数和浮点运算,端口 1 用于简单整数运算和转移预测失败处理,余下 2 个端口分别用于存储器取数和存数。

(9) RF、执行、标志。RF 是整数和浮点寄存器组的缩写。执行单元从 RF 和 L_1 数据 Cache 中取出所需的数值用于运算,并获得运算的状态标志(如零、负等),它们为转移指令所需要。

(10) 转移检查。第 19 流水段开始转移检查。它将实际转移的结果与预测进行比较,在最后的驱动阶段完成转移检查结果。如果预测是错的,则在各个阶段正在进行的微指令必须由流水线清除出去,将正确的目标地址提供给转移预测器,从而由新的目标地址重新启动整个流水线。

5.7　RISC CPU

5.7.1　RISC 的特点

第一台 RISC(精简指令系统计算机)于 1981 年在美国加州大学伯克利分校问世。它是在继承了 CISC(复杂指令系统计算机)的成功技术,并在克服了 CISC 缺点的基础上发展起来的。

尽管众多厂家生产的 RISC 处理器实现手段有所不同,但是 RISC 概括的三个基本要素是普遍认同的。这三个要素是:①一个有限的简单的指令系统;②CPU 配备大量的通用寄存器;③强调对指令流水线的优化。

RISC 的目标绝不是简单的缩减指令系统,而是使处理器的结构更简单,更合理,具有更高的性能和执行效率,并降低处理器的开发成本。基于三要素的 RISC 的特征是:

(1) 使用等长指令,目前的典型长度是 4 字节。

(2) 寻址方式少且简单,一般为 2~3 种,最多不超过 4 种,绝不出现存储器间接寻址方式。

(3) 只有取数指令、存数指令访问存储器。指令中最多出现 RS 型指令,绝不出现 SS 型指令。

(4) 指令系统中的指令数目一般少于 100 种,指令格式一般少于 4 种。

(5) 指令功能简单,控制器多采用硬布线方式,以期更快的执行速度。

(6) 平均而言,所有指令的执行时间为一个处理时钟周期。

(7) 指令格式中,用于指派整数寄存器的个数不少于 32 个,用于指派浮点数寄存器的个数不少于 16 个。

（8）强调通用寄存器资源的优化使用。

（9）支持指令流水并强调指令流水的优化使用。

（l0）RISC 技术的复杂性在它的编译程序,因此软件系统开发时间比 CISC 长。

表 5.10 中列出了 RISC 与 CISC 的主要特征对比。

表 5.10　RISC 与 CISC 的主要特征对比

比 较 内 容	CISC	RISC
指令系统	复杂、庞大	简单、精简
指令数目	一般大于 200	一般小于 100
指令格式	一般大于 4	一般小于 4
寻址方式	一般大于 4	一般小于 4
指令字长	不固定	等长
可访存指令	不加限制	只有取数/存数指令
各种指令使用频率	相差很大	相差不大
各种指令执行时间	相差很大	绝大多数在一个周期内完成
优化编译实现	很难	较容易
程序源代码长度	较短	较长
控制器实现方式	绝大多数为微程序控制	绝大多数为硬布线控制
软件系统开发时间	较短	较长

5.7.2　RISC CPU 实例

1. MC88110 CPU 结构框图

MC88110 CPU 是 Motorola 公司的产品,其目标是以较好的性能价格比作为和工作站的通用微处理器。它有 12 个执行功能部件,3 个 Cache 和 1 个控制部件。其结构框图如图 5.44 所示。

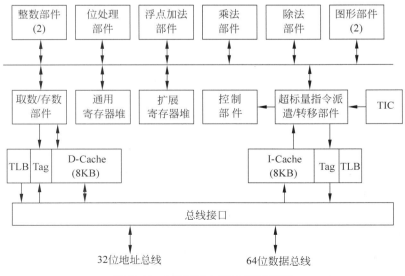

图 5.44　MC88110 CPU 结构框图

在三个 Cache 中,1 个是指令 Cache,1 个是数据 Cache,它们能同时完成取指令和取数据,另一个是目标指令 Cache(TIC),它用于保存转移目标指令。

两个寄存器堆:一个是通用寄存器堆,用于整数和地址指针,其中有 $R_0 \sim R_{31}$ 共 32 个寄存器(32 位长);另一个是扩展寄存器堆,用于浮点数,其中有 $X_0 \sim X_{31}$ 共 32 个寄存器(长度可以是 32 位、64 位或 80 位)。

12 个执行功能部件是:取数/存数(读写)部件、整数运算部件(2 个)、浮点加法部件、乘法部件、除法部件、图形处理部件(2 个)、位处理部件、用于管理流水线的超标量指令派遣/转移部件。

所有这些 Cache、寄存器堆、功能部件,在处理器中通过六条 80 位宽的内部总线相连接。其中 2 条源 1 总线,2 条源 2 总线,2 条目标总线。

2. MC88110 的指令流水线

由于 MC88110 是超标量流水 CPU,所以指令流水线在每个机器时钟周期完成两条指令。流水线分为三段:取指和译码(F&D)段、执行(EX)段、写回(WB)段,如图 5.45 所示。

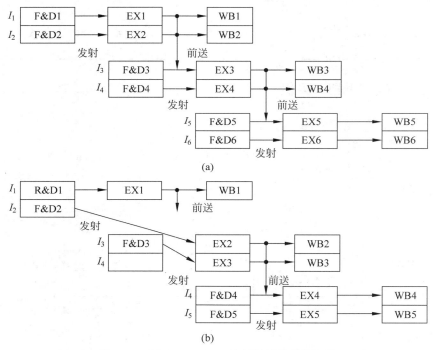

图 5.45 MC88110 CPU 的超标量指令流水线

F&D 段需要一个时钟周期,完成由指令 Cache 取一对指令并译码,并从寄存器堆取操作数,然后判断是否把指令发射到 EX 段。如果所要求的资源(操作数寄存器、目标寄存器、功能部件)发生资源使用冲突,或与先前指令发生数据相关冲突,或转移指令将转向新的目标指令地址时,则 F&D 段不再向 EX 段发射指令,或不发射紧接转移指令之后的指令。

EX 段对于大多数指令只需一个时钟周期,某些指令可能多于一个时钟周期。EX 段执行的结果在 WB 段写回寄存器堆,WB 段只需时钟周期的一半。为了解决数据相关冲突,EX 段执行的结果一方面在 WB 段写回寄存器堆,另一方面经定向传送电路提前传送到

ALU,可直接被当前进入 EX 的指令所使用。图 5.45(a)表示 MC88110 超标量流水线正常运行情况。

3. 指令动态调度策略

MC88110 采用按序发射、按序完成的指令动态调度策略。指令派遣单元总是发出单一地址,然后从指令 Cache 取出此地址及下一地址的两条指令。译码后总是力图同一时间发射这两条指令到 EX 段。若这对指令的第一条指令由于资源冲突或数据相关冲突,则这一对指令都不发射,两条指令在 F&D 段停顿,等待资源的可用或数据相关的消除。若是第一条指令能发射第二条指令不能发射,则只发射第一条指令,而第二条指令停顿并与新取的指令之一进行配对等待发射,此时原第二条指令作为配对的第一条指令对待。可见,这样实现的方式是按序发射,图 5.45(b)示出了指令配对情况。

为了判定能否发射指令,使用了记分牌方法。记分牌是一个位向量,寄存器堆中每个寄存器都有一个相应位。每当一条指令发射时,它预约的目的寄存器在位向量中的相应位上置"1",表示该寄存器"忙"。当指令执行完毕并将结果写回此目的寄存器时,该位被清除。于是,每当判定是否发射一条指令(STO 存数指令和转移指令除外)时,一个必须满足的条件是:该指令的所有目的寄存器、源寄存器在位向量中的相应位都已被清除。否则,指令必须停顿等待这些位被清除。为了减少经常出现的数据相关,流水线采用了如前面所述的定向传送技术,将前面指令执行的结果直接送给后面指令所需此源操作数的功能部件,并同时将位向量中的相应位清除。因此,指令发射和定向传送是同时进行的。

如何实现按序完成呢？因为执行段有多个功能部件,很可能出现无序完成的情况。为此,MC88110 提供了一个指令执行队列,称之为历史缓冲器。每当一条指令发射出去,它的副本就被送到 FIFO 队尾。队列最多能保存 12 条指令。只有前面的所有指令执行完,这条指令才到达队首。当它到达队首并执行完毕后才离开队列。

对于转移处理,MC88110 使用了延迟转移法和目标指令 Cache(TIC)法。延迟转移是个选项(.n)。如果采用这个选项(指令如 bcnd.n),则跟随在转移指令后的指令将被发射。如果不采用这个选项,则在转移指令发射之后的转移延迟时间片内没有任何指令被发射。延迟转移通过编译程序来调度。

TIC 是一个 32 项的全相联 Cache,每项能保存转移目标路径的前两条指令。当一条转移指令译码并命中 Cache 时,能同时由 TIC 取来它的目标路径的前面两条指令。

【例 5.6】　超标度为 2 的超标量流水线结构模型如图 5.46(a)所示。它分为 4 个段,即取指(F)段、译码(D)段、执行(E)段和写回(W)段。F、D、W 段只需 1 个时钟周期完成。E 段有多个功能部件,其中取数/存数部件完成数据 Cache 访问,只需 1 个时钟周期;加法器完成需 2 个时钟周期,乘法器需 3 个时钟周期,它们都已流水化。F 段和 D 段要求成对的输入。E 段由内部数据定向传送,结果生成即可使用。

现有如下 6 条指令序列,其中 I_1、I_2 有 RAW 相关,I_3、I_4 有 WAR 相关,I_5、I_6 有 WAW 相关和 RAW 相关。

I_1　LAD　R_1,A；取数 $M(A) \rightarrow R_1$，$M(A)$ 是存储单元

I_2　ADD　R_2,R_1；$(R_2)+(R_3) \rightarrow R_2$

I_3　ADD　R_3,R_4；$(R_3)+(R_4) \rightarrow R_3$

I_4　MUL R_4,R_5；$(R_4) \times (R_5) \to R_4$

I_5　LAD R_6,B；取数 $M(B) \to R_6$,$M(B)$ 是存储器单元

I_6　MUL R_6,R_7；$(R_6) \times (R_7) \to R_6$

请画出：(1)按序发射按序完成各段推进情况图。

(2) 按序发射按序完成的流水线时空图。

解：(1)按序发射按序完成各段情况推进图如图 5.46(b)所示。由于 I_1、I_2 间有 RAW 相关，I_2 要推迟一个时钟才能发射。类似的情况也存在于 I_5、I_6 之间。

I_3、I_4 之间有 WAR 相关，但按序发射，即使 I_3、I_4 并行操作，也不会导致错误。

I_5、I_6 间还有 WAW 相关，只要 I_6 的完成放在 I_5 之后，就不会出错。注意，I_5 实际上已在时钟 6 执行完毕，但一直推迟到时钟 9 才写回，这是为了保持按序完成。超标量流水线完成 6 条指令的执行任务总共需要 10 个时钟周期。

(2) 根据各段推进情况图可画出流水线时空图，如图 5.46(c)所示。

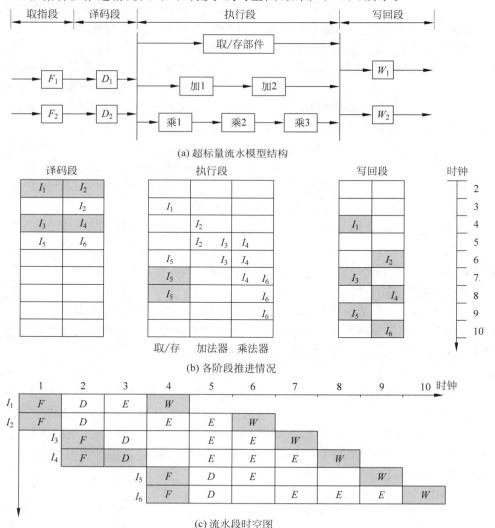

图 5.46　超标量流水线各段推进情况图和时空图

本章小结

CPU是计算机的中央处理部件,具有指令控制、操作控制、时间控制、数据加工等基本功能。

早期的CPU由运算器和控制器两大部分构成。随着集成电路技术的发展,CPU芯片变成由运算器、控制器和Cache三部分组成,其中还有浮点运算器和存储管理等部件。CPU中主要包含的寄存器有六类,具体是:指令寄存器、程序计数器、地址寄存器、数据缓冲寄存器、通用寄存器和状态条件寄存器。

指令周期包括CPU从存储器中取出一条指令并执行这条指令所用的时间总和。时序信号产生器提供CPU周期所需的时序信号,操作控制器利用这些时序信号进行定时,有条不紊的取出一条指令并执行这条指令。本章对典型指令进行了详细介绍。

微程序设计技术是利用软件思想设计操作控制器的一门技术,具有规整性、灵活性、可维护性等一系列优点。

不论微型机还是超级计算机,并行处理技术已成为计算机技术发展的主流。并行处理技术主要有三种形式:时间并行、空间并行、时间并行+空间并行。流水CPU就是一种非常经济而实用的并行技术。流水技术中主要问题是资源相关、数据相关和控制相关,为此需要采取相应的技术对策,才能保证流水线畅通。

习题

1. 计算机操作的最小时间单位是_____。
   A. 时钟周期　　　　B. 指令周期　　　　C. CPU周期　　　　D. 微指令周期
2. 程序状态字寄存器用来存放_____。
   A. 算术运算结果　　　B. 逻辑运算结果
   C. 运算类型　　　　　D. 算术、逻辑运算及测试指令的结果状态
3. 指令译码器对_____进行译码。
   A. 整条指令　　　　　　　　　　B. 指令中的操作码字段
   C. 指令的地址　　　　　　　　　D. 指令中的操作数字段
4. CPU组成中不包括_____。
   A. 指令寄存器　　　B. 指令译码器　　　C. 程序计数器　　　D. 地址译码器
5. 在取指令之后,程序计数器中存放的是_____。
   A. 当前指令的地址　　　　　　　B. 不转移时下一条指令的地址
   C. 程序中指令的数量　　　　　　D. 指令的长度
6. 微程序控制器中,微程序的入口地址是由_____形成的。
   A. 机器指令的地址码字段　　　　B. 微指令的微地址码字段
   C. 机器指令的操作码字段　　　　D. 微指令的操作码字段

题库

习题答案

7. 微程序存放在_____中。

    A. 控制存储器　　　　B. RAM　　　　　　C. 指令寄存器　　　D. 内存储器

8. 关于微指令的编码方式中,下面叙述正确的是_____。

    A. 水平编码法和垂直编码法不影响指令的长度

    B. 一般情况下,直接表示法的微指令位数多

    C. 一般情况下,最短编码法的位数多

    D. 以上说法都不对

9. 若机器 M 的主频为 1.5GHz,在 M 上执行程序 P 的指令条数 5×10^5,P 的平均 CPI 为 1.2,则 P 在 M 上的指令执行速度和用户 CPU 时间分别为_____。

    A. 0.8GIPS、0.4ms　　　　　　　　　　B. 0.8GIPS、0.4μs

    C. 1.25GIPS、0.4ms　　　　　　　　　　D. 1.25GIPS、0.4μs

10. 假设主机框图如图 5.47 所示,各部分间的连线表示数据通路,箭头表示信息传递方向。

    求:(1) 标明图中 a、b、c、d 四个寄存器的名字。

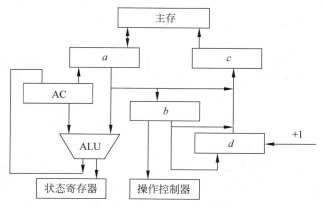

图 5.47　某主机框图

(2) 简述取指令的数据通路。

(3) 简述取数指令和存数指令执行阶段的数据通路。

11. 已知某机器采用微程序控制方式,其控制存储器容量为 512×48 位。微指令字长 48 位,微指令可在整个存储器中实现转移,可控制微程序转移的条件共 4 个(直接控制),微指令采用水平型格式,如图 5.48 所示。

(1) 求微指令中三个字段分别应为多少位?

(2) 画出围绕这种微指令格式的微程序控制器逻辑框图。

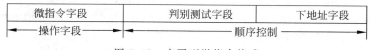

图 5.48　水平型微指令格式

12. 水平微指令和垂直微指令各有什么特征?

13. 微控制器方式下得到下一条微指令地址可能有哪些方式?

14. 设某机主频为 8MHz,每个机器周期平均含 2 个时钟周期,每条指令平均有 2.5 个

机器周期,试问:(1)该机的平均指令执行速度为多少 MIPS?(2)若机器主频不变,但每个机器周期平均含 4 个时钟周期,每条指令平均有 5 个机器周期,则该机的平均指令执行速度又是多少 MIPS?(3)由此可得出什么结论?

15. 某机采用微程序控制方式,微指令字长 24 位,采用水平型编码控制的微指令格式,采用断定方式,共有微命令 30 个,构成 4 个相斥类,各包括 5 个、8 个、14 个和 3 个微命令,可测试的外部条件有 3 个。要求:

(1)设计出微指令的具体格式。

(2)控制存储器的容量应为多少?

第6章

总线系统

总线技术是计算机系统的一个重要技术。本章首先讲述总线系统的一些基本概念及其分类、结构和总线控制逻辑。在此基础上,具体介绍当前实用的 PCI 总线和正在流行的 InfiniBand 标准。

6.1 总线概述

6.1.1 总线的基本概念

数字计算机是由若干系统功能部件构成的,这些系统功能部件在一起工作才能形成一个完整的计算机系统。

总线是构成计算机系统的互连机构,是多个系统功能部件之间进行数据传送的公共通路。借助于总线连接,计算机在各系统功能部件之间实现地址、数据和控制信息的交换,并在争用资源的基础上进行工作。

一个单处理器系统中的总线,大致分为三类:

(1) CPU 内部连接各寄存器及运算部件之间的总线,称为内部总线。

(2) CPU 同计算机系统的其他高速功能部件,如存储器、通道等互相连接的总线,称为系统总线。

(3) 中、低速 I/O 设备之间互相连接的总线,称为 I/O 总线。

6.1.2 总线的标准化

相同的指令系统,相同的功能,不同厂家生产的各功能部件在实现方法上几乎没有相同的,但各厂家生产的相同功能部件却可以互换使用,其原因何在呢? 就是因为它们都遵守了相同的系统总线的要求,这就是系统总线的标准化问题。

计算机系统中包括 CPU 在内的所有设备都必须通过总线接口(I/O 接口)连接到总线上,不同厂商的设备要连接到同一总线上必须遵循相同的总线标准。总线标准化有利于不同厂商分工协作生产出标准化的计算机,使相同功能的部件可以互换使用,实现多品牌产品的兼容。

如 IBM 公司的 PC/XT 总线标准就直接开启了兼容机的时代,从 ISA 总线(16 位,带宽 8MB/s)发展到 EISA 总线(32 位,带宽 33.3MB/s),又发展到 VESA 总线(32 位,带宽

132MB/s),而 PCI 总线又进一步过渡到 64 位,100MHz。

总线标准的制定涉及总线及总线接口的机械特性、电气特性、功能特性和时间特性的详细规范和协议。

6.1.3 总线的特性

从物理角度来看,总线由许多导线直接印制在电路板上,延伸到各个部件。CPU、主存、I/O 这些插板(又称插卡)通过插头与水平方向总线插槽(按总线标准用印刷电路板或一束电缆连接而成的多头插座)连接。为了保证机械上的可靠连接,必须规定其机械特性;为了确保电气上正确连接,必须规定其电气特性;为保证正确地连接不同部件,还需规定其功能特性和时间特性。随着计算机的发展,奔腾 Ⅲ 以上的微型计算机已将 CPU 芯片直接安置在主板上,而且很多插卡已做成专用芯片,减少了插槽,使其结构更合理。

总线特性包括以下几项。

(1)机械特性。规定总线的物理连接方式,因此也称为物理特性,主要规范总线在机械连接方式上的一些性能,如插头与插座使用的标准,它们的几何尺寸、形状、引脚的个数以及排列的顺序,接头处的可靠接触等。随着工艺的发展,总线插头体积逐渐缩小。

(2)电气特性。电气特性是指总线的每一根传输线上信号的传递方向和有效的电平范围。通常规定由 CPU 发出的信号称为输出信号,送入 CPU 的信号称为输入信号。例如,地址总线属于单向输出线,数据总线属于双向传输线,它们都定义为高电平为"1",低电平为"0"。控制总线的每一根都是单向的,但从整体看,有输入,也有输出。有的定义为高电平有效,也有的定义为低电平有效,必须注意不同的规格。大多数总线的电平定义与 TTL 是相符的,也有例外,如 RS-232C(串行总线接口标准),其电气特性规定低电平表示逻辑"1",并要求电平低于$-3V$;用高电平表示逻辑"0",还要求高电平需高于$+3V$,额定信号电平为$-10V$ 和$+10V$ 左右。

(3)功能特性。功能特性是指总线中每根传输线的功能,例如:地址总线用来指出地址码,其宽度决定了其对存储器空间的寻址范围;数据总线用来传递数据,其宽度决定了一次数据传送的位数;控制总线发出控制信号,既有从 CPU 发出的,如存储器读/写、I/O 设备读/写,也有 I/O 设备向 CPU 发来的,如中断请求、DMA 请求等。另外,总线中还包括时钟信号线、电源线和地线,由此可见,总线中对应每条线的功能是不同的。

(4)时间特性。时间特性是指总线中的任一根线在什么时间内有效。每条总线上的各种信号互相存在一种有效时序的关系,因此,时间特性一般可用信号时序图来描述。

6.1.4 总线的分类

总线的应用很广泛,从不同角度可以有不同的分类方法。

总线按数据传送方向可分为单向和双向传输总线,单向传输总线是指只能从一端传输到另一端而不能反向传输的总线,双向总线则可以实现两个不同方向的互相传递。

总线按时序控制方式可以分为同步总线和异步总线,同步总线传输双方采用公共时钟进行同步,异步总线采用应答机制进行同步。

总线按信号线功能可以分为数据总线、地址总线、控制总线。

总线按信号传输模式可分为并行传输总线和串行传输总线。并行传输总线包含多位传输线,同一时刻可以传输多位数据,在并行传输总线中,又可按传输数据宽度分为 8 位、16 位、32 位、64 位等传输总线。串行传输总线同一时刻只能传输一个比特位的数据,相同频率下并行传输总线传输性能更好。但并行传输不仅存在线间串扰和时钟偏移的问题,还存在高频障碍,所以现代计算机总线发展出很多高速的串行传输总线,如 QPI、PCIe。为了进一步提升串行传输总线的性能,可采用多条独立串行总线并发的方式,如 PCIe 的 x4、x8、x16 模式就分别表示 4、8、16 条独立串行总线并发。

若按总线的使用范围划分,则又有计算机(包括外设)总线、测控总线、网络通信总线等。下面按总线在计算机系统中所处的位置,可以将其分为以下 4 类。

1. 片内总线

片内总线是指芯片内部各组成部分之间的连接线,也称为片上总线。如 CPU 芯片内部寄存器之间、寄存器与运算器之间的数据通路连接及控制器与执行部件之间的控制信号连接均属于片内总线。另外,由于处理器设计的复杂性,多家设计公司之间普遍采用 IP (Intellectual Property)核的方式进行分工合作,逐渐形成了芯片内部片上互连总线的标准,如常见的 ARM 公司的 AMBA 总线以及开源的 Wishbone 总线都属于片内总线。

2. 系统总线

系统总线是指 CPU、主存、I/O 设备(通过 I/O 接口)各大部件之间的信息传输线。由于这些部件通常都安放在主板或各个插件板(插卡)上,故又称板级总线(在一块电路板上各芯片间的连线)或板间总线。

按系统总线传输信息的不同,又可分为三类:数据总线、地址总线和控制总线。

1) 数据总线

数据总线(Data Bus),简称 DB,用来传输各功能部件之间的数据信息,它是双向传输总线,其位数与机器字长、存储字长有关,一般为 8 位、16 位或 32 位。数据总线的位数称为数据总线宽度,它是衡量系统性能的一个重要参数。如果数据总线的宽度为 8 位,指令字长为 16 位,那么,CPU 在取指阶段必须两次访问主存。

2) 地址总线

地址总线(Address Bus),简称 AB,主要用来指出数据总线上的源数据或目的数据在主存单元的地址或 I/O 设备的地址。例如,欲从存储器读出一个数据,则 CPU 要将此数据所在存储单元的地址送到地址线上。

又如,欲将某数据经 I/O 设备输出,则 CPU 除了需将数据送到数据总线外,还需将该输出设备的地址(通常都经 I/O 接口)送到地址总线上。可见,地址总线上的代码是用来指明 CPU 欲访问的存储单元或 I/O 端口的地址,由 CPU 输出,单向传输。地址线的位数与存储单元的个数有关,如地址线为 20 根,则对应的存储单元个数为 2^{20}。

3) 控制总线

控制总线(Control Bus),简称 CB。由于数据总线、地址总线都是被挂在总线上的所有部件共享的,如何使各部件能在不同时刻占有总线使用权,需依靠控制总线来完成,因此控制总线是用来发出各种控制信号的传输线。通常对任一控制线而言,它的传输是单向的。

例如,存储器读/写令或 I/O 设备读/写命令都是由 CPU 发出的。但对于控制总线总体来说,又可认为是双向的。例如,当某设备准备就绪时,便向 CPU 发中断请求;当某部件(如 DMA 接口)需获得总线使用权时,也向 CPU 发出总线请求。此外,控制总线还起到监视各部件状态的作用。例如,查询该设备是处于"忙"还是"闲",是否出错等。因此对 CPU 而言,控制信号既有输出,又有输入。

常见的控制信号如下:

(1) 时钟:用来同步各种操作。

(2) 复位:初始化所有部件。

(3) 总线请求:表示某部件需获得总线使用权。

(4) 总线允许:表示需要获得总线使用权的部件已获得了控制权。

(5) 中断请求:表示某部件提出中断请求。

(6) 中断响应:表示中断请求已被接收。

(7) 存储器写:将数据总线上的数据写至存储器的指定地址单元内。

(8) 存储器读:将指定存储单元中的数据读到数据总线上。

(9) I/O 读:从指定的 I/O 端口将数据读到数据总线上。

(10) I/O 写:将数据总线上的数据输出到指定的 I/O 端口内。

(11) 传输响应:表示数据已被接收,或已将数据送至数据总线上。

3. I/O 总线

I/O 总线主要用于连接计算机内部的中低速 I/O 设备,通过桥接器与高速总线相连接,目的是将低速设备与高速总线相分离,以提升总线系统性能,目前常见的有 PCI 总线、连接磁盘设备的 PATA 和 SATA 总线等。随着计算机性能的飞速发展,早期的系统总线,如 ISA、EISA 总线都演变成了 I/O 总线。

4. 通信总线

通信总线也称外部总线,这类总线用于计算机系统之间或计算机系统与其他系统(如控制仪表、移动通信等)之间的通信。由于这类联系涉及许多方面,如外部连接、距离远近、速度快慢、工作方式等,差别极大,因此通信总线的类别很多。但按传输方式可分为两种:串行通信和并行通信。

并行传输总线包含多位传输线,同一时刻可以传输多位数据,如 1 字节的数据,在并行传送中,要通过 8 条并行传输线同时由源传送到目的地。在并行传输总线中,又可按传输数据宽度分为 8 位、16 位、32 位、64 位等传输总线。

串行传输总线同一时刻只能传输一个比特位的数据,数据在单条 1 位宽的传输线上,一位一位地按顺序分时传送。如 1 字节的数据,在串行传送中,1 字节的数据要通过一条传输线分 8 次由低位到高位按顺序逐位传送。

并行通信适宜于近距离的数据传输,串行通信适宜于远距离传送,可以从几米达数千千米。而且,串行和并行通信的数据传送速率都与距离成反比。在短距离内,并行数据传送速率比串行数据传送速率高得多。随着大规模和超大规模集成电路的发展,逻辑器件的价格趋低,而通信费用趋高,因此对远距离通信而言,采用串行通信费用远比并行通信费用低得多。此外串行通信还可利用现有的电话网络来实现远程通信,降低了通信费用。

常见的外部总线有 IA-RS-232C、RS485 串行传输总线、IEEE-488 并行传输总线、USB 总线、IEEE1394、eSATA 等。外部总线、系统总线和 I/O 总线也可以称为通信总线。

6.1.5　总线的性能指标

总线的性能指标如下。

(1) 总线宽度:通常是指数据总线的根数,用 bit(位)表示,如 8 位、16 位、32 位、64 位 (即 8 根、16 根、32 根、64 根)。在行传输总线中数据总线宽度直接决定了可并发传输的 位数。

(2) 总线时钟频率:它是总线时钟周期的倒数,同步传输总线中传输双方拥有完全同 步的钟信号,时钟频率越快,传输速率越快;早期总线的时钟频率和 CPU 是同频的,后来 CPU 发展太快,总线时钟开始独立于 CPU 时钟。

(3) 总线带宽:总线带宽可理解为总线的数据传输速率,即单位时间内总线上传输数 据的位数,通常不考虑总线传输周期中总线申请和寻址等阶段的开销,用每秒传输信息的字 节数来衡量,单位可用 MBps(兆字节每秒)表示。例如,总线工作频率为 33MHz,总线宽度 为 32 位(4B),则总线带宽为 $33 \times (32/8) = 132$MBps。

(4) 总线传输周期:指一次总线操作完成所需要的时间,包括总线申请阶段、寻址阶 段、传输阶段和结束阶段 4 个阶段的时间,简称总线周期;通常包括多个总线时钟周期,总 线的时钟频率越高,总线周期就越短;另外如果采用地址复用技术,则会增加总线周期。通 常一个总线周期只能传输一个总线宽度的数据。

(5) 单时钟传输次数:指一个总线时钟周期内传输数据的次数,通常该值为 1;DDR 技 术时钟上、下跳沿分别传输一次数据,该值为 2;QDR 技术下其值为 4(总线内部时钟为两 个相位相差 90°的时钟)。目前该值最高的是 AGPx8 总线,单时钟可以传输 8 次。总线的 实际工作率 = 总线时钟频率 × 单时钟传输次数。

(6) 总线复用:一条信号线上分时传送两种信号。例如,通常地址总线与数据总线在 物理上是分开的两种总线,地址总线传输地址码,数据总线传输数据信息。为了提高总线的 利用率,优化设计,特将地址总线和数据总线共用一组物理线路,在这组物理线路上分时传 输地址信号和数据信号,即为总线的多路复用。

(7) 信号线数:地址总线、数据总线和控制总线三种总线数的总和。

(8) 总线控制方式:包括突发工作、自动配置、仲裁方式、逻辑方式、计数方式等。

(9) 其他指标:如负载能力、电源电压(是采用 5V 还是 3.3V)、总线宽度能否扩展等。

总线的负载能力即驱动能力,是指当总线接上负载后,总线输入输出的逻辑电平是否能 保持在正常的额定范围内。例如,总线的输出信号为低电平时,要吸入电流,这时的负载能 力即指当它吸收电流时,仍能保持额定的逻辑低电平。总线输出为高电平时,要输出电流, 这时的负载能力是指当它向负载输出电流时,仍能保持额定的逻辑高电平。由于不同的电 路对总线的负载是不同的,即使同一电路板在不同的工作频率下,总线的负载也是不同的, 因此,总线负载能力的指标不是太严格。通常用可连接扩增电路板数来反映总线的负载 能力。

表 6.1 给出了几种流行的微型计算机总线性能。

表 6.1 几种流行的微型计算机总线性能

名 称	ISA	EISA	STD	VESA	MCA	PCI
适用机型	80286、386、486 机型	386、486、586、IBM 系列机	Z80、V20、V40、IBM PC 系列机	i486、PC-AT 兼容机	IBM 个人机与工作站	P5 个人机、PowerPC、Alpha 工作站
最大传输率	15MBps	33MBps	2MBps	266MBps	40MBps	133MBps 或 266MBps
总线宽度	16 位	32 位	8 位	32 位	32 位	32 位
总线工作频率	8MHz	8.33MHz	2MHz	66MHz	10MHz	33MHz 66MHz
同步方式	同步			异步	同步	
仲裁方式	集中	集中	集中	集中		
地址宽度	24	32	20			
负载能力	8	6	无限制	6	无限制	3
信号线数		143		90	109	49
64 位扩展	不可	无规定	不可	可	可	可
并发工作				可		可
引脚使用	非多路复用	非多路复用	非多路复用	非多路复用		多路复用

【例 6.1】 (1)某总线在一个总线周期中并行传送 4 字节的数据,假设一个总线周期等于一个总线时钟周期,总线时钟频率为 33MHz,总线带宽是多少? (2)如果一个总线周期中并行传送 64 位数据,总线时钟频率升为 66MHz,总线带宽是多少?

解: (1)设总线带宽用 D_r 表示,总线时钟周期用 $T=1/f$ 表示,一个总线周期传送的数据量用 D 表示,根据定义可得

$$D_r = D_1/T_1 = D_1 \times f_1 = 4\text{B} \times 33 \times 10^6 = 132\text{MB/s}$$

(2) 64 位=8B

$$D_r = D_2/T_2 = D_2 \times f_2 = 8\text{B} \times 66 \times 10^6 = 528\text{MB/s}$$

【例 6.2】 某 32 位同步总线时钟频率为 400MHz,每个总线时钟周期可以传输一个机器字,求总线带宽是多少。为优化总线性能,将总线宽度增加到 64 位,并采用了 QDR 技术,一个总线时钟周期可以传输 4 次,则总线的带宽是多少? 提高了多少倍?

解: 由同步总线带宽计算公式,可得

$$总线改进前的带宽 = 4\text{B} \times 400\text{MHz} \times 1 = 1.6\text{GB/s}$$

$$总线改进后的带宽 = 8\text{B} \times 400\text{MHz} \times 4 = 12.8\text{GB/s}$$

提高了 8 倍。

6.2 总线结构

在计算机系统中,总线的性能是衡量计算机系统性能的重要指标,而计算机系统总线的结构与其性能密切相关。大多数总线都是以相同方式构成的,其不同之处仅在于总线中数据线和地址线的宽度,以及控制线的多少及其功能。然而,总线的排列布置与其他各类部件的连接方式对计算机系统的性能来说,将起着十分重要的作用。根据连接方式不同,单机系统中采用的总线结构有单总线结构、双总线结构、三总线结构和高性能总线。

6.2.1 单总线结构

在单总线结构的计算机中只有一组系统总线,CPU、DRAM、显卡、磁盘、键盘等所有的部件和 I/O 设备都是通过总线 I/O 接口连接在系统总线上,构成一个完整的计算机系统,此时系统总线连接所有功能部件,又可称为全局总线。单总线结构中各部件的连接如图 6.1 所示。I/O 设备必须通过总线 I/O 接口与系统总线相连,设备既可以集成在主板上与系统总线直接相连,例如图中的集成显卡;也可以通过子板插卡的方式连接在主板扩展槽上与系统总线相连,例如独立显卡,此方式方便用户扩充设备。从 Intel 8088 到 80386 阶段的 ISA、EISA、MCA 总线都是典型的单总线结构。

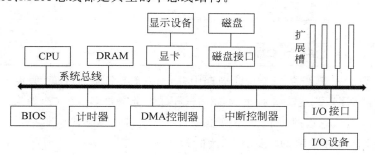

图 6.1 单总线结构

单总线结构中,要求连接到总线上的逻辑部件必须高速运行,以便在某些设备需要使用总线时,能迅速获得总线控制权;而当不再使用总线时,能迅速放弃总线控制权。否则,由于一条总线由多种功能部件共用,可能导致很大的时间延迟。

在单总线系统中,当 CPU 取一条指令时,首先把程序计数器中的地址同控制信息一起送至总线上。该地址不仅加至主存,同时也加至总线上的所有外围设备。然而,只有与出现在总线上的地址相对应的设备,才执行数据传送操作。我们知道,在"取指令"情况下的地址是主存地址,所以,此时该地址所指定的主存单元的内容一定是一条指令,而且将会被传送给 CPU。取出指令之后,CPU 将检查操作码。操作码规定了对数据要执行什么操作,以及数据是流进 CPU 还是流出 CPU。对 I/O 设备操作时,完全和主存的操作方法一样来处理。当 CPU 把指令的地址字段送到总线上时:①如果该地址字段对应的地址是主存地址,则主存予以响应,从而在 CPU 和主存之间发生数据传送,而数据传送的方向由指令操作码决定。②如果该指令地址字段对应的是外围设备地址,则外围设备译码器予以响应,从而在 CPU 和与该地址相对应的外围设备之间发生数据传送,而数据传送的方向由指令操作码决定。

在单总线系统中,某些外围设备也可以指定地址。此时,外围设备通过与 CPU 中的总线控制部件交换控制信号的方式占有总线。一旦外围设备得到总线控制权后,就可向总线发送地址信号,使总线上的地址线置为适当的代码状态,以便指定它将要与哪一个设备进行信息交换。如果一个由外围设备指定的地址对应于一个主存单元,则主存予以响应,于是在主存和外设之间将进行直接存储器传送。

6.2.2 双总线结构

单总线系统中,由于所有的高速设备和低速设备都挂在同一个总线上,且总线只能分时工作,即某一时间只能允许一对设备之间传送数据,这就使信息传送的效率和吞吐量受到极大限制。为提升 CPU 与主存(DRAM)之间的访问性能,降低系统总线负载,在 CPU 与内存控制器之间额外增加了一条高速存储总线,于是出现了图 6.2 所示的双总线结构。

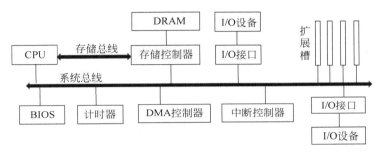

图 6.2 双总线结构

CPU 通过存储总线访问主存,而访问外部设备则通过系统总线进行,外部设备与主存之间、CPU 和主存之间的数据传送可并行进行。除此以外,图 6.3 给出了另外一种采用桥接器连接的双总线结构。该结构将计算机中的慢速设备从系统总线上分离到单独的 I/O总线上,将 CPU、主存以及一些高速设备(显卡、SCSI、高速网卡等)直接连接在局部总线(系统总线)上,而将慢速的 I/O 设备全部挂在分离的 I/O 总线上。I/O 总线与系统总线之间通过桥接器相连,桥接器是一种特殊的设备,用于连接两种不同的总线,本质上是扩展总线控制器,用于在系统总线上扩展 I/O 总线。它既可以用于 I/O 总线仲裁,也可用于实现两种不同总线之间的操作转发。

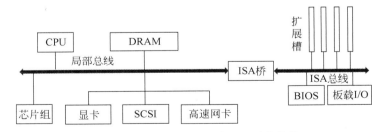

图 6.3 采用桥连接器连接的双总线结构

采用桥接器连接的双总线结构中,高速设备和慢速设备通过 ISA 桥接器进行分离,进一步提升了高速设备的性能,降低了慢速设备性能对总线性能的影响。Intel 80486 中普遍采用的 VESA 局部总线就是第一个采用这种结构的总线,但 VESA 局部总线只能支持 3 个高速设备插槽,频率直接与 CPU 相关,无法适应 CPU 更新换代的需求,很快就被与 CPU 无关的 PCI 总线所替代。

两种不同的双总线结构采用了不同的思路,前者将 CPU 和主存之间的高速访问从系统总线中分离出来,后者则将慢速的外部设备通信从系统总线中分离出来,二者的基本思想都是将总线中的慢速活动与高速活动相分离。双总线结构相比单总线结构,吞吐能力更强,CPU 的工作效率较高,但都需要增加额外的硬件设备。

6.2.3　三总线结构

PCI 总线出现以后,个人计算机总线演变成三总线结构,分别是 HOST 总线、PCI 总线、ISA 总线,如图 6.4 所示。CPU、DRAM、PCI 桥连接在 HOST 总线(又称 CPU 总线、系统总线)上;HOST 总线通过 PCI 桥连接 PCI 总线,高速设备直接连接在 PCI 总线上。为了提高 PCI 总线的负载能力,支持更多的 PCI 设备,增加了 PCI/PCI 桥来扩展 PCI 总线。PCI 总线通过 PCI/ISA 桥与更慢速的 ISA 总线连接在一起,用于连接传统的低速的串口、并口设备及 PS/2 鼠标与键盘等,这里的 ISA 总线也称为遗留总线(Legacy Bus)。

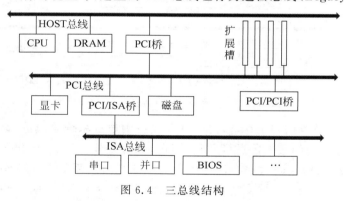

图 6.4　三总线结构

这种结构进一步将不同速率的传输活动进行细分,将最快的 CPU、DRAM 放在系统总线上,显卡、磁盘、网卡等高速设备连接在 PCI 总线上,而将传统的慢速设备连接在 ISA 总线上,计算机系统性能进一步提升。

除单总线结构外,其余的总线结构均可以称为多总线结构,多总线结构实现了高速、中速、低速设备连接到不同的总线上同时工作,用来提高总线的效率和吞吐量,并且处理机的结构变化也不会影响高速总线。

6.2.4　总线结构对总线性能的影响

在一个计算机系统中,采用不同的总线结构,往往对计算机系统的性能有很大影响。下面从 3 个方面来说明这种影响。

1) 最大存储容量

在单总线系统中,主存和外部设备进行统一编址,某些地址用于外部设备,某些地址用于主存,所以这时最大主存容量必须小于由计算机字长决定的地址总数。在双总线系统中,主存地址和外部设备地址出现在不同的总线上,属于独立编址,所以最大主存容量不会受到影响。

2）指令系统

在双总线系统中,CPU 对存储总线和系统总线必须有不同的指令,因为操作码必须规定要使用哪一条总线。但是在单总线系统中,访问主存和 I/O 可以使用相同的指令,但使用不同的地址。

3）吞吐量

计算机系统的吞吐量是指流入流出、处理信息的速率。它取决于 CPU 能够多快地取指令,数据能够多快地从内存取出或存入,以及所得结果能够多快地从内存送给一台外部设备。这些步骤中的每一步都关系到主存,因此,系统吞吐量主要取决于主存的存取周期。

由于上述原因,采用双端口存储器可以增加主存的有效速度。这意味着如果把每个端口连到不同的总线上,那么主存可以在同一时间内对两个端口完成读操作或写操作。比起一个端口来说,双端口存储器可以使更多的信息由主存输入或输出。

在三总线系统中,由于将 CPU 的一部分功能下放给通道,由通道对外部设备统一管理,并实现了外部设备与主存之间的数据直接传送,因而系统的吞吐能力比单总线和双总线要快得多。

6.3　总线的传输与接口

6.3.1　总线传输过程

一次完整的总线传输过程依时间先后顺序可细分为以下 4 个阶段。

（1）请求阶段：需要使用总线的主设备通过控制总线发出总线请求信号,由总线控制器决定将下一个总线使用权分配给哪一个请求者,申请总线的主设备收到总线许可信号后才能使用总线。请求阶段可进一步细分为传输请求和总线仲裁两个阶段。

（2）寻址阶段：获得总线使用权的主设备通过总线发出目标从设备的存储器地址或 I/O 接口地址以及有关控制命令,启动相应的从设备,与地址总线中的地址相匹配的从设备会进行自动响应。

（3）传输阶段：也称数据阶段,主要用于实现主设备和从设备之间的数据传输,既可以是主设备向从设备发送数据,也可以是主设备从从设备获取数据,通常一次传输只能传输一个计算机字长的数据。

（4）结束阶段：传输阶段结束后进入结束阶段,主设备应撤销总线请求,释放总线控制权以便总线控制器重新分配总线使用权。

通常把总线上一对主从设备之间的一次信息交换过程称为一个总线事务,总线事务类型通常根据它的操作性质来定义。典型的总线事务类型有"存储器读""存储器写""I/O 读""I/O 写""中断响应""DMA 响应"等。

总线事务一般包括一个寻址阶段和一个数据阶段,在寻址阶段发送一次地址信息和控制命令,从设备确认该地址并向主设备反馈应答信号。在数据阶段,主、从设备之间一般只能传输一个计算机字长。

6.3.2　信息传送方式

数字计算机使用二进制数,它们或用电位的高、低来表示,或用脉冲的有、无来表示。在前一种情况下,如果电位高时表示数字"1",那么电位低时则表示数字"0"。在后一种情况下,如果有脉冲时表示数字"1",那么无脉冲时就表示数字"0"。

计算机系统中,传输信息采用三种方式:串行传送、并行传送和分时传送。但是出于速度和效率上的考虑,系统总线上传送的信息必须采用并行传送方式。

1. 串行传送

当信息以串行方式传送时,只有一条传输线,且采用脉冲传送。在串行传送时,按顺序来传送表示一个数码的所有二进制位(bit)的脉冲信号,每次一位,通常以第一个脉冲信号表示数码的最低有效位,最后一个脉冲信号表示数码的最高有效位。图 6.5(a)示出了串行传送的示意图。

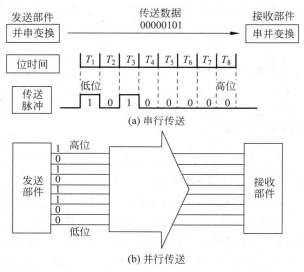

图 6.5　信息的传输方式

当串行传送时,有可能按顺序连续传送若干个"0"或若干个"1"。如果在编码时用有脉冲表示二进制数"1",无脉冲表示二进制数"0",那么当连续出现几个"0"时,则表示某段时间间隔内传输线上没有脉冲信号。为了要确定传送了多少个"0",必须采用某种时序格式,以便使接收设备能加以识别。通常采用的方法是指定位时间,即指定一个二进制位在传输线上占用的时间长度。显然,位时间是由同步脉冲来体现的。

假定串行数据是由位时间组成的,那么传送 8 个比特需要 8 个位时间。例如,如果接收设备在第一个位时间和第三个位时间接收到一个脉冲,而其余的 6 个位时间没有收到脉冲,那么就会知道所收到的二进制信息是 00000101。注意,串行传送时低位在前,高位在后。

在串行传送时,被传送的数据需要在发送部件进行并串变换,这称为拆卸;而在接收部件又需要进行串并变换,这称为装配。

串行传送的主要优点是只需要一条传输线,这一点对长距离传输显得特别重要,不管传送的数据量有多少,只需要一条传输线,成本比较低廉。

2. 并行传送

用并行方式传送二进制信息时,对每个数据位都需要单独一条传输线。信息有多少二进制位组成,就需要多少条传输线,从而使得二进制数"0"或"1"在不同的线上同时进行传送。

并行传送的过程示于图 6.5(b)。如果要传送的数据由 8 位二进制位组成(一个字节),那么就使用 8 条线组成的扁平电缆。每一条线分别代表了二进制数的不同位值。例如,最上面的线代表最高有效位,最下面的线代表最低有效位,因而图中正在传送的二进制数是 10101100。

并行传送一般采用电位传送。由于所有的位同时被传送,所以并行数据传送比串行数据传送快得多,例如,使用 32 条单独的地址线,可以从 CPU 的地址寄存器同时传送 32 位地址信息给主存。

3. 分时传送

分时传送有两种概念。一是采用总线复用方式,某个传输线上既传送地址信息,又传送数据信息。为此必须划分时间片,以便在不同的时间间隔中完成传送地址和传送数据的任务。分时传送的另一种概念是共享总线的部件分时使用总线。

6.3.3 总线接口的基本概念

I/O 功能模块通常简称为 I/O 接口,也叫适配器。广义地讲,I/O 接口是指 CPU 主存和外围设备之间通过系统总线进行连接的标准化逻辑部件。I/O 接口在它动态连接的两个部件之间起着"转换器"的作用,以便实现彼此之间的信息传送。

图 6.6 示出了 CPU、I/O 接口和外围设备之间的连接关系。外围设备本身带有自己的设备控制器,它是控制外围设备进行操作的控制部件。它通过 I/O 接口接收来自 CPU 传送的各种信息,并根据设备的不同要求把这些信息传送到设备,或者从设备中读出信息传送到 I/O 接口,然后送给 CPU。由于外围设备种类繁多且速度不同,因而每种设备都有适应它自己工作特点的设备控制器。图 6.6 中将外围设备本体与它自己的控制电路画在一起,统称为外围设备。

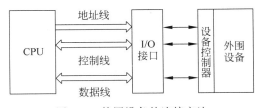

图 6.6 外围设备的连接方法

为了使所有的外围设备能在一起正确地工作,CPU 规定了不同的信息传送控制方法。不管什么样的外围设备,只要选用某种数据传送控制方法,并按它的规定通过总线和主机连接,就可进行信息交换。通常在总线和每个外围设备的设备控制器之间使用一个适配器(接口)电路来解决这个问题,以保证外围设备用计算机系统特性所要求的形式发送和接收信息。因此接口逻辑必须标准化。

一个标准I/O接口可能连接一个设备,也可能连接多个设备。图6.7是I/O接口模块的一般结构框图。

它通常具有如下功能:

(1)控制。接口模块靠指令信息来控制外围设备的动作,如启动、关闭设备等。

(2)缓冲。接口模块在外围设备和计算机系统其他部件之间作为一个缓冲器,以补偿各种设备在速度上的差异。

(3)状态。接口模块监视外围设备的工作状态并保存状态信息。状态信息包括数据"准备就绪""忙""错误"等,供CPU询问外围设备时进行分析之用。

(4)转换。接口模块可以完成任何要求的数据转换,例如并串转换或串并转换,因此数据能在外围设备和CPU之间正确地进行传送。

(5)整理。接口模块可以完成一些特别的功能,例如在需要时可以修改字计数器或当前内存地址寄存器。

(6)程序中断。每当外围设备向CPU请求某种动作时,接口模块即发生一个中断请求信号到CPU。例如,如果设备完成了一个操作或设备中存在一个错误状态,接口即发出中断。

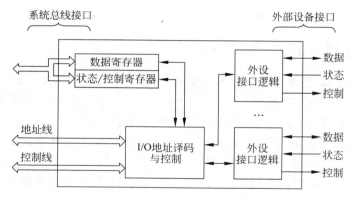

图6.7　I/O接口模块框图

事实上,一个I/O接口模块有两个连接端,一端负责与系统总线连接,该端保证CPU和I/O接口模块的数据交换一定是并行方式;另一端负责与外设连接,与外设相连的部分数据交换可能是并行方式,也可能是串行方式。因此,根据外围设备供求串行数据或并行数据的方式不同,I/O接口模块分为串行数据接口和并行数据接口两大类。

【例6.3】 利用串行方式传送字符(如图6.8所示),每秒传送的比特(bit)位数常称为波特率。假设数据传送速率是120个字符/秒,每一个字符格式规定包含10个比特位(起始位、停止位、8个数据位),问传送的波特率是多少? 每个比特位占用的时间是多少?

解:

波特率为10位×120/秒=1200波特;每个比特位占用的时间 T_d 是波特率的倒数

$$T_d = 1/1200 = 0.833 \times 10^{-3} s = 0.833 ms$$

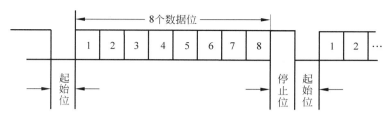

图 6.8 波特率

6.4 总线的仲裁

连接到总线上的功能模块有主动和被动两种形态。如 CPU 模块,它在不同的时间可以用作主方,也可用作从方;而存储器模块只能用作从方。主方可以启动一个总线周期,而从方只能响应主方的请求。每次总线操作,只能有一个主方占用总线控制权,但同一时间里可以有一个或多个从方。

我们知道,除 CPU 模块外,I/O 模块也可提出总线请求。为了解决多个主设备同时竞争总线控制权的问题,必须具有总线仲裁部件,以某种方式选择其中一个主设备作为总线的下一次主方。

对多个主设备提出的占用总线请求,一般采用优先级或公平策略进行仲裁。例如,在多处理器系统中对各 CPU 模块的总线请求采用公平的原则来处理,而对 I/O 模块的总线请求采用优先级策略。被授权的主方在当前总线业务一结束,即接管总线控制权,开始新的信息传送。主方持续控制总线的时间称为总线占用期。

按照总线仲裁电路的位置不同,仲裁方式分为集中式仲裁和分布式仲裁两类。

6.4.1 集中式仲裁

集中式仲裁中每个功能模块有两条线连到总线控制器:一条是送往仲裁器的总线请求信号线 BR,一条是仲裁器送出的总线授权信号线 BG。

(1) 链式查询方式。为减少总线授权线数量,采用了图 6.9(a)所示的菊花链查询方式,其中 A 表示地址线,D 表示数据线。BS 线为 1,表示总线正被某外设使用。

链式查询方式的主要特点是,总线授权信号 BG 串行地从一个 I/O 接口传送到下一个 I/O 接口。假如 BG 到达的接口无总线请求,则继续往下查询;假如 BG 到达的接口有总线请求,BG 信号便不再往下查询。这意味着该 I/O 接口就获得了总线控制权。作为思考题,读者不妨画出链式查询电路的逻辑结构图。

显然,在查询链中离总线仲裁器最近的设备具有最高优先级,离总线仲裁器越远,优先级越低。因此,链式查询是通过接口的优先级排队电路来实现的。

链式查询方式的优点是,只用很少几根线就能按一定优先次序实现总线仲裁,并且这种链式结构很容易扩充设备。

链式查询方式的缺点是对询问链的电路故障很敏感,如果第 i 个设备的接口中有关键的电路有故障,那么第 i 个以后的设备都不能进行工作。另外查询链的优先级是固定的,如果优先级高的设备出现频繁的请求时,那么优先级较低的设备可能长期不能使用总线。

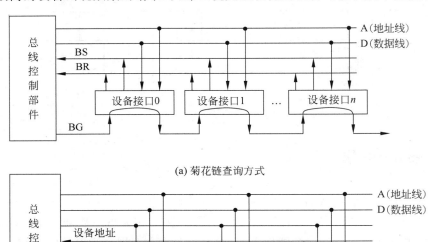

(a) 菊花链查询方式

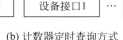

(b) 计数器定时查询方式

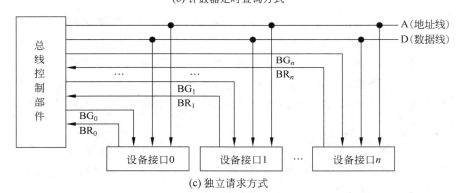

(c) 独立请求方式

图 6.9　集中式总线仲裁方式

　　(2) 计数器定时查询方式。计数器定时查询方式原理示于图 6.9(b)。总线上的任一设备要求使用总线时,通过 BR 线发出总线请求。总线仲裁器接到请求信号以后,在 BS 线为"0"的情况下让计数器开始计数,计数值通过一组地址线发向各设备。每个设备接口都有一个设备地址判别电路,当地址线上的计数值与请求总线的设备地址一致时,该设备置"1" BS 线,获得了总线使用权,此时中止计数查询。

　　每次计数可以从"0"开始,也可以从中止点开始。如果从"0"开始,各设备的优先次序与链式查询法相同,优先级的顺序是固定的。如果从中止点开始,则每个设备使用总线的优先级相等。计数器的初值也可用程序来设置,这就可以方便地改变优先次序,显然这种灵活性是以增加线数为代价的。

　　(3) 独立请求方式。独立请求方式原理示于图 6.9(c)。在独立请求方式中,每一个共享总线的设备均有一对总线请求线 BR 和总线授权线 BG。当设备要求使用总线时,便发出该设备的请求信号。总线仲裁器中有一个排队电路,它根据一定的优先次序决定首先响应哪个设备的请求,给设备以授权信号 BG。

独立请求方式的优点是响应时间快,即确定优先响应的设备所花费的时间少,用不着一个设备接一个设备地查询。其次,对优先次序的控制相当灵活。它可以预先固定,例如 BR_0 优先级最高,BR_1 次之……BR_n 最低;也可以通过程序来改变优先次序;还可以用屏蔽(禁止)某个请求的办法,不响应来自无效设备的请求。因此当代总线标准普遍采用独立请求方式。

对于单处理器系统总线而言,总线仲裁器又称为总线控制器,它是 CPU 的一部分,一般是一个单独的功能模块。

思考题　三种集中式仲裁方式中,哪种方式效率最高? 为什么?

6.4.2　分布式仲裁

分布式仲裁不需要集中的总线仲裁器,每个潜在的主方功能模块都有自己的仲裁号和仲裁器。当它们有总线请求时,把它们唯一的仲裁号发送到共享的仲裁总线上,每个仲裁器将仲裁总线上得到的号与自己的号进行比较。如果仲裁总线上的号大,则它的总线请求不予响应,并撤销它的仲裁号。最后,获胜者的仲裁号保留在仲裁总线上。显然,分布式仲裁是以优先级仲裁策略为基础。

图 6.10 表示分布式仲裁器的逻辑结构示意图。其要点如下:

(1) 所有参与本次竞争的各主设备(本例中共 8 个)将设备竞争号 CN 取反后到达仲裁总线 AB 上,以实现"线或"逻辑。AB 线低电平时表示至少有一个主设备的 CN_i 为 1,AB 线高电平时表示所有设备的 CN_i 为 0。

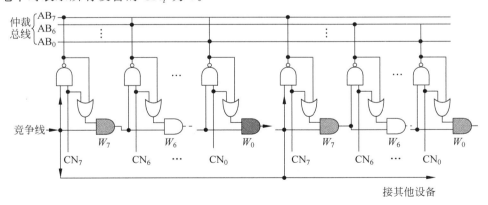

图 6.10　分布式仲裁方式示意图

(2) 竞争时 CN 与 AB 逐位比较,从最高位(b_7)至最低位(b_0)以一维菊花链方式进行,只有上一位竞争得胜者 W_{i+1} 位为 1。当 $CN_i=1$,或 $CN_i=0$ 且 AB_i 为高电平时,才使 W_i 位为 1。若 $W_i=0$ 时,将一直向下传递,使其竞争号后面的低位不能送上 AB 线。

(3) 竞争不到的设备自动撤除其竞争号。在竞争期间,由于 W 位输入的作用,各设备在其内部的 CN 线上保留其竞争号并不破坏 AB 线上的信息。

(4) 由于参加竞争的各设备速度不一致,这个比较过程反复(自动)进行,才有最后稳定的结果。竞争期的时间要足够,保证最慢的设备也能参与竞争。

6.5　总线的定时和数据传送模式

6.5.1　总线的定时

总线的一次信息传送过程,大致可分为如下五个阶段:请求总线、总线仲裁、寻址(目的地址)、信息传送、状态返回(或错误报告)。

为了同步主方、从方的操作,必须制定定时协议。所谓定时,是指事件出现在总线上的时序关系。下面介绍数据传送过程中采用的两种定时方式:同步定时和异步定时。

1. 同步定时

在同步定时协议中,事件出现在总线上的时刻由总线时钟信号来确定,所以总线中包含时钟信号线。一次 I/O 传送被称为时钟周期或总线周期。图 6.11 表示读数据的同步时序例子,所有事件都出现在时钟信号的前沿,大多数事件只占据单一时钟周期。例如在总线读周期,CPU 首先将存储器地址放到地址线上,它亦可发出一个启动信号,指明控制信息和地址信息已出现在总线上。第 2 个时钟周期发出一个读命令。存储器模块识别地址码,经一个时钟周期延迟(存取时间)后,将数据和认可信息放到总线上,被 CPU 读取。如果是总线写周期,CPU 在第 2 个时钟周期开始将数据放到数据线上,待数据稳定后 CPU 发出一个写命令,存储器模块在第 3 个时钟周期存入数据。

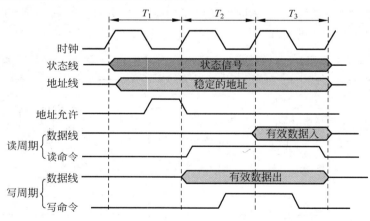

图 6.11　同步总线操作时序

由于采用了公共时钟,每个功能模块什么时候发送或接收信息都由统一时钟规定,因此,同步定时具有较高的传输频率。

同步定时适用于总线长度较短、各功能模块存取时间比较接近的情况。这是因为同步方式对任何两个功能模块的通信都给予同样的时间安排。由于同步总线必须按最慢的模块来设计公共时钟,当各功能模块存取时间相差很大时,会大大损失总线效率。

2. 异步定时

在异步定时协议中,后一事件出现在总线上的时刻取决于前一事件的出现,即建立在应答式或互锁机制基础上。在这种系统中,不需要统一的公共时钟信号。总线周期的长度是可变的。

图 6.12(a)表示系统总线读周期时序图。CPU 发送地址信号和读状态信号到总线上。待这些信号稳定后,它发出读命令,指示有效地址和控制信号的出现。存储器模块进行地址译码并将数据放到数据线上。一旦数据线上的信号稳定,则存储器模块使确认线有效,通知 CPU 数据可用。CPU 由数据线上读取数据后,立即撤销读状态信号,从而引起存储器模块撤销数据和确认信号。最后,确认信号的撤销又使 CPU 撤销地址信息。

图 6.12(b)表示系统总线写周期时序图。CPU 将数据放到数据线上,与此同时启动状态线和地址线。存储器模块接受写命令从数据线上写入数据,并使确认线上信号有效。然后,CPU 撤销写命令,存储器模块撤销确认信号。

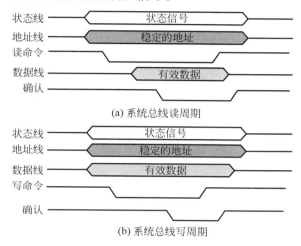

(a) 系统总线读周期

(b) 系统总线写周期

图 6.12 异步总线操作时序

异步定时的优点是总线周期长度可变,不把响应时间强加到功能模块上,因而允许快速和慢速的功能模块都能连接到统一总线上。但这以增加总线的复杂性和成本为代价。

思考题 你能说出同步定时与异步定时各自的应用环境吗?

【例 6.4】 某 CPU 采用集中式仲裁方式,使用独立请求与菊花链查询相结合的二维总线控制结构。每一对请求线 BR_i 和授权线 BG_i 组成一对菊花链查询电路。每一根请求线可以被若干个传输速率接近的设备共享。当这些设备要求传送时通过 BR_i 线向仲裁器发出请求,对应的 BG_i 线则串行查询每个设备,从而确定哪个设备享有总线控制权。请分析说明图 6.13 所示的总线仲裁时序图。

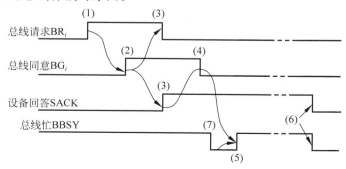

图 6.13 某 CPU 总线仲裁时序图

解：从时序图看出，该总线采用异步定时协议。

当某个设备请求使用总线时，在该设备所属的请求线上发出申请信号 BR_i(1)。CPU按优先原则同意后给出授权信号 BG_i 作为回答(2)。BG_i 链式查询各设备，并上升从设备回答 SACK 信号证实已收到 BG_i 信号(3)。CPU 接到 SACK 信号后下降 BG 作为回答(4)。在总线"忙"标志 BBSY 为"0"情况该设备上升 BBSY，表示该设备获得了总线控制权，成为控制总线的主设备(5)。在设备用完总线后，下降 BBSY 和 SACK(6)释放总线。

在上述选择主设备过程中，可能现行的主从设备正在进行传送。此时需等待现行传送结束，即现行主设备下降 BBSY 信号后(7)，新的主设备才能上升 BBSY，获得总线控制权。

6.5.2　总线数据传送模式

当代的总线标准大都能支持以下四类模式的数据传送，如图 6.14 所示。

(1) 读、写操作。读操作是由从方到主方的数据传送；写操作是由主方到从方的数据传送。一般，主方先以一个总线周期发出命令和从方地址，经过一定的延时，再开始数据传送总线周期。为了提高总线利用率，减少延时损失，主方完成寻址总线周期后可让出总线控制权，以使其他主方完成更紧迫的操作。然后再重新竞争总线，完成数据传送总线周期。

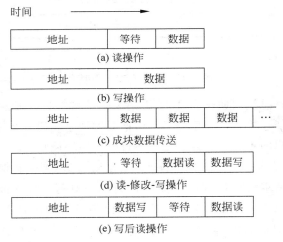

图 6.14　总线数据传送模式

(2) 块传送操作。只需给出块的起始地址，然后对固定块长度的数据一个接一个地读出或写入。对于 CPU(主方)-存储器(从方)而言的块传送，常称为猝发式传送，其块长一般固定为数据线宽度(存储器字长)的 4 倍。例如一个 64 位数据线的总线，一次猝发式传送可达 256 位。这在超标量流水中十分有用。

(3) 写后读、读修改写操作。这是两种组合操作。只给出地址一次(表示同一地址)，或进行先写后读操作，或进行先读后写操作。前者用于校验目的，后者用于多道程序系统中对共享存储资源的保护。这两种操作和猝发式操作一样，主方掌管总线直到整个操作完成。

6.6 常用总线

计算机发展到今天已经出现了大量的总线标准,但总的趋势是不断追求高性能、高带宽,高速设备离 CPU 越来越近甚至集成到 CPU 中,如内存控制器和显卡控制器接口等,慢速设备离 CPU 越来越远。另外要注意的是由于并行传输的高频障碍问题,现代高速总线中普遍采用多路并行的高速串行传输技术,如前端总线 FSB 演变成了 QPI 串行总线,PCI 总线演变成了 PCIe,磁盘总线从 PATA 演变成了 SATA,SCSI 接口演变成了 SAS;还有高速的 USB 3.0 和 InfiniBand 总线均采用高速串行方式进行传输。下面按照总线分类分别简单介绍个人计算机中常用的一些总线标准。

6.6.1 常用片内总线

1. AMBA 总线

AMBA(Advanced Microcontroller Bus Architecture)标准是 ARM 公司 1996 年发布的片内总线开放标准,定义了高性能嵌入式微控制器的通信标准,方便用户将 RISC 处理器集成在其他 IP 芯核和外部设备中。它是有效连接 IP 核的"数字胶",是 ARM 复用策略的重要组件。AMBA 总线包括 AHB(Advanced High-performance Bus)、ASB(Advanced System Bus)和 APB(Advanced Peripheral Bus)3 组总线。AHB 用来开发高带宽处理器中的片上总线,应用于高性能、高时钟频率的系统模块,构成高性能的系统骨干总线。ASB 是第一代 AMBA 系统总线,同 AHB 相比,它数据宽度要小一些。APB 是本地二级总线,通过桥和 AHB、ASB 相连,主要用于中低速设备互连。目前 AMBA 标准已经升级为 4.0 版本,称为 AXI(Advanced eXtensible Interface),是种面向高性能、高带宽、低延迟的片内总线。

2. Wishbone 总线

Wishbone 总线标准是 Silicore 公司于 1999 年提出的开源并行总线标准,用于芯片内部软、固核以及硬核之间的互连。可大大降低芯片内部系统组件集成的难度,提高系统组件的可重性、可靠性和可移植性,大大提高芯片开发速度。该总线采用简单的同步时序,支持点对点、数据流、共享总线、交叉开关 4 种连接方式,对开发工具和目标硬件没有特殊要求。Wishbone 线标准简单、开放、高效、易于实现且完全免费,在芯片设计中被广泛使用。

6.6.2 常用系统总线

1. ISA

ISA(Industrial Standard Architecture)总线标准是 IBM 公司 1984 年为推出 PC/AT 机而建立的系统总线标准,也称 PC/AT 总线。它是对 PC/XT 总线的扩展,以满足 8/16 位数据总线的要求。在 80286 至 80486 时代应用非常广泛,后来 ISA 由系统总线演变成 I/O 总线,成为遗留总线,甚至被 LPC 总线替代。ISA 总线的数据线为 16 位,地址线为 24 位,共有 98 个引脚;总线时钟频率为 8.3MHz,独立于 CPU 工作频率;总线带宽为 16MB/s,

采用单总线结构；主存和外部设备都连接在此总线上，不支持总线主控，只有 CPU 和第三方 DMA 控制器可以控制总线。

早期为了利用市场上丰富的各类中、低速适配卡，如声卡、CD-ROM 适配器、以太网卡等，一些微型机如奔腾机主板上，保留有 ISA 总线的插槽。ISA 总线此时连接中、低速 I/O 设备，由 PCI/ISA 桥芯片提供对 ISA 总线的全面控制逻辑，包括中断和 DMA 控制。ISA 总线时钟频率典型位为 8.33MHz。ISA 总线的每个插槽由一个长槽和一个短槽组成。长槽每列 31 个引脚，编号为 $A_1 \sim A_{31}$ 和 $B_1 \sim B_{31}$；短槽每列有 18 个引脚，编号为 $C_1 \sim C_{18}$ 和 $D_1 \sim D_{18}$。ISA 总线插槽上的引脚信号定义如表 6.2 所示。

表 6.2　ISA 总线插槽上的引脚信号

引脚名	功　能	属　性	引脚名	功　能	属　性
A_1	$\overline{\text{I/OCHK}}$	IN	B_{28}	BALE	OUT
$A_2 \sim A_9$	$SD_7 \sim SD_0$	I/O	B_{29}	$+5V$	电源
A_{10}	I/O CHRDY	IN	B_{30}	OSC	OUT
A_{11}	AEN	OUT	B_{31}	GND	电源
$A_{12} \sim A_{31}$	$SA_{19} \sim SA_0$	I/O	C_1	$\overline{\text{SBHE}}$	I/O
B_1	GND	电源	$C_2 \sim C_8$	LA23~LA17	I/O
B_2	RESETT DRV	OUT	C_9	$\overline{\text{MEMR}}$	I/O
B_3	$+5V$	电源	C_10	$\overline{\text{MEMW}}$	I/O
B_4	IRQ9	IN	$C_{11} \sim C_{18}$	$SD_8 \sim SD_{15}$	I/O
B_5	$-5V$	电源	D_1	$\overline{\text{MEMCS16}}$	IN
B_6	DRQ2	IN	D_2	$\overline{\text{I/OSS16}}$	IN
B_7	$-12V$	电源	D_3	IRQ10	IN
B_8	$\overline{\text{OWS}}$	IN	D_4	IRQ11	IN
B_9	$+12V$	电源	D_5	IRQ12	IN
B_{10}	GND	电源	D_6	IRQ15	IN
B_{11}	$\overline{\text{SMEMW}}$	OUT	D_7	IRQ14	IN
B_{12}	$\overline{\text{SMEWR}}$	OUT	D_8	$\overline{\text{DACK0}}$	OUT
B_{13}	$\overline{\text{IOW}}$	I/O	D_9	DRQ0	IN
B_{14}	$\overline{\text{IOR}}$	I/O	D_{10}	$\overline{\text{DACK5}}$	OUT
B_{15}	$\overline{\text{DACK3}}$	OUT	D_{11}	DRQ5	IN
B_{16}	DRQ3	IN	D_{12}	$\overline{\text{DACK6}}$	OUT
B_{17}	$\overline{\text{DACK1}}$	OUT	D_{13}	DRQ6	IN
B_{18}	DRQ1	IN	D_{14}	$\overline{\text{DACK7}}$	OUT
B_{19}	$\overline{\text{REFRESH}}$	I/O	D_{15}	DRQ7	IN
B_{20}	SYSCLK	OUT	D_{16}	$+5V$	电源
$B_{21} \sim B_{25}$	IRQ7~IRQ3	IN	D_{17}	$\overline{\text{MASTER}}$	IN
B_{26}	$\overline{\text{DACK2}}$	OUT	D_{18}	GND	电源
B_{27}	T/C	OUT			

表中第三列中的 I/O 表示引脚信号的输入、输出方向。输入是指插卡送往主板,输出是指主板送往插卡。其中 $SD_8 \sim SD_{15}$ 和 $SD_0 \sim SD_7$ 称为系统数据线,即 ISA16 位数据线。$SA_0 \sim SA_{19}$ 称为系统地址线,$LA_{17} \sim LA_{23}$ 称为不锁存地址线,它们一起提供 16MB 的存储器寻址能力。注意,这时候 $SA_{19} \sim SA_{17}$ 与 $LA_{19} \sim LA_{17}$ 功能重叠。前者有锁存功能,是 PC 总线,用于 8 位机;后者无锁存功能,是 ISA 总线,用于 16 位机。

使用 ISA 适配器卡时要特别注意 I/O 接口地址。表 6.3 列出了 Intel 80x86 处理器 I/O 地址空间的划分和典型使用。

表 6.3 ISA 总线 I/O 接口地址的典型使用情况

I/O 口地址 (十六进制)	设备(系统板上的外部电路)	I/O 口地址 (十六进制)	设备(适配器卡上的外部电路)
000～01F	DMA 控制器 1,8237A-5	200～207	游戏 I/O 口
020～03F	中断控制器 1,8259A(主)	278～27F	串行口 2
040～05F	定时器,8254-2	300～31F	样卡
060～06F	8042(键盘接口处理器)的 PB 口	360～36F	保留
070～07F	实时时钟、NM1 屏蔽寄存器	378～37F	并行打印机口 2
080～09F	DMA 页面寄存器	380～38F	SDLC,双同步 2
0A0～0BF	中断控制器 2,8259(从)	3A0～3AF	双同步 1
0C0～0DF	DMA 控制器 2,8237A-5	3B0～3BF	单色显示器和打印机适配器
0F0	清除浮点运算协处理器忙信号	3C0～3CF	保留
0F1	复位浮点运算协处理器	3D0～3DF	彩色/图形监视器适配器
0F8～0FF	浮点运算协处理器	3F0～3F7	软磁盘控制器
1F0～1F8	硬磁盘	3F8～3FF	串行口 1

2. MCA

MCA(Micro Channel Architecture)总线是 IBM 公司 1987 年配合 IBMPS/2 系列微机推出的,目的是解决快速微处理器和 ISA 总线之间的性能差异。MCA 总线采用单总线设计,通过使用多格复用器来处理存储器和 I/O 接口的数据传输,包含 55 个引脚,支持 16/32 位并行传输,支持突发传输模式,工作频率为 10MHz,总线带宽为 40MB/s,受 IBM 公司专利的影响,该总线并没有成为流行的总线标准。

3. EISA

EISA(Extended Industry Standard Architecture)总线标准是 1988 年由 Compaq 等 9 家公司在 ISA 总线基础上推出的新一代总线标准。198 个引脚的 EISA 总线完全兼容 ISA 总线信号,数据线和地址线均扩展为 32 位,支持总线主控和突发传输模式,工作频率为 8.33MHz,总线带宽约为 33MB/s。

4. VESA

VESA(Video Electronics Standards Association)总线是 1992 年由视频电子标准协会推出的一种局部总线,是系统总线结构的一次重大革新,代表总线正式进入双总线时代。此时 CPU 与主存、Cache 通过 CPU 总线连接,通过局部总线控制器将高速设备与 CPU 总线相连,还可以通过扩展总线控制器连接 ISA/EISA 总线,此时 ISA/EISA 总线从系统总线演变成了 I/O 扩展总线。VESA 总线包括 112 个引脚,32 位数据线,时钟频率为 33MHz,总线带宽为 133MB/s。与 CPU 同步工作,可支持 386SX、386DX、486SX、486DX 及奔腾微处理器。由于 VESA 总线的功能和时序依赖于处理器引脚,几乎是处理器信号的延伸和扩展,因此只是昙花一现,很快被与 CPU 无关的 PCI 总线取代。

5. PCI

PCI(Peripheral Component Interconnect)总线是 Intel 公司 1991 年推出的一种与处理器无关的局部总线。PCI 总线将多级总线结构引入个人计算机,不同总线之间通过相应的桥芯片来转接。其由于独特的处理器无关特性,从奔腾 CPU 开始流行了相当长的时间。PCI 总线包括 62 个引脚,包含 32 位数据总线,采用了总线复用技术来减少引脚数目。支持总线主控、集中式仲裁,采用同步方式进行并行数据传输,时钟频率为 33/66MHz,最大数据传输速率为 133/266MB/s。后续又出现了 94 针的 64 位 PCI 总线,另外还衍生出了应用于工业计算机的 Compact PCI 总线标准,以及 1999 年推出的应用于服务器的 PCI−X 总线标准,频率为 133MHz,采用 QDR 技术,总线带宽可达 4.26GB/s。

PCI 总线被公认为比 EISA 总线控制器或者微通道 MCA 控制器更加智能化。它能引导处理机通过恰当的 PCI 设备实施访问操作,它甚至通过筛选程序对使用总线请求逐一进行筛选以期达到最佳性能。

为了能指示出外部设备出现的总线周期类型,PCI 总线桥能发出 16 种不同的总线操作命令。这种信息是通过 $C/\overline{BE}_3 \sim C/\overline{BE}_0$(命令/字节允许)信号线被实施多路传送,而且是在每一个总线周期的地址操作步骤期间传送出去的。

表 6.4 列出了 PCI 标准 2.0 版的必有类信号名称及其功能描述。

它采用 32-64 位数据线和 32 位地址线,数据线和地址线是一组线,分时复用。使用同步时序协议,总线时钟为方波信号,频率为 33.3MHz。总线所有事件都出现在时钟信号的下跳沿,正好是时钟周期的中间。采样发生在时钟信号的上跳沿。PCI 采用集中式仲裁方式,每个 PCI 主设备都有总线请求 $\overline{REQ}$ 和授权 $\overline{GNT}$ 两条信号线与中央仲裁器相连。in 表示输入线,out 表示输出线,t/s 表示双向三态信号线,s/t/s 表示一次只被一个拥有者驱动的抑制三态信号线,o/d 表示开路驱动,允许多个设备以线或方式共享此线。

总线周期类型由 $C/\overline{EN}$ 线上的总线命令给出。总线周期长度由周期类型和 $\overline{PRAME}$(帧)、$\overline{IRDY}$(主就绪)、$\overline{TRDY}$(目标就绪)、$\overline{STOP}$(停止)等信号控制。一个总线周期由一个地址期和一个或多个数据期组成。启动此总线周期的主设备,在地址期送出总线命令和目标设备地址,而目标设备以 $\overline{DEVSEL}$(设备选择)信号予以响应。还有一个 IDSEL(初始化设备选择)信号,用以配置读写期间的芯片选择。

除必有类信号外,还有 16 种可选类信号线。除一组信号线用于扩充到 64 位传送外,其他三组信号分别用于 Cache 一致性支持、中断请求、测试与边界扫描。其中,中断请求信号线是开路驱动,允许多个设备共享一条中断请求信号线。电源线和地线未列入表中。2.0 版定义了 5V 和 3.3V 两种信号环境,更新的版本均使用 3.3V 工作电压。

表 6.4　PCI 信号线（必有类信号）

信号名称	类型	信号功能说明
CLK	in	总线时钟线,提供同步时序基准,2.0 版为 33.3MHz 方波信号
$\overline{\text{RST}}$	in	复位信号线,强制所有 PCI 寄存器、排序器和信号到初始态
AD[31-0]	t/s	地址和数据复用线
C/$\overline{\text{EN}}$[3-0]	t/s	总线命令和字节有效复用线,地址期载 4 位总线命令,数据期指示各字节有效与否
PAR	t/s	奇偶校验位线,对 AD[31-0] 和 C/BE[3-0] 实施偶校验
$\overline{\text{FRAME}}$	s/t/s	帧信号,当前主方驱动它有效以指示一个总线业务的开始,并一直持续,直到目标方对最后一次数据传送就绪而撤除
$\overline{\text{IRDY}}$	s/t/s	当前主方就绪信号,表明写时数据已在 AD 线上,读时主方已准备好接收数据
$\overline{\text{TRDY}}$	s/t/s	目标方就绪信号,表明写时目标方已准备好接收数据,读时有效数据已在 AD 线上
$\overline{\text{STOP}}$	s/t/s	停止信号,目标方要求主方终止当前总线业务
$\overline{\text{LOCK}}$	s/t/s	锁定信号,指示总线业务的不可分割性
$\overline{\text{DEVSEL}}$	s/t/s	设备选择信号。当目标设备经地址译码被选中时驱动此信号。另外也作为输入线,表明在总线上某个设备被选中
IDSEL	in	初始化设备选择,读写配置空间时用作芯片选择(此时不需地址译码)
$\overline{\text{REQ}}$	t/s	总线请求信号,潜在主方送往中央仲裁器
$\overline{\text{GNT}}$	t/s	总线授权信号,中央仲裁器送往主设备作为下一总线主方
$\overline{\text{PERR}}$	s/t/s	奇偶错误报告信号
$\overline{\text{SERR}}$	o/d	系统错误报告信号,包括地址奇偶错和其他非奇偶的系统严重错误

PCI 总线周期由当前被授权的主设备发起。PCI 支持任何主设备和从设备之间点到点的对等访问,也支持某些主设备的广播读写。

PCI 总线周期类型由主设备在 C/$\overline{\text{EN}}$[3-0] 线上送出的 4 位总线命令代码指明,被目标设备译码确认,然后主从双方协调配合完成指定的总线周期操作。4 位代码组合可指定 16 种总线命令,但实际给出 12 种。表 6.5 中列出了 PCI 总线桥的总线操作命令以及每条命令的简要说明。

表 6.5　PCI 总线命令类型

C/$\overline{\text{BE}}$[3210]	命 令 类 型	C/$\overline{\text{BE}}$[3210]	命 令 类 型
0000	中断确认周期	1000	保留
0001	特殊周期	1001	保留
0010	I/O 读周期	1010	配置读周期
0011	I/O 写周期	1011	配置写周期
0100	保留	1100	存储器多重读周期
0101	保留	1101	双地址周期
0110	存储器读周期	1110	存储器读行周期
0111	存储器写周期	1111	存储器写和使无效周期

存储器读/写总线周期:以猝发式传送为基本机制,一次猝发式传送总线周期通常由一个地址期和一个或几个数据周期组成。存储器读/写周期的解释,取决于 PCI 总线上的存

储器控制器是否支持存储器/Cache 之间的 PCI 传输协议。如果支持,则存储器读/写一般是通过 Cache 来进行;否则,是以数据块非缓存方式来传输。

存储器写和使无效周期:与存储器写周期的区别在于,前者不仅保证一个完整的 Cache 行被写入,而且在总线上广播"无效"信息,命令其他 Cache 中的同一行地址变为无效。关于存储器读的三个总线周期的说明示于表 6.6 中。

表 6.6　存储器读命令的说明

读命令类型	对于有 Cache 能力的存储器	对于无 Cache 能力的存储器
存储器读	猝发式读取 Cache 行的一半或更少	猝发读取 1~2 个存储字
存储器读行	猝发长度为 0.5~3 个 Cache 行	猝发长度为 3~12 个存储字
存储器多重读	猝发长度大于 3 个 Cache 行	猝发长度大于 12 个存储字

特殊周期:用于主设备将其信息(如状态信息)广播到多个目标方。它是一个特殊的写操作,不需要目标方以 $\overline{\text{DEVSEL}}$ 信号响应。但各目标方须立即使用此信息,无权中止此写操作过程。

配置读/写周期:是 PCI 具有自动配置能力的体现。PCI 有三个相互独立的物理地址空间,即存储器、I/O、配置空间。所有 PCI 设备必须提供配置空间,而多功能设备要为每一实现功能提供一个配置空间。配置空间是 256 个内部寄存器,用于保存系统初始化期间设置的配置参数。CPU 通过 HOST 桥的两个 32 位专用寄存器(配置地址、配置数据)来访问 PCI 设备的配置空间。即 HOST 桥根据 CPU 提供给这两个寄存器的值,生成 PCI 总线的配置读/写周期,完成配置数据的读出或写入操作。

双地址周期:用于主方指示它正在使用 64 位地址。

6. FSB 与 BSB

FSB(Front-side Bus)是 Intel 公司在 20 世纪 90 年代提出的高速 CPU 总线概念,采用同步并行方式进行传输,主要用于连接 CPU 与北桥芯片 MCH,而将 CPU 连接板载二级 Cache 的总线称为后端总线 BSB(Back-side Bus),后端总线速度大于前端总线,但由于板载二级 Cache 的消失而不复存在。常见前端总线频率有 100MHz、133MHz、200MHz、400MHz、500MHz,其直接影响 CPU 与内存数据的交换速度,总线带宽计算方式请参考 8.1.5 节。目前前端总线结构已经被 AMD 公司的 HT 总线以及 Intel 公司的 QPI 和 DMI 总线架构取代。

7. IHA

IHA(Intel Hub Architecture)总线是 Intel 公司 1999 年在 Intel 810 北桥芯片组中引入的连接南桥芯片(ICH)的并行传输总线,也称为 Hub-Link 总线。IHA 总线带宽为 266MB/s,北桥芯片 MCH 需要连接 AGP 和内存,而南桥芯片需要连接 PCI、USB、声卡、IDE 存储接口和网卡。其后续 2.0 版本可以支持 1GB/s 的传输速率。

8. HT

HT(Hyper Transport)总线是 AMD 公司 2001 年推出的 CPU 高速串行总线,用于芯片间的高速连接,主要用于处理器与处理器、处理器与芯片组、芯片组的南北桥、路由器控制芯片等的点对点连接,得到了业界的广泛支持。HT 总线已经从 1.0 发展到 4.0 版本。HT 总线采用点对点的全双工传输线路,引入抗干扰能力强的低电压差分信号技术,命令信号、地址信号和数据信号共享一个数据路径,支持 DDR 技术,最多支持 32 路串行传输链路并发,是典型的并串行传送方式。HT 3.1 的传输频率高达 3.2GHz,如果采用 DDR 技术,常见的 16 路 HT 总线双向带宽=2×3.2GHz×2×16/8=25.6GHz/s。

9. QPI

QPI(Quick Path Interconnect)总线是 Intel 公司为对抗 AMD 的 HT 总线而推出的新一代 CPU 总线,它代替了前端总线技术,主要用于多 CPU 互连或 CPU 与高速系统组件之间的互连。它是一种基于包传输的高速串行同步点对点连接协议,采用差分信号与专门的同步时钟进行全双工传输,一个传输方向上有 42 根线,包括 20 对差分串行数据传输线和一对差分时钟信号,是典型的并串行发送,双向共 84 根线。QPI 总线总带宽也可以达到 25.6GB/s。

10. DMI

DMI(Direct Media Interface)总线是 Intel 公司 2004 年推出的用于连接主板南北桥的总线,取代了之前并行的 Hub-Link 总线。DMI 总线本质上是 PCIe 总线,共享了 PCIe 总线的很多特性,采用多通道全双工串行点对点的连接方式;单通道工作频率为 2.5GHz,采用 8bit/10bit 编码方式,包括 4 条通道,可并发同步传输,总线带宽为双向 2GB/s。

DMI 总线首次出现在 Intel 9×× 系列北桥芯片组中,北桥芯片功能集成进 CPU 后,显卡采用 PCIe×16 的通道直连 CPU,前端总线被取消,DMI 总线不再用于连接南北桥芯片,而是用于连接 CPU 与南桥芯片组 PCH。从 Intel 100 系列芯片组开始,DMI 总线进一步升级到 3.0,工频率为 8GHz,采用 128bit/130bit 编码方式,编码效率为 98.46%,此时双向 DMI 总线带宽为 2×(总线时钟频率×编码率×并发通路数)/8=2×(8GHz×128/130×4)/8=7.88GB/s≈8GB/s。

6.6.3　常用 I/O 总线

1. AGP

AGP(Accelerated Graphics Port)总线是 Intel 公司 1996 年推出的显卡专用局部总线,基于 CI 2.1 版规范扩充修改而成,采用点对点通道方式,目的是提升图形处理性能,解决 PCI 总线传输瓶颈问题。AGP 总线直接连接在北桥芯片上,工作频率为 66.7MHz,总线位宽为 32 位,最大数据传输速率为 266MB/s,是传统 PCI 总线带宽的 2 倍,采用 DDR 技术,最大数据传输速率可达 533MB/s;后来又依次推出了 AGP2x、4x、8x 多个版本,总线带宽可达 2.1GB/s。

2. PCI Express

PCI Express 是 Intel 公司在 2001 年提出的高速串行计算机扩展总线标准,原名 3GIO,旨在替代 PCI、PCI-X 和 AGP 总线标准,也称为 PCI-e 或 PCIe。PCIe 总线颠覆了传统总线结构,改并行总线为串行总线,改共享连接为专用的点到点连接。每个设备都有独立的连接链路,支持热插拔,支持 1~40 条通路并发,如常见的 PCIex8 表示 8 条通路并发;而每条通路由两对差分信号线组成双单工串行传输通道,没有专用的数据、地址、控制和时钟线,总线上将各种事务组织成信息包来传送。

PCIe 1.0 工作频率高达 2.5GHz,其传输速率可以用 2.5GT/s(Giga Transmission per second)表示。PCI-1.0x4 采用 8bit/10bit 编码方式,编码效率为 0.8,其单向带宽为 2.5GHz×(8/10)×4/8=1GB/s。双向带宽为 2GB/s,同理 PCIe×16 双向带宽可以达到 8GB/s。PCIe 2.0 工作频率为 5GHz,传输速率提高了一倍;而 PCIe 3.0 频率为 8GHz,编码方式为 128bit/130bit,PCIe 3.0×40 双向带宽约为 80GB/s。

3. LPC

LPC(Low Pin Count)总线是 Intel 公司 1997 年推出的一款用于代替南桥芯片中遗留 ISA 总线的并行总线,用于连接南桥和 Super I/O 芯片、Flash BIOS 等老旧设备,该总线免费授权给业界使用。Intel 公司将 ISA 总线的地址数据复用,数据位宽由 16 位变成 4 位,信号线数量大幅减少,工作频率为 33MHz,由 PCI 总线时钟同步驱动,在保持 ISA 总线最大传输速率 16MB/s 不变的情况下减少了 25~30 个信号管脚,有效减少了 SuperI/O 芯片、Flash 芯片的引脚和体积,简化了主板的设计,这也是 LPC 得名的原因。

4. SPI

SPI(Serial Peripheral Interface)是摩托罗拉公司 2000 年推出的一种同步串行总线接口。SPI 总线是一种适合短距离传输的高速全双工同步串行总线,可以实现多个 SPI 外部设备的互连,传输速率最高可达 50Mbit/s,只需要 3~4 根线,节约了芯片的管脚,方便 PCB 的布局。正是出于这种简单易用的特性,如今越来越多的芯片集成了这种通信协议。SPI 是事实标准,并没有官方标准,不同厂商的实现会有不同。

5. I^2C

I^2C(Inter-Integrated Circuit)总线是飞利浦公司 1982 年开发的半双工同步串行总线,用于短距离连接微控制器与低速外部设备芯片,是微电子通信控制领域广泛采用的一种总线标准。I^2C 通过串行数据(SDA)线和串行时钟(SCL)线两根线在连接器件间传递信息,具有接口线少、控制方式简单、器件封装形式小、通信速率较高等优点。在主从通信中,可以有多个 PC 总线器件同时接到 I^2C 总线上,通过地址来识别通信对象,最初传输速率为 100kbit/s,目前大约为 3.4Mbit/s。

6. SMBus 总线

SMBus(System Management Bus)总线标准是 Intel 公司 1995 年提出的应用于移动 PC 和桌面 PC 系统中的低速率通信总线标准,基于 I^2C 总线标准构建,也只包括两条线缆,最初用于笔记本智能电池管理,现在用于控制主板上的设备并收集相应的信息。

7. ATA/IDE

IDE(Integrated Drive Electronics)也称为 ATA(Advanced Technology Attachment),

是由康柏、西部数据等公司于 1986 年联合推出的硬盘标准接口,其字面意思是指把"硬盘控制器"与"盘体"集成在一起。这种方法可有效减少与缩短硬盘接口的电缆数目与长度,增强数据传输的可靠性,方便硬盘制造和连接;除了硬盘外,IDE 接口还可用于连接光驱等存储设备。它使用一个 40 芯并行线缆与主板进行连接,一条线缆只能连接两个设备,与现在流行的串行 SATA 相比,它也可以称为并行 ATA(PATA)。从诞生至今,ATA 接口共推出了 7 个不同的版本,位宽从早期 40 芯发展到 80 芯,总线带宽也从 16.6MB/s 发展到 ATA 133 的 133MB/s。IDE 接口价格低廉、兼容性强,但数据传输速率慢、线缆长度过短、连接设备少,目前已经退出历史舞台,被 SATA 接口代替。

8. SATA

SATA(Serial Advanced Technology Attachment)是 2001 年由 Intel、IBM、Dell、APT、Maxtor 和 Seagate 等公司共同推出的硬盘接口规范。SATA 接口简单,只有 7 根传输线缆,支持热插拔,传输速率快,SATA1.0 工作频率为 1.5GHz,总线带宽为 150MB/s,而 SATA3.0 已经高达 600MB/s。SATA 接口采用点对点的串行连接方式,大大减少了引脚数目和接口体积,连接线缆变少,SATA 总线使用嵌入式时钟信号,具备较强的纠错能力,大大提高了数据传输的可靠性。后来还衍生出了小尺寸的 mSATA(mini SATA)和连接外部存储设备的 eSATA(external SATA)接口。

9. SCSI

SCSI(Small Computer System Interface)是小型计算机系统接口标准,是 ANSIX3T9 技术委员会 1986 年发布的连接计算机与高速外部设备的并行总线协议,与同年发布的 IDE 接口完全不同,IDE 接口是针对硬盘的标准接口,而 SCSI 并不是专门为硬盘设计的接口,而是一种广泛应用于小型机上的高速数据传输技术。1 个 SCSI 接口控制器最多可连接 7 个 SCSI 外部设备,它采用了总线专用技术,可连接硬盘驱动器、软盘驱动器、CD-ROM、扫描仪、打印机及多媒体设备等。SCSI 接口最初是为磁盘设备设计的,但很快得到广泛的认可。由于它是一种系统级接口,因此可以同时接到各种不同设备的任意一种,并通过高级命令与之通信。SCSI 作为 I/O 接口,主要用于磁盘,还广泛用于 CD-ROM、磁带、扫描仪、打印机等设备。SCSI 接口实际上是一个 I/O 处理器(IOP),可以分担 CPU 的很多工作,数据位宽为 8~16 位,SCSI-1、2、3 的引脚数分别是 25 个、50 个、68 个。最快的 Ultra 640 的传输频率为 160MHz,总线带宽为 640MB/s,既可支持同步传输,也可支持异步传输。采用菊花链结构,可以连接 8~16 个设备。SCSI 接口具有应用范围广、多任务、带宽大、CPU 占用率低以及支持热插拔等优点,但高昂的价格使它主要应用于中、高端服务器和高档工作站中,目前已经被串行 SCSI 协议(SAS)取代。

10. SAS 总线

SAS(Serial Attached SCSI)也称串行 SCSI,是由 ANSI INCITS T10 技术委员会开发及维护的新的存储接口标准。与并行 SCSI 方式相比,串行方式能提供更快速的通信传输速率以及更简易的配置,此外 SAS 接口与 SATA 兼容,且二者可以使用相同的连接电缆。

11. Fiber Channel

Fiber Channel(光纤通道)是 ANSI INCITS T11 技术委员会 1988 年发布的高速串行数据传输协议,采用开关矩阵方式进行连接。2019 年推出的第七代光纤通道协议总线带宽已经可以达到 25.6GB/s。光纤通道具有支持热插拔、高带宽、可远程连接、连接设备数量大、价格昂贵等特点。光纤通道和 SCSI 接口一样,最初也不是为硬盘设计开发的接口技术,而是专门为网络系统设计的,后来才逐渐应用到存储系统中,用于企业级磁盘以及存储系统的互连。

6.6.4　常用外部总线

1. RS-232-C 与 RS-485

RS-232-C 是美国电子工业协会(Electronic Industry Association,EIA)1960 年制定的一种串行物理接口标准。RS 是"推荐标准"的缩写,RS-232-C 总线标准设有 25 条信号线,包括一个主通道和一个辅助通道,在多数情况下主要使用主通道。对于一般双工通信,仅需一条发送线、一条接收线及一条地线即可实现,常见的计算机上的串口只有 9 个引脚。RS-232-C 总线标准规定的数据传输速率为 50bit/s、75bit/s、100bit/s、150bit/s、300bit/s、600bit/s、1200bit/s、2400bit/s、4800bit/s、9600bit/s、19200bit/s。由于电容负载以及单端信号共地噪声和共模干扰等问题,因此 RS-232-C 总线标准一般用于 20m 以内的通信。

对于远距离串行通信,通常采用半双工的 RS-485 串行总线标准。RS-485 采用平衡发送和差分接收,因此具有抑制共模干扰的能力。另外,因为总线收发器灵敏,所以传输距离远,最远可达上千米。RS-485 非常适用于多点互连,可以省去许多信号线,方便联网构成分布式系统。表 6.7 中给出了 RS-232-C 在计算机通信中常用的接口信号。

表 6.7　微型计算机通信中常用的 RS-232-C 接口信号

引　脚　号	符　　号	方　　向	功　　能
2	TxD	输出	发送数据
3	RxD	输入	接收数据
4	RTS	输出	请求发送
5	CTS	输入	允许发送
6	DSR	输入	数据通信设备准备就绪
7	GND		信号地
8	DCD	输入	数据载体检测
20	DTR	输出	数据终端准备就绪
22	RI	输入	振铃指示

常用的 9 根引脚分两类,一类是基本的数据传送引脚,另一类是用于调制解调器(Modem)控制和反映它的状态的引脚。

1) 基本的数据传送引脚

* TxD 为数据发送引脚,数据传送时,发送数据由该引脚发出送上通信线,在不传送数据时,异步串行通信接口维持该脚为逻辑"1"。

- RxD 为数据接收引脚,来自通信线路的数据信息由引脚进入接收设备。
- GND 为信号地,该引脚为所有电路提供参考电位。

2) Modem 的控制和引脚状态

从计算机通过 RS-232-C 接口送给 Modem 的控制引脚包括 DTR 和 RTS。

- DTR 数据终端准备完毕引脚,用于通知 Modem 计算机准备就绪可以进行通信。
- RTS 为请求发送引脚,用于通知 Modem 计算机请求发送数据。

从 Modem 通过 RS-232-C 接口送给计算机的状态信息引脚包括 DSR、CTS、DCD、RI。

- DSR 为数据通信设备准备就绪引脚,用于通知计算机 Modem 准备就绪。
- CTS 为允许发送引脚,用于通知计算机 Modem 可以接收数据了。
- DCD 为数据载体检测引脚,用于通知计算机 Modem 与电话线另一端的 Modem 已经建立联系。
- RI 为振铃信号指示引脚,用于通知计算机有来自电话网的信号。

2. IEEE-488

IEEE-488 总线标准是 HP 公司 1960 年发布的 8 位并行总线接口标准,也就是常说的并口,用于微机、数字仪表、外部设备,包括 24 个引脚。它按照位并行、字节串行双向异步方式传输信号,连接方式为总线方式,仪器设备直接并联于总线上,不需要中介单元,但总线上最多可连接 15 台设备。最大传输距离为 20m,信号传输速率一般为 500KB/s,最大传输速率为 1MB/s。

3. USB

USB(Universal Serial Bus)总线为通用串行总线,是由 Intel、Compaq、Digital、IBM、Microsoft 等 7 家知名公司 1994 年共同推出的一种新型外部接口总线标准。USB 接口连接简单,支持热插拔、独立供电,采用分层的星形树形拓扑结构连接,可以通过 USB 集线器扩展,最多可以支持 127 个设备。支持控制传输、等时同步传输、中断传输、数据块传输,适合连接不同性能的外部设备,目前几乎所有外部设备都可以通过 USB 进行连接。USB 1.0 为 4 线总线,包括电源线和地线各一根,差分传输数据线缆两根,最新的 USB 3.0 为 9 根线缆。USB 总线带宽由 USB 1.0 的 1.5MB/s 发展到 USB 2.0 的 60MB/s,最新的 USB 3.0 总线带宽已达 500MB/s。USB 的主要特点如下:

(1) 集线器使用树形连接,外部设备安装十分方便。USB 具有真正的"即插即用"特性,可以很容易地对外部设备进行安装和拆卸,主机可按外部设备的增删情况自动配置系统源,用户可在不关机的情况下进行外部设备的更换,外部设备装置驱动程序的安装删除实现自动化。

USB 的最大特点是连接外部设备时可使用集线器进行树形连接。连接于 USB 上的装置都是终点,能够利用集线器连接其他装置的分叉点。此外,它所连接的装置之间不是平行关系而是亲子关系,因此上下游的关系明确。

用 USB 连接的外部设备数目理论上最多可达 127 个,节点间的连接距离为 5m,这对一个计算机系统是足够的。

(2) 低成本。一方面,USB 外部设备的设计制造过程比较简单,因为 USB 是一种开放性的不具有专利版权的理想的工业标准,由 150 多家企业组成的"USB 实施论坛"是一个标准化组织。它所制定的任何标准不为哪家公司所独有,不存在专利版权问题,所有 USB 组织的成员只要缴付一定的会费即可。这正是 USB 规范具有强大生命力的所在之处。开放性是当前计算机技术得到飞速发展的重要因素之一。另一方面,USB 从 1996 年 4 月起并入 Intel 芯片组,从而使设备制造成本降低。

(3) 两类通信速率。USB 1.1 有两种传送方式:最高可达 12MB/s 的高速方式和 1.5MB/s 的低速方式。键盘、鼠标等输入装置用低速方式就可以了,这样所用的控制器和电缆都便宜些。硬盘等快速外部设备用 USB 2.0,传输速率可达 480MB/s。

(4) 3 种传送模式对应多类装置。USB 有同步、中断、大批等 3 种数据传送模式。同步传送主要用于数码相机、扫描仪等中速的外部设备。中断传送供键盘、鼠标等低速装置使用。大批传送则供打印机、调制解调器等不定期传送大量数据的中速装置使用。

(5) 不同的时钟信号用 NRZI(不归零翻转)使数据同步。USB 利用 NRZI 编码方式使数据获得同步,其特点是容易实现同步。由于没有时钟信号,所以数据的可维护性差。

(6) 装置和集线器可从总线获得电源。

USB 的诸多特点受到世界各大公司的重视,大有取代现有的 SCSI、各种串行端口和并行端口之势。

4. IEEE 1394

IEEE 1394 俗称火线(FireWire)接口,是 Intel 和苹果公司在 1986 年发布的一种高速异步串行总线标准,通常用于视频的采集,常见于 Intel 高端主板和数码摄像机。IEEE 1394 包括 4 条信号线与两条电源线,连接与安装简单,价格便宜,但传输距离只有 4.5m,数据传输速率一般为 100MB/s。最新的 1394b 可以达到 400MB/s,采用和 USB 一样的树形结构,不同的是 1394b 总线上的所有设备都可以作为主设备。

5. Thunderbolt

Thunderbolt(雷电)接口是 Intel 和苹果公司 2011 年发布的高速串行接口标准,旨在替代并统一目前计算机上数量繁多、性能参差不齐的扩展接口,例如 SCSI、SATA、USB、FireWire 和 PCIe。该技术主要用于连接个人计算机和其他设备,包括 20 个引脚,融合了 PCIe 数据传输技术和 DisplayPort 显示技术,两条通道可同时传输这两种协议的数据,每条通道都提供双向 10GB/s 带宽,最新版本已经达到了 40GB/s。

6. InfiniBand

InfiniBand 是由 InfiniBand 贸易协会(InfiniBand Trade Association,IBTA)于 2000 年组织 Compaq、HP、IBM、Dell、Intel、Microsoft 和 Sun 七家公司,共同研发的高速 I/O 标准。发展它的初衷是把服务器中的总线网络化,以解决 PCI 总线传输距离受限制、扩展受限、总线带宽不足等问题。它采用全双工、交换式串行传输方式,主要用于服务器与外部设备以及服务器之间的通信。基于 InfiniBand 技术的网络卡的单端口带宽最大可达到 20GB/s,基于 InfiniBand 的交换机的单端口带宽最大可达 60GB/s,单交换机芯片可以达到 4800GB/s 的带宽。作为一种互连界的标准技术,InfiniBand 具有高可靠、高可用、适用性广和可管理的特性,能够满足数据中心和高性能计算对互连环境的要求,是板级互连和主机间互连技术的合适的选择。

本章小结

总线是构成计算机系统的互连机构,是多个系统功能部件之间进行数据传送的公共通道,并在争用资源的基础上进行工作。

总线有物理特性、功能特性、电气特性、机械特性,因此必须标准化。微型计算机系统的标准总线从 ISA 总线(16 位,带宽 8MB/s)发展到 EISA 总线(32 位,带宽 33.3MB/s)和 VESA 总线(32 位,带宽 132MB/s),又进一步发展到 PCI 总线(64 位,带宽 264MB/s)。衡量总线性能的重要指标是总线带宽,它定义为总线本身所能达到的最高传输速率。

当代流行的标准总线追求与结构、CPU、技术无关的开发标准。其总线内部结构包含:①传送总线(由地址线、数据线、控制线组成);②仲裁总线;③中断和同步总线;④公用线(电源、地线、时钟、复位等信号线)。

计算机系统中,根据应用条件和硬件资源不同,信息的传输方式可采用:①并行传送;②串行传送;③复用传送。

各种外围设备必须通过 I/O 接口与总线相连。I/O 接口是指 CPU、主存、外围设备之间通过总线进行连接的逻辑部件。接口部件在它动态连接的两个功能部件间起着缓冲器和转换器的作用,以便实现彼此之间的信息传送。

总线仲裁是总线系统的核心问题之一。为了解决多个主设备同时竞争总线控制权的问题,必须具有总线仲裁部件。它通过采用优先级策略或公平策略,选择其中一个主设备作为总线的下一次主方,接管总线控制权。按照总线仲裁电路的位置不同,总线仲裁分为集中式仲裁和分布式仲裁。集中式仲裁方式必有一个中央仲裁器,它受理所有功能模块的总线请求,按优先原则或公平原则进行排队,然后仅给一个功能模块发出授权信号。分布式仲裁不需要中央仲裁器,每个功能模块都有自己的仲裁号和仲裁器。

总线定时是总线系统的又一核心问题之一。为了同步主方、从方的操作,必须制定定时协议,通常采用同步定时与异步定时两种方式。在同步定时协议中,事件出现在总线上的时刻由总线时钟信号来确定,总线周期的长度是固定的。在异步定时协议中,后一事件出现在总线上的时刻取决于前一事件的出现,即建立在应答式或互锁机制基础上,不需要统一的公共时钟信号。在异步定时中,总线周期的长度是可变的。

当代的总线标准大都能支持以下数据传送模式:①读/写操作;②块传送操作;③写后读、读修改写操作;④广播、广集操作。

PCI 总线是当前实用的总线,是一个高带宽且与处理器无关的标准总线,又是重要的层次总线。它采用同步定时协议和集中式仲裁策略,并具有自动配置能力。PCI 总线适用于低成本的小系统,因此在微型机系统中得到了广泛的应用。

正在发展的 InfiniBand 标准,瞄准了高端服务器市场的最新 I/O 规范,它是一种基于开关的体系结构,可连接多达 64000 个服务器、存储系统、网络设备,能替代当前服务器中的 PCI 总线,数据传输率高达 30GB/s。因此适用于高成本的较大规模计算机系统。

习题

题库

习题答案

1. 在计算机单机系统中,总线结构的总线系统由_____组成。

    A. 系统总线、内存总线和I/O总线   B. 数据总线、地址总线和控制总线

    C. 内部总线、系统总线和I/O总线   D. ISA总线、VESA总线和PC总线

2. 不同信号在同一总线上分时传送的方式称为_____。

    A. 总线复用方式   B. 并串行传送方式

    C. 并行传送方式   D. 串行传送方式

3. 下列关于串行通信的叙述中,正确的是_____。

    A. 串行通信只需一根导线

    B. 半双工就是串口只工作一半工作时间

    C. 异步串行通信是以字符为单位逐个发送和接收的

    D. 同步串行通信的收、发双方可使用各自独立的局部时钟

4. 波特率表示传输线路上_____。

    A. 信号的传输速率   B. 有效的传输速率

    C. 校验信号的传输速率   D. 干扰信号的传输速率

5. 采用串行接口进行7位ASCII码传送,带有1位奇偶校验位、1位起始位和1位停止位,当波特率为9600波特时,字符传送速率为_____。

    A. 960   B. 873   C. 1371   D. 480

6. 在集中式总线仲裁中,_____方式对电路故障最敏感。

    A. 菊花链式   B. 独立请求

    C. 计数器定时查询   D. 以上基本相同

7. 在链式查询方式下,_____。

    A. 总线设备的优先级可变   B. 越靠近控制器的设备,优先级越高

    C. 各设备的优先级相等   D. 各设备获得总线使用权的机会均等

8. 在计数器定时查询方式下,若每次技术都从0开始,则_____。

    A. 设备号小的优先级高   B. 设备号大的优先级高

    C. 每个设备使用总线的机会相等   D. 以上都不对

9. 采用总线技术有哪些优点?

10. 向总线上输出信息的部件或设备,至少应具有什么样的功能?为什么?

11. 为了提高计算机系统的输入/输出能力,可以在总线的设计与实现中采用哪些方案?

12. 请比较集中仲裁方式中串行链式查询、计数器查询和独立请求三种方式的优缺点。

13. 总线仲裁的作用是什么?

14. 根据"请求"和"回答"信号的撤销是否互锁?异步定时方式分为哪3种情况?

15. 某总线在一个总线周期中并行传送 4 个字节的数据,假设一个总线周期等于一个总线的时钟周期,总线时钟频率为 66MHz。

(1) 求总线带宽是多少?

(2) 如果一个总线周期中并行传送 64 位数据,总线时钟频率升为 100MHz,求总线带宽是多少?

(3) 试分析哪些因素影响带宽。

第7章

外围设备

外围设备的功能是计算机系统与人或其他设备、系统之间进行信息交换的装置。计算机的工作过程包括原始数据的输入、二进制数据的存储与运算及处理结果的输出 3 个阶段。其中输入与输出过程要通过 I/O 设备完成,I/O 设备也被称为外部设备、外围设备,简称外设。由于外围设备的地位越来越重要,本章重点介绍外存储器设备,包括硬磁盘、可移动磁盘、磁带和光盘以及显示输出设备。

7.1 外围设备概述

7.1.1 外围设备的一般功能

外围设备这个术语涉及相当广泛的计算机部件。事实上,除了 CPU 和主存外,计算机系统的每一部分都可被作为一个外围设备来看待。

20 世纪末,主机与外围设备的价格比为 1:6。这种情况表明:一方面,在计算机的发展中,外围设备的发展占有重要地位;另一方面,也说明外围设备的发展同主机的发展还不相适应。然而尽管如此,外围设备还是得到了较快的发展。在指标上,外围设备不断采用新技术,向低成本、小体积、高速、大容量、低功耗等方面发展。在结构上,由初级的串行操作 I/O 方式,发展到有通道连接的多种外设并行操作方式。在种类上,由简单的 I/O 装置,发展到多种 I/O 装置、随机存取大容量外存、多种终端设备等。在性能上,信息交换速度大大提高,输入输出形态不仅有数字形式,还有直观的图像和声音等形式。

外围设备的功能是在计算机和其他机器之间、以及计算机与用户之间提供联系。没有外围设备的计算机就像缺乏五官四肢的人一样,既不能从外界接收信息,又不能对处理的结果做出表达和反应。随着计算机系统的飞速发展和应用的扩大,系统要求外围设备类型越来越多,外围设备智能化的趋势越来越明显,特别是出现多媒体技术以后。毫无疑问,随着科学技术的发展,提供人机联系的外围设备将会变成计算机真正的"五官四肢"。

一般说来,外围设备由三个基本部分组成:

(1) 存储介质,它具有保存信息的物理特征。例如磁盘就是一个存储介质的例子,它是用记录在盘上的磁化元表示信息。

(2) 驱动装置,它用于移动存储介质。例如,磁盘设备中,驱动装置用于转动磁盘并进行定位。

（3）控制电路,它向存储介质发送数据或从存储介质接收数据。例如,磁盘读出时,控制电路把盘上用磁化元形式表示的信息转换成计算机所需要的电信号,并把这些信号用电缆送给计算机主机。

7.1.2 外围设备的分类

一个计算机系统配备什么样的外围设备,是根据实际需要来决定的。图7.1示出了计算机的五大类外围设备,这只是一个典型化的计算机环境。

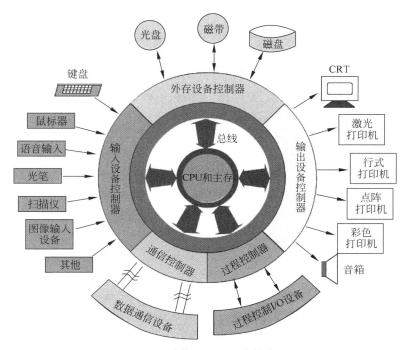

图7.1 计算机I/O系统结构图

如图7.1所示,中央部分是CPU和主存,通过总线与第二层的适配器(接口)部件相连,第三层是各种外围设备控制器,最外层则是外围设备。

外围设备的一个显著特点就是多样性,这也导致了多种分类的角度：如按功能与用途、工作原理、速度快慢、传输格式等。从广义上看可以把外设分成3类：

人可读的：适用于与计算机用户通信。

机器可读的：适用于与设备通信。

通信：适用于与远程设备通信。

人可读的设备有视频显示终端和打印机。机器可读的设备有磁盘和磁带系统以及传感器和动臂机构,例如,机器人的应用。通信设备允许计算机与远程设备交换数据,它可以是人可读的设备,如终端一样,也可以是机器可读的设备,甚至可以是另一台计算机。

如果不是从设备研制本身,而是从计算机系统组成的角度,按设备在系统中的作用来分类,可将它们划分为5类。同一种设备可能具有其中几种功能。

1．输入设备

输入设备将外部设备的信息输入主机,通常是将操作者(或广义的应用环境)所提供的原始信息,转换为计算机所能识别的信息,然后送入主机。例如,将符号形式(如字符、数字等)或非符号形式(如图形、图像、声音等)的输入信息,转换成代码形式的电信号。常见的输入设备有键盘、穿孔输入设备、图形数字化仪、字符输入与识别、语音输入与识别设备、光笔、鼠标、跟踪球、操纵杆等辅助设备。

2．输出设备

输出设备将计算机处理结果输出到外部,通常是将处理结果从数字代码形式转换成人或其他系统所能识别的信息形式。例如,显示器或打印机提供人能识别与理解的信息,或是程序执行的结果,或是运行状态,或是人机对话中计算机发出的询问、提示等。常见的输出显示设备有显示器、打印机、绘图仪、复印机、电传机等办公设备,语音输出设备,以及早期的穿孔输出设备(纸带穿孔机、卡片穿孔机)等。

3．外存储器

外存储器是指主机之外的一些存储器,如磁带、磁盘、光盘等。它们既是存储子系统的一部分,也是一种 I/O 设备,既是输入设备也是输出设备。外存储器的任务是存储或读取数字代码形式的信息,一般不担负信息转换工作,所以常将它们视为 I/O 设备中专门的一类。

4．终端设备

与计算机信息网络的一端相连接的设备,又称为终端设备。可以通过终端设备在一定距离之外操作计算机,通过终端输入信息,获得处理结果。

在计算机信息网络中,终端一词的含义更侧重于与计算机有一定距离,需要通信线路连接,即在计算机通信线路的另一端的设备,如键盘显示器终端、打印终端、电传终端或其他通信终端等。按与计算机之间的距离,可分为本地终端和远程终端两类。

5．其他广义外围设备

除了常规配置的 I/O 设备之外,计算机在各种应用领域中还可以连接一些相关的设备。从广义上讲,这些设备也可被视为计算机外围设备,它们和主机之间也存在 I/O 的联系,例如在自动检测与控制中的数据采集设备、各种执行元件与传感器、A/D 转换器与 D/A 转换器等。

7.2　硬磁盘存储器

7.2.1　磁记录原理

计算机系统的辅助存储器有硬磁盘、软磁盘、磁带、光盘等。前三种均属于磁表面存储器。所谓磁表面存储,是用某些磁性材料薄薄地涂在金属铝或塑料表面作载磁体来存储信息。磁盘存储器、磁带存储器均属于磁表面存储器。

磁表面存储器的优点:①存储容量大,位价格低;②记录介质可以重复使用;③记录信息可以长期保存而不丢失,甚至可以脱机存档;④非破坏性读出,读出时不需要再生信息。当然,磁表面存储器也有缺点,主要是存取速度较慢,机械结构复杂,对工作环境要求较高。

磁表面存储器由于存储容量大,位成本低,在计算机系统中作为辅助大容量存储器使用,用以存放系统软件、大型文件、数据库等大量程序与数据信息。

1. 磁性材料的物理特性

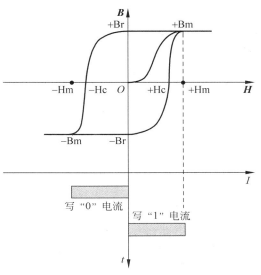

在计算机中,用于存储设备的磁性材料,是一种具有矩形磁滞回线的磁性材料。这种磁性材料在外加磁场的作用下,其磁感应强度 B 与外加磁场 H 的关系,可用矩形磁滞回线来描述,如图 7.2 所示。

从磁滞回线可以看出,磁性材料被磁化以后,工作点总是在磁滞回线上。只要外加的正向脉冲电流(即外加磁场)幅度足够大,那么在电流消失后磁感应强度 B 并不等于零,而是处在 $+Br$ 状态(正剩磁状态)。反之,当外加负向脉冲电流时,磁感应强度 B 将处在 $-Br$ 状态(负剩磁状态)。这就是说,当磁性材料被磁化后,会形成两个稳定的剩

图 7.2　磁性材料的磁滞回线

磁状态,就像触发器电路有两个稳定的状态一样。利用这两个稳定的剩磁状态,可以表示二进制代码 1 和 0。如果规定用 $+Br$ 状态表示代码"1", $-Br$ 状态表示代码"0",那么要使磁性材料记忆"1",则要加正向脉冲电流,使磁性材料正向磁化;要使磁性材料记忆"0",则要加负向脉冲电流,使磁性材料反向磁化。磁性材料上呈现剩磁状态的地方形成了一个磁化元或存储元,它是记录一个二进制信息位的最小单位。

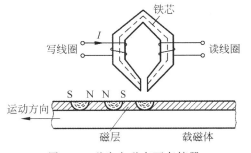

图 7.3　磁头在磁表面存储器

2. 磁表面存储器的读写原理

在磁表面存储器中,利用一种称为"磁头"的装置来形成和判别磁层中的不同磁化状态。换句话说,写入时,利用磁头使载磁体(盘片)具有不同的磁化状态,而在读出时又利用磁头来判别这些不同的磁化状态。磁头实际上是由软磁材料做铁芯绕有读写线圈的电磁铁,如图 7.3 所示。

(1) 写操作。当写线圈中通过一定方向的脉冲电流时,铁芯内就产生一定方向的磁通。由于铁芯是高导磁率材料,而铁芯空隙处为非磁性材料,故在铁芯空隙处集中很强的磁场。如图 7.3 所示,在这个磁场作用下,载磁体就被磁化成相应极性的磁化位或磁化元。若在写

线圈里通入相反方向的脉冲电流,就可得到相反极性的磁化元。如果我们规定按图中所示电流方向为写"1",那么写线圈里通以相反方向的电流时即为写"0"。上述过程称为写入。显然,一个磁化元就是一个存储元,一个磁化元中存储一位二进制信息。当载磁体相对于磁头运动时,就可以连续写入一连串的二进制信息。

(2)读操作。如何读出记录在磁表面上的二进制代码信息呢?也就是说,如何判断载磁体上信息的不同剩磁状态呢?

当磁头经过载磁体的磁化元时,由于磁头铁芯是良好的导磁材料,磁化元的磁力线很容易通过磁头而形成闭合磁通回路。不同极性的磁化元在铁芯里的方向是不同的。当磁头对载磁体作相对运动时,由于磁头铁芯中磁通的变化,使读出线圈中感应出相应的电动势 e,其值为

$$e = -k \frac{\mathrm{d}\phi}{\mathrm{d}t} \tag{7.1}$$

负号表示感应电势的方向与磁通的变化方向相反。不同的磁化状态,所产生的感应电势方向不同。这样,不同方向的感应电势经读出放大器鉴别,就可以判知读出的信息是"1"还是"0"。

3.记录方式

实际应用中,磁性材料写入二进制代码0或1,是靠不同的写入电流波形来实现的。形成不同写入电流波形的方式,称为记录方式。记录方式是一种编码方式,它按某种规律将一串二进制数字信息变换成磁层中相应的磁化元状态,用读写控制电路实现这种转换。在磁表面存储器中,由于写入电流的幅度、相位、频率变化不同,从而形成了不同的记录方式。常用的记录方式可以分为不归零制(Non Return to Zero,NRZ)、调相制(PM)和调频制(FM)几大类。每类中由方案改进又演变出若干派生方案。这些记录方式中代码0或1的写入电流波形如图7.4所示。

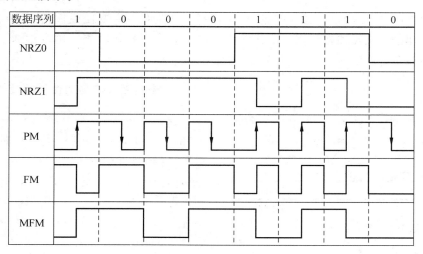

图 7.4　5种磁记录方式的写入电流波形

(1)不归零制(NRZ0)。不归零记录信息时,磁头线圈始终有驱动电流,不是正向电流(代表 1)就是反向电流(代表 0),在记录信息的过程中,电流总不回 0,不存在无电流状态,

这样,磁表面层不是正向被磁化,就是反向被磁化。当连续记录"1"或"0"时,其写电流方向不变,只有当相邻两信息代码不同时,写电流才改变方向,故称为"见变就翻"的不归零制。因此不归零制记录方式的抗干扰性能较好。

(2) 见"1"就翻不归零制(NRZ1)。"见1就翻"的不归零制,又称不归零1制(NRZ1)。磁头线圈也始终有电流,电流只有见到1时改变方向,记录0时方向不变。读一串0时,使用外加同步信号来判别,称为外同步方式,没有自同步能力,不能用于单道记录方式中(磁盘),可用于磁带中。以下方法可以产生同步,①在磁带中专门写入一个同步信号道,每位均为1。②采用奇校验,每个带字中至少有一个1。

(3) 调相制(PM)。调相制又称相位编码(PE),其特点是记录"1"或"0"的相位相反,在一个位周期的中间位置,电流由负到正为1,由正到负为0,即利用电流相位的变化进行写"1"和"0",所以通过磁头中的电流方向一定要改变一次,这种记录方式中"1"和"0"的读出信号相位不同,抗干扰能力较强。另外读出信号经分离电路可提取自同步定时脉冲,所以具有自同步能力。磁带存储器中一般采用这种记录方式。写0,在位单元中间位置让写入电流负跳变,由$+I \rightarrow -I$;写1,在位单元中间位置让写入电流正跳变,由$-I \rightarrow +I$。在这样写入电流的作用下,记录磁层中每个位单元中将有一次基本的磁通翻转。

(4) 调频制(FM)。调频制的记录规则其特点如下:①无论记录的代码是1或0,或者连续写"1"或写"0",在相邻两个存储元交界处电流都要改变方向;②记录1时电流一定要在位周期中间改变方向,写"1"电流的频率是写"0"电流频率的2倍,故称为倍频法。这种记录方式的优点是记录密度高,具有自同步能力。FM可用于单密度磁盘存储器。

(5) 改进调频制(MFM)。这种记录方式基本上同调频制,即记录"0"时,在位记录时间内电流不变;记录"1"时,在位记录时间的中间时刻电流发生一次变化。两者不同之处在于,改进型调频制只有当连续记录两个或两个以上"0"时,才在每位的起始处改变一次电流,不必在每个位起始处都改变电流方向。由于这一特点,在写入同样数据序列时,MFM比FM翻转次数少,在相同长度的磁层上可记录的信息量将会增加,从而提高了磁记录密度。FM制记录一位二进制代码最多是两次磁翻转,MFM制最多只要一次翻转,记录密度提高一倍,故又称为倍密度记录方式。

4. 评价记录方式的主要指标

评价一种记录方式的优劣标准主要反映在编码效率和自同步能力等方面。

(1) 编码效率。编码效率是指位密度与磁化翻转密度的比值,可用记录一位信息的最大磁化翻转次数来表示。例如,FM、PM记录方式中,记录一位信息最大磁化翻转次数为2,因此编码效率为50%;而MFM、NRZ、NRZ1三种记录方式的编码效率为100%,因为它们记录一位信息磁化翻转最多一次。

(2) 自同步能力。自同步能力是指从单个磁道读出的脉冲序列中所提取同步时钟脉冲的难易程度。从磁表面存储器的读出可知,为了将数据信息分离出来,必须有时间基准信号,称为同步信号。同步信号可以从专门设置用来记录同步信号的磁道中取得,这种方法称为外同步,如NRZ1制。图7.5给出了NRZ1制驱动电流、记录磁通、感应电势、同步脉冲、读出代码等几种波形的理想对应关系(图中未反映磁通变化的滞后现象)。读出时将读线圈获得的感应信号放大(负波还要反相)、整形,这样,对于每个记录的"1"都会得到一个正脉冲,再将它们与同步脉冲相"与",即可得读出代码波形。

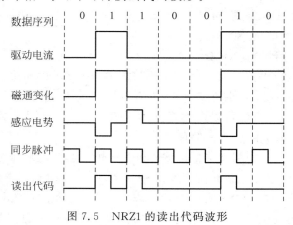

图 7.5　NRZ1 的读出代码波形

对于高密度的记录系统,可直接从磁盘读出的信号中提取同步信号,这种方法称为自同步。

自同步能力可用最小磁化翻转间隔和最大磁化翻转间隔的比值 R 来衡量。R 越大,自同步能力也越强。例如,NRZ 和 NRZ1 方式在连续记录"0"时,磁层都不发生磁化磁转,而 NRZ 方式在连续记录"1"时,磁层也不发生磁化磁转,因此,NRZ 和 NRZ1 都没有自同步能力。而 PM、FM、MFM 记录方式均有自同步能力。FM 记录方式的最大磁化翻转间隔是 T (T 为一位信息的记录时间),最小磁化翻转间隔是 $T/2$,所以 $R_{FM}=0.5$。

影响记录方式的优劣因素还有很多,如读分辨力、信息独立性(即某一位信息读出时出现误码而不影响后续其他信息位的正确性)、频带宽度、抗干扰能力以及实现电路的复杂性等。

除上述所介绍的 5 种记录方式外,还有成组编码记录方式,如 GCR(5.4)编码,它广泛用于磁带存储器,游程长度受限码(RLL 码)是近年发展起来的用于高密度磁盘上的一种记录方式,在此均不详述。

归纳起来,通过电-磁变换,利用磁头写线圈中的脉冲电流,可把一位二进制代码转换成载磁体存储元的不同剩磁状态;反之,通过磁-电变换,利用磁头读出线圈,可将由存储元的不同剩磁状态表示的二进制代码转换成电信号输出。这就是磁表面存储器存取信息的原理。

磁层上的存储元被磁化后,它可以供多次读出而不被破坏。当不需要这批信息时,可通过磁头把磁层上所记录的信息全部抹去,称为写"0"。通常,写入和读出是合用一个磁头,故称为读写磁头。每个读写磁头对应着一个信息记录磁道。

7.2.2　磁盘的组成和分类

硬磁盘是指记录介质为硬质圆形盘片的磁表面存储器。其逻辑结构如图 7.6 所示。此图中未反映出寻址机构,而仅仅表示了存取功能的逻辑结构,它主要由磁记录介质、磁盘控制器、磁盘驱动器三大部分组成。磁盘控制器包括控制逻辑与时序、数据并串变换电路和串并变换电路。磁盘驱动器包括写入电路与读出电路、读写转换开关、读写磁头与磁头定位驱动系统等。

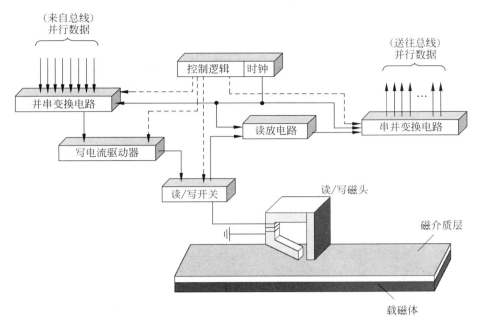

图 7.6　硬磁盘逻辑结构图

写入时,将计算机并行送来的数据取至并串变换寄存器,变为串行数据,然后一位一位地由写电流驱动器作功率放大并加到写磁头线圈上产生电流,从而在盘片磁层上形成按位的磁化存储元。读出时,当记录介质相对磁头运动时,位磁化存储元形成的空间磁场在读磁头线圈中产生感应电势,此读出信息经放大检测就可还原成原来存入的数据。由于数据是一位一位串行读出的,故要送至串并变换寄存器变换为并行数据,再并行送至计算机。

硬磁盘按盘片结构,分成可换盘片式与固定盘片式两种;磁头也分为可移动磁头和固定磁头两种。

(1) **可移动磁头固定盘片的磁盘机**。特点是一片或一组盘片固定在主轴上,盘片不可更换。盘片每面只有一个磁头,存取数据时磁头沿盘面径向移动。

(2) **固定磁头磁盘机**。特点是磁头位置固定,磁盘的每一个磁道对应一个磁头,盘片不可更换。优点是存取速度快,省去磁头找道时间,缺点是结构复杂。

(3) **可移动磁头可换盘片的磁盘机**。盘片可以更换,磁头可沿盘面径向移动。优点是盘片可以脱机保存,同种型号的盘片具有互换性。

(4) **温彻斯特磁盘机**。温彻斯特磁盘简称温盘,是一种采用先进技术研制的可移动磁头固定盘片的磁盘机。它是一种密封组合式的硬磁盘,即磁头、盘片、电机等驱动部件乃至读写电路等组装成一个不可随意拆卸的整体。工作时,高速旋转在盘面上形成的气垫将磁头平稳浮起。优点是防尘性能好,可靠性高,对使用环境要求不高,成为最有代表性的硬磁盘存储器。而普通的硬磁盘要求具有超净环境,只能用于大型计算机中。

常用的温盘盘片直径有 5.25 英寸、3.5 英寸、2.5 英寸、1.75 英寸等(1 英寸＝2.54 厘米)。

7.2.3　磁盘驱动器和控制器

磁盘驱动器是一种精密的电子和机械装置,因此各部件的加工安装有严格的技术要求。对温盘驱动器,还要求在超净环境下组装。各类磁盘驱动器的具体结构虽然有差别,但基本结构相同,主要由定位驱动系统、主轴系统和数据转换系统组成。图7.7是磁盘驱动器外形和结构示意图。

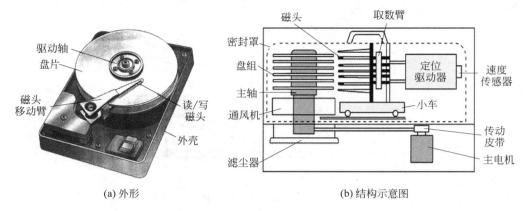

(a) 外形　　　　　　　　　　　　　(b) 结构示意图

图 7.7　磁盘驱动器

在可移动磁头的磁盘驱动器中,驱动磁头沿盘面径向位置运动以寻找目标磁道位置的机构叫磁头定位驱动系统,它由驱动部件、传动部件、运载部件(磁头小车)组成。当磁盘存取数据时,磁头小车的平移运动驱动磁头进入指定磁道的中心位置,并精确地跟踪该磁道。目前磁头小车的驱动方式主要采用步进电动机和音圈电机两种。步进电动机靠脉冲信号驱动,控制简单,整个驱动定位系统是开环控制,因此定位精度较低,一般用于道密度不高的硬磁盘驱动器,音圈电机是线性电机,可以直接驱动磁头作直线运动,整个驱动定位系统是一个带有速度和位置反馈的闭环控制系统,驱动速度快,定位精度高,因此用于较先进的磁盘驱动器。

主轴系统的作用是安装盘片,并驱动它们以额定转速稳定旋转。其主要部件是主轴电机和有关控制电路。

数据转换系统的作用是控制数据的写入和读出,包括磁头、磁头选择电路、读写电路以及索引、驱标电路等。

磁盘控制器是主机与磁盘驱动器之间的接口。由于磁盘存储器是高速外存设备,故与主机之间采用成批交换数据方式。作为主机与驱动器之间的控制器,它需要有两个方面的接口:一个是与主机的接口,控制外存与主机总线之间交换数据;另一个是与设备的接口,根据主机命令控制设备的操作。前者称为系统级接口,后者称为设备级接口。

主机与磁盘驱动器交换数据的控制逻辑如图7.8所示。磁盘上的信息经读磁头读出以后送到读出放大器,然后进行数据与时钟的分离,再进行串并变换、格式变换,最后送入数据缓冲器,经 DMA(直接存储器传送)控制将数据传送到主机总线。

我们看到,磁盘控制器的功能全部转移到设备中,主机与设备之间采用标准的通用接口,例如 SCSI 接口(小型计算机系统接口),从而使设备相对独立。

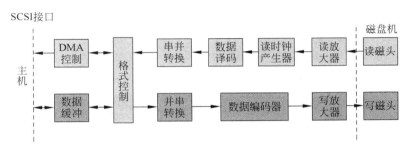

图 7.8 磁盘控制器

7.2.4 磁盘上信息的分布

盘片的上下两面都能记录信息,通常把磁盘片表面称为记录面。记录面上一系列同心圆称为磁道。每个盘片表面通常有几百到几千个磁道,每个磁道又分为若干个扇区,如图 7.9 所示。从图中看出,外面扇区比里面扇区面积要大。磁盘上的这种磁道和扇区的排列称为格式。

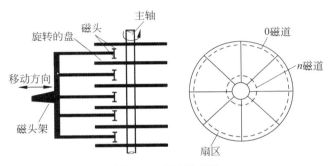

图 7.9 扇区示意图

磁道的编址是从外向内依次编号,最外一个同心圆叫 0 磁道,最里面的一个同心圆叫 n 磁道,n 磁道里面的圆面积并不用来记录信息。扇区的编号有多种方法,可以连续编号,也可间隔编号。磁盘记录面经这样编址后,就可用 n 磁道 m 扇区的磁盘地址找到实际磁盘上与之相对应的记录区。除了磁道号和扇区号之外,还有记录面的面号,以说明本次处理是在哪一个记录面上。例如对活动磁盘组来说,磁盘地址是由记录面号(也称磁头号)、磁道号和扇区号三部分组成。

在磁道上,信息是按区存放的,每个区中存放一定数量的字或字节,各个区存放的字或字节数是相同的。为进行读/写操作,要求定出磁道的起始位置,这个起始位置称为索引。索引标志在传感器检索下可产生脉冲信号,再通过磁盘控制器处理,便可定出磁道起始位置。

磁盘存储器的每个扇区记录定长的数据,因此读/写操作是以扇区为单位串行进行的。每个扇区开始时由磁盘控制器产生一个扇标脉冲。扇标脉冲的出现即标志一个扇区的开始。两个扇标脉冲之间的一段磁道区域即为一个扇区(一个记录块)。每个记录块由头部空白段、序标段、数据段、校验字段及尾部空白段组成,数据在磁盘上的记录格式如图 7.10 所示。其中空白段用来留出一定的时间作为磁盘控制器的读写准备时间,序标被用来作为磁盘控制器的同步定时信号。序标之后即为本扇区所记录的数据。数据之后是校验字,它用来校验磁盘读出的数据是否正确。

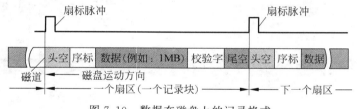

图 7.10　数据在磁盘上的记录格式

7.2.5　磁盘存储器的技术指标

磁盘存储器的主要技术指标包括存储密度、存储容量、存取时间及数据传输率。

存储密度分道密度、位密度和面密度。道密度是沿磁盘半径方向单位长度上的磁道数,单位为道/英寸。位密度是磁道单位长度上能记录的二进制代码位数,单位为位/英寸。面密度是位密度和道密度的乘积,单位为位/平方英寸。

存储容量是一个磁盘存储器所能存储的字节总数,称为磁盘存储器的存储容量。存储容量有格式化容量和非格式化容量之分。格式化容量是指按照某种特定的记录格式所能存储信息的总量,也就是用户可以真正使用的容量。非格式化容量是磁记录表面可以利用的磁化单元总数。将磁盘存储器用于某计算机系统中,必须首先进行格式化操作,然后才能供用户记录信息。格式化容量一般是非格式化容量的 60%～70%,3.5 英寸的硬盘容量可为数十吉字节(GB)以上。

平均存取时间是指从发出读写命令后,磁头从某一起始位置移动至新的记录位置,到开始从盘片表面读出或写入信息加上传送数据所需要的时间。这段时间由下面三个因素决定:一个是将磁头定位至所要求的磁道上所需的时间,称为找道时间;第二个是找道完成后至磁道上需要访问的信息到达磁头下的时间,称为等待时间,这两个时间都是随机变化的,因此往往使用平均值来表示,平均找道时间是最大找道时间与最小找道时间的平均值,目前主流硬盘的平均找道时间为 3ms～15ms。平均等待时间和磁盘转速有关,它用磁盘旋转一周所需时间的一半来表示。目前固定头盘转速达 10000r/min,故平均等待时间为3ms。第三个是数据传送时间。

因此磁盘总的平均存取时间 T_a 可表示为

$$T_a = T_s + \frac{1}{2r} + \frac{b}{rN} \tag{7.2}$$

T_s 表示平均寻道时间,$1/2r$ 表示平均等待时间,第 3 项表示数据传送时间。其中 r 表示磁盘旋转速度,单位是 r/s,b 表示传送的字节数,N 表示每磁道字节数。

磁盘存储器在单位时间内向主机传送数据的字节数,叫数据传输率,传输率与存储设备和主机接口逻辑有关。从主机接口逻辑考虑,应有足够快的传送速度向设备接收/发送信息。从存储设备考虑,假设磁盘旋转速度为 r r/s,每条磁道容量为 N 字节,则数据传输率为

$$Dr = rN（字节／秒） \quad 或 \quad Dr = D \cdot v（字节／秒） \tag{7.3}$$

其中 D 为位密度,v 为磁盘旋转的线速度。

磁盘存储器的数据传输率可为几十兆字节/秒。

【例 7.1】 磁盘组有 6 片磁盘,每片有两个记录面,最上最下两个面不用。存储区域内径 22cm,外径 33cm,道密度为 40 道/cm,内层位密度 400 位/cm,磁盘转速 6000r/min。问:

(1) 共有多少柱面?

(2) 盘组总存储容量是多少?

(3) 数据传输率是多少?

(4) 采用定长数据块记录格式,直接寻址的最小单位是什么? 寻址命令中如何表示磁盘地址?

(5) 如果某文件长度超过一个磁道的容量,应将它记录在同一个存储面上,还是记录在同一个柱面上?

解:(1) 有效存储区域=16.5-11=5.5(cm)

因为道密度=40 道/cm,所以 40×5.5=220 道,即 220 个圆柱面。

(2) 内层磁道周长为 $2\pi R$=2×3.14×11=69.08(cm)

每道信息量=400 位/cm×69.08cm=27632 位=3454B

每面信息量=3454B×220=759880B

盘组总容量=759880B×10=7598800B

(3) 磁盘数据传输率 $Dr=rN$

N 为每条磁道容量,N=3454B

r 为磁盘转速,r=6000r/60s=100r/s

$Dr=rN$=100×3454B/s=345400B/s

(4) 采用定长数据块格式,直接寻址的最小单位是一个记录块(一个扇区),每个记录块记录固定字节数目的信息,在定长记录的数据块中,活动头磁盘组的编址方式可用如下格式:

17	16 15	8 7	4 3	0
台号	柱面(磁道)号	盘面(磁头)号	扇区号	

此地址格式表示有 4 台磁盘,每台有 16 个记录面,每面有 256 个磁道,每道有 16 个扇区。

(5) 如果某文件长度超过一个磁道的容量,应将它记录在同一个柱面上,因为不需要重新找道,数据读/写速度快。

【例 7.2】 一个磁盘组共有 11 片,每片有 203 道,数据传输率为 983040B/s,磁盘组转速为 3600r/m。假设每个记录块有 1024B,且系统可挂 16 台这样的磁盘机,计算该磁盘存储器的总容量并设计磁盘地址格式。

解:(1) 由于数据传输速率=每一条磁道的容量×磁盘转速,且磁盘转速为 3600r/min=60r/s,故每一道的容量为(983040B/s)/(60r/s)=16384B。

(2) 根据每个记录块(即扇区)有 1024B,故每个磁道有 163024B/1024B=16 个扇区。

(3) 磁盘地址格式如图 7.11 所示。其中,台号 4 位,表示有 16 台磁盘机;磁道号 8 位,能反映 203 道;盘面号 5 位,对应 11 盘片共有 20 个记录面;扇段号 4 位,对应 16 个扇段。

图 7.11   磁盘地址格式

7.2.6   磁盘存储设备的技术发展

1. 磁盘 Cache 的概念

随着微电子技术的飞速发展,CPU 的速度每年增长 1 倍左右,主存芯片容量和磁盘驱动器的容量每 1.5 年增长 1 倍左右。但磁盘驱动器的存取时间没有出现相应的下降,仍停留在毫秒(ms)级。而主存的存取时间为纳秒(ns)级,两者速度差别十分突出,因此磁盘 I/O 系统成为整个系统的瓶颈。为了减少存取时间,可采取的措施有:提高磁盘机主轴转速、提高 I/O 总线速度、采用磁盘 Cache 等。

主存和 CPU 之间设置高速缓存 Cache 是为了弥补主存和 CPU 之间速度上的差异。同样,磁盘 Cache 是为了弥补慢速磁盘和主存之间速度上的差异。

2. 磁盘 Cache 的原理

在磁盘 Cache 中,由一些数据块组成的一个基本单位称为 Cache 行。当一个 I/O 请求送到磁盘驱动时,首先搜索驱动器上的高速缓冲行是否已写上数据? 如果是读操作,且要读的数据已在 Cache 中,则为命中,可从 Cache 行中读出数据,否则需从磁盘介质上读出。写入操作和 CPU 中的 Cache 类似,有"直写"和"写回"两种方法。磁盘 Cache 利用了被访问数据的空间局部性和时间局部性原理。空间局部性是指当某些数据被存取时,该数据附近的其他数据可能也将很快被存取;时间局部性是指当一些数据被存取后,不久这些数据还可能被再次存取。因此现在大多数磁盘驱动器中都使用了预读策略,而根据局部性原理预取一些不久将可能读入的数据放到磁盘 Cache 中。

CPU 的 Cache 存取时间一般小于 10ns,命中率 95% 以上,全用硬件来实现。磁盘 Cache 一次存取的数量大,数据集中,速度要求较 CPU 的 Cache 低,管理工作较复杂,因此一般由硬件和软件共同完成。其中 Cache 采用 SRAM 或 DRAM。

7.2.7   磁盘阵列 RAID

RAID 称廉价冗余磁盘阵列,它是用多台磁盘存储器组成的大容量外存系统。其构造基础是利用数据分块技术和并行处理技术,在多个磁盘上交错存放数据,使之可以并行存取。在 RAID 控制器的组织管理下,可实现数据的并行存储、交叉存储、单独存储。由于阵列中的一部分磁盘存有冗余信息,一旦系统中某一磁盘失效,可以利用冗余信息重建用户信息。

RAID 是 1988 年由美国加州大学伯克利分校一个研究小组提出的,它的设计理念是用多个小容量磁盘代替一个大容量磁盘,并用分布数据的方法能够同时从多个磁盘中存取数据,因而改善了 I/O 性能,增加了存储容量,现已在超级或大型计算机中使用。

工业上制定了一个称为 RAID 的标准,它分为 7 级($RAID_0 \sim RAID_6$)。这些级别不是表示层次关系,而是指出了不同存储容量、可靠性、数据传输能力、I/O 请求速率等方面的应用需求。

下面以 $RAID_0$ 级为例来说明。考虑到低成本比可靠性更重要,$RAID_0$ 未采用奇偶校验等冗余技术。$RAID_0$ 用于高速数据传输和高速 I/O 请求。

对 $RAID_0$,用户和系统数据分布在阵列中的所有磁盘上。与单个大容量磁盘相比,其优点是:如果两个 I/O 请求正在等待两个不同的数据块,则被请求的块有可能在不同的盘上。因此,两个请求能够并行发出,减少了 I/O 排队的时间。图 7.12 表示使用磁盘阵列管理软件在逻辑磁盘和物理磁盘间进行映射。此软件可在磁盘子系统或主机上运行。

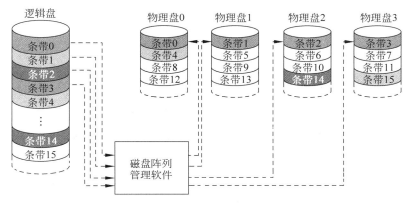

图 7.12　$RAID_0$ 级阵列的数据映射

所有的用户数据和系统数据都被看成是逻辑条带,存储在一个逻辑磁盘上。而实际物理磁盘也以条带形式划分,每个条带是一些物理的块、扇区或其他单位。数据条带以轮转方式映射到连续的阵列磁盘中。每个磁盘映射一条带,一组逻辑连续条带叫作条带集。在一个有 n 个磁盘的阵列中,第 1 组的 n 个逻辑条带依次物理地存储在 n 个磁盘的第 1 个条带上,构成第 1 个条带集;第 2 组的 n 个逻辑条带分布在每个磁盘的第 2 个条带上;依此类推。这种布局的优点是,如果单个 I/O 请求由多个逻辑相邻的条带组成,则对多达 n 个条带的请求可以并行处理,从而大大减少了 I/O 的传输时间。

7.3　软磁盘存储器

7.3.1　概述

软磁盘存储器与硬磁盘存储器的存储原理和记录方式是相同的,但在结构上有较大差别:硬盘转速高,存取速度快;软盘转速低,存取速度慢。硬盘有固定磁头、固定盘、盘组等结构;软盘都是活动头,可换盘片结构。硬盘是靠浮动磁头读/写,磁头不接触盘片;软盘磁头直接接触盘片进行读/写。硬盘系统及硬盘片价格比较贵,大部分盘片不能互换;软盘价格便宜,盘片保存方便、使用灵活、具有互换性。硬盘对环境要求苛刻,要求采用超净措施;软盘对环境的要求不苛刻。因此,软盘在微小型计算机系统中获得了广泛的应用,甚至有的大中型计算机系统中也配有软盘。

软磁盘存储器的种类主要是按其盘片尺寸不同而区分的,有 8 英寸、5.25 英寸、3.5 英寸和 2.5 英寸几种。软盘尺寸越小,记录密度就越高,驱动器也越小。从内部结构来看,若按使用的磁记录面(磁头个数)不同和记录密度不同,又可分为单面单密度、单面双密度、双面双密度等多种软盘存储器。

世界上第一台软盘机是美国 IBM 公司于 1972 年制成的 IBM 3740 数据录入系统。它是 8 英寸单面单密度软盘,容量只有 256KB。1976 年出现了 5.25 英寸软盘,20 世纪 80 年代又出现了 3.5 英寸和 2.5 英寸的微型软盘,其容量可达 1MB 以上。由于软盘价格便宜,使用灵活,盘片保管方便,20 世纪 80～90 年代曾作为外存的主要部件。

软盘存储器除主要用作外存设备外,还可以和键盘一起构成脱机输入装置,其作用是给程序员提供输入程序和数据,然后再输入到主机上运行,这样使输入操作不占用主机工作时间。

7.3.2　软磁盘盘片

软磁盘盘片的盘基是由厚约为 $76\mu m$ 的聚酯薄膜制成,其两面涂有厚约为 $2.3\sim3\mu m$ 的磁层。盘片装在塑料封套内,套内有一层无纺布,用来防尘,保护盘面不受碰撞,还起到消除静电的作用。盘片连封套一起插入软盘机中,盘片在塑料套内旋转,磁头通过槽孔和盘片上的记录区接触,无纺布消除因盘片转动而产生的静电,保证信息可以正常读/写。

塑料封套均为正方形,其上有许多孔,例如,用来装卡盘片的中心孔、用于定位的索引孔、用于磁头读/写盘片的读/写孔,以及写保护缺口(8 英寸盘)或允许写缺口(5.25 英寸盘)等,其基本外形如图 7.13 所示。

8 英寸软盘有 77 个磁道,从外往里依次为 00 磁道到 76 磁道。5.25 英寸软盘有 40 个和 80 个磁道两种。

与硬磁盘相同,软磁盘盘面也分为若干个扇区,每条磁道上的扇段数是相同的,记录同样多的信息。由于靠里的磁道圆周长小于外磁道的圆周长,因此,里圈磁道的位密度比外圈磁道的位密度高。至于一个盘面分成几个扇区,则取决于它的记录方式。区段的划分一般采用软分段方式,由软件写上的标志实现。

索引孔可作为旋转一圈开始或结束的标志,通常在盘片和保护套上各打有小孔。当盘片上的小孔转到与保护套上的小孔位置重合时,通过光电检测元件测出信号,即标志磁道已到起点或已为结束点。

3.5 英寸盘的盘片装在硬塑料封套内,它们的基本结构与 8 英寸盘和 5.25 英寸盘类似。按软盘驱动器的性能区分,有单面盘和双面盘。前者驱动器只有一个磁头,盘片只有一个面可以记录信息。双面盘的驱动器有两个磁头,盘片有两个记录面。

按记录密度区分,有单密度和双密度两种。前者采用 FM 记录方式,后者采用 MFM 记录方式。

综上所述,软盘分为单面单密度(SS、SD)、双面单密度(DS、SD)、单面双密度(SS、DD)、双面双密度(DS、DD)四种。对于 5.25 英寸和 3.5 英寸的磁盘机而言,均采用双面双密度及高密度(四倍密度)的记录方式。

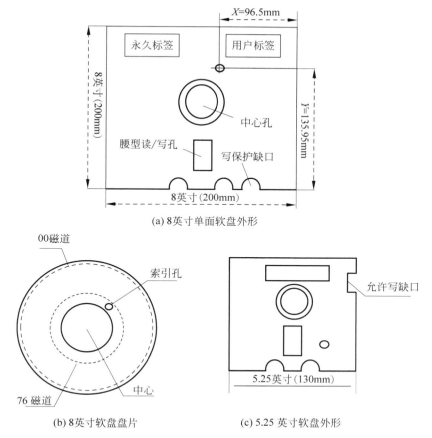

(a) 8英寸单面软盘外形

(b) 8英寸软盘盘片

(c) 5.25 英寸软盘外形

图 7.13 软磁盘盘片及外形

7.3.3 软磁盘的记录格式

软磁盘存储器采用软分段格式,软分段格式有 IBM 格式和非 IBM 格式两种。IBM 格式被国际标准化组织确定为国际标准。下面以 IBM 3740 的 8 英寸软盘为例,介绍其软分段格式,如图 7.14 所示。

软分段的磁道由首部、扇区部和尾部 3 部分组成。当磁盘驱动器检查到索引孔时,标志磁道的起始位已找到。首部是一段空隙,是为避免由于不同软盘驱动器的索引检测器和磁头机械尺寸误差引起读/写错误而设置的。尾部是依次设置在首部和各扇区后所剩下的间隙,起到转速变化的缓冲作用。首部和尾部之间的弧被划分成若干扇区,又称为扇段。

图 7.14(a)中索引孔信号的前沿标志磁道开始,经 46 字节的间隙后,有 1 字节的软索引标志,后面再隔 26 字节的间隙后,便是 26 个扇区(每个扇区 188 字节),最后还有 247 字节的间隙,表示一个磁道的结束。

图 7.14(b)中标出了一个扇区的 188 字节的具体分配。前 13 字节是地址区,详细内容可见图 7.14(c)。其中地址信息占 4 字节,分别指明磁道号、磁头号、区段号和记录长度。地址区字段的最后 2 字节是 CRC 码。此外,一个扇区内还有 131 字节的数据区,它由数据标志、数据、CRC 码 3 部分组成。在地址区和数据区后各自都有一段间隙。

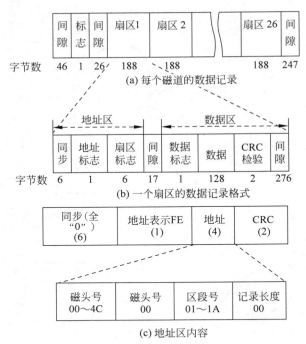

图 7.14　IBM 3740 软分段格式

对图 7.14 所示的单面单密度软盘而言,其格式化容量为

磁道数/盘片×扇区数/磁道×数据字节数/扇区＝77×26×128≈256KB

不同规格的软盘,每磁道究竟分成多少区段,IBM 格式都有明确规定。例如,5.25 英寸软盘,每磁道区段数为 15、9 或 8 三种,每个区段字节数均为 512 个。

出厂后未使用过的盘片称为白盘,需格式化后才能使用。采用统一的标准记录格式是为了达到盘片互换及简化系统设计的目的。但是软件生产厂家为了保护软件的产权,常用改变盘片上的数据格式来达到软件不被盗版的目的。因为通过对磁盘控制器编程,可以方便地指定每条磁道上的扇区数和所采用的记录格式,甚至可以调整间隙长度,改变磁盘地址的安排顺序等。经过这些处理,使用通用软件就不能正确复制磁盘文件了。

7.3.4　软磁盘驱动器和控制器

软磁盘存储器也由软磁盘驱动器、软磁盘控制器和软磁盘盘片 3 部分组成。软磁盘驱动器是一个相对独立的装置,又称软盘机,主要由驱动机构、磁头及定位机构和读/写电路组成。软磁盘控制器的功能是解释来自主机的命令,并向软磁盘驱动器发出各种控制信号,同时还要检测驱动器的状态,按规定的数据格式向驱动器发出读/写数据命令等。具体操作如下:

(1) 寻道操作:将磁头定位在目标磁道上。

(2) 地址检测操作:主机将目标地址送往软磁盘控制器,控制器从驱动器上按记录格式读取地址信息,并与目标地址进行比较,找到欲读(写)信息的磁盘地址。

(3) 读数据操作:首先检测数据标志是否正确,然后将数据字段的内容送入主存,最后用 CRC 校验。

（4）写数据操作：写数据时，不仅要将原始信息经编码后写入磁盘，同时要写上数据区标志和 CRC 码以及间隙。

（5）初始化：在盘片上写格式化信息，对每个磁道划分区段。

上述所有操作都是由软磁盘控制器完成的，为此设计了软磁盘控制器芯片，将许多功能集成在一块芯片上，如 FD1771、FD1991、μPD765 等。这些芯片都是可编程的，将磁盘最基本的操作用这些芯片的指令编程，便可实现对驱动器的控制。

软磁盘控制器发给驱动器的信号有驱动器选择信号（表示某台驱动器与控制器接通）、电机允许信号（表示驱动器的主轴电机旋转或停止）、步进信号（使所选驱动器的磁头按指定方向移动，一次移一道）、步进方向（磁头移动的方向）、写数据与写允许信号、选头信号（选择"0"面还是"1"面的磁头）。

驱动器提供给控制器的信号有读出数据信号、写保护信号（表示盘片套上是否贴有写保护标志，如果贴有标志、则发写保护信号）、索引信号（表示盘片旋转到索引孔位置，表明一个磁道的开始）、0 磁道信号（表示磁头正停在 0 号磁道上）。图 7.15 是 IBM PC 上的软盘控制器逻辑框图。

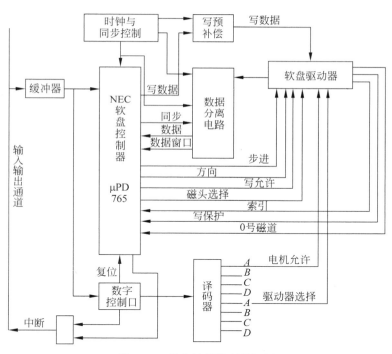

图 7.15 软盘控制器逻辑框图

7.4 磁带存储设备

7.4.1 概述

磁带存储器也属于磁表面存储器，记录原理和记录方式与磁盘存储器是相同的。但从存取方式来看,磁盘存储器属于直接存取设备,即只要知道信息所在盘面、磁道和扇区的位置,磁头便可直接找到其位置并读/写。磁带存储器必须按顺序进行存取,即磁带上的文件是按磁带头尾顺序存放的。如果某文件存在磁带尾部,而磁头当前位置在磁带首部,那么必须等待磁带走到尾部时才能读取该文件,因此磁带存取时间比磁盘长。但由于磁带容量比较大,位价格也比磁盘的低,而且格式统一,便于互换,因此,磁带存储器仍然是一种用于脱机存储的后备存储器。

磁带存储器由磁带和磁带机两部分组成。磁带按长度分有 2400 英尺、1200 英尺、600 英尺几种(1 英尺=0.3048 米);按宽度分有 1/4 英寸、1/2 英寸、1 英寸、3 英寸几种;按记录密度分有 800b/i、1600b/i、6250b/i 等几种;按磁带表面并行记录信息的道数分有 7 道、9 道、16 道等;按磁带外形分,有开盘式磁带和盒式磁带两种。现在计算机系统较广泛使用的两种标准磁带为:1/2 英寸开盘式和 1/4 英寸盒式。

磁带机又有很多种类,按磁带机规模分有标准半英寸磁带机、海量宽带磁带机(Mass Storage)和盒式磁带机三种。按磁带机走带速度分有高速磁带机(4～5m/s)、中速磁带机(2～3m/s)和低速磁带机(2m/s 以下)。磁带机的数据传输率取决于记录密度和走带速度。在记录密度相同的情况下,带速越快,传输率就越高。按装卸磁带机构分有手动装卸式和自动装卸式;按磁带传动缓冲机构分有摆杆式和真空式;按磁带的记录格式分有启停式和数据流式。数据流磁带机已成为现代计算机系统中主要的后备存储器,其位密度可达 8000b/i。它用于资料保存、文件复制,作为脱机后备存储装置,特别是当硬盘出现故障时,用以恢复系统。

磁带机正朝着提高传输率、提高记录密度、改善机械结构、提高可靠性等方向发展。

7.4.2 数据流磁带机

数据流磁带机是将数据连续地写到磁带上,每个数据块后有一个记录间隙,使磁带机在数据块间不启停,简化了磁带机的结构,用电子控制替代了机械启停式控制,降低了成本,提高了可靠性。

数据流磁带机有 1/2 英寸开盘式和 1/4 英寸盒式两种。盒式磁带的结构类似录音带和录像带。盒带内装有供带盘和收带盘,磁带长度有 450 英尺和 600 英尺两种,容量分别为 45MB 和 60MB。容量高达 1GB 和 1.35GB 的 1/4 英寸盒式数据流磁带机也已问世。当采用数据压缩技术时,1/4 英寸盒式数据流磁带机容量可达 2GB 或 2.7GB。

数据流磁带机与传统的启停式磁带机的多位并行读/写不同,它采用类似磁盘的串行读/写方式,记录格式与软盘类似。

以 4 道数据流磁带机为例,4 个磁道的排列次序如图 7.16 所示。在记录信息时,先在第 0 道上从磁带首端 EOT 记到磁带末端 BOT,然后在第 1 道上反向记录,即从 EOT 到 BOT,第 2 道又从 BOT 到 EOT,第 3 道从 EOT 到 BOT。读出信息时,也是这个顺序。这种方式称为蛇形(Serpentine)记录。9 道 1/4 英寸数据流磁带记录格式也与此相同,偶数磁道从 BOT 到 EOT,奇数磁道从 EOT 到 BOT,依次首尾相接。

盒式数据流磁带机与主机的接口是标准的通用接口,可用小型计算机系统接口 SCSI 与主机相连,也可以通过磁带控制器与主机相连。磁带控制器的作用类似于磁盘控制器,控制主机与磁带机之间进行信息交换。

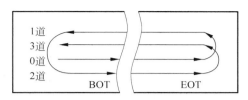

图 7.16　4 道 1/4 英寸磁带蛇形串行记录方式

7.4.3　磁带的记录格式

磁带上的信息可以以文件形式存储,也可以按数据块存储。磁带可以在数据块之间启停,进行数据传输。按数据块存储的磁带互换性更好。

磁带机与主机之间进行信息传送的最小单位是数据块或称为记录块(Block),记录块的长度可以是固定的,也可以是变化的,由操作系统决定。记录块之间有空白间隙,作为磁头停靠的地方,并保证磁带机停止或启动时有足够的惯性缓冲。记录块尾部有几行特殊的标记,表示数据块结束,接着便是校验区。图 7.17 示意了磁带机上的数据格式。

图 7.17　磁带的数据格式

磁带信息的校验属于多重校验,由奇偶校验、循环冗余校验和纵向冗余校验共同完成。以 9 道磁带为例,横向可以并排记录 9 位二进制信息(称为一行),其中 8 位是数据磁道,存储一个字节,另一位是这一字节的奇偶校验位,称为横向奇偶校验码。在每一个数据块内,沿纵向(走带方向)每一磁道还配有 CRC 码。此外对每一磁道上的信息(包括 CRC 码在内),又有一个纵向奇偶校验码。纠错的原理是用循环冗余码的规律和专门线路,指出出错的磁道(CRC 可发现一个磁道上的多个错误码),然后用横向校验码检测每一行是否有错,纵横交错后就可指明哪行哪道有错,如有错就立即纠正。

7.5　光盘和磁光盘存储设备

7.5.1　光盘存储设备

目前的光盘有 CD-ROM、WORM、CD-R、CD-RW、DVD-ROM 等类型。

1. CD-ROM 光盘

CD-ROM 是只读型光盘,一张光盘容量为 680MB。光盘是直径为 120mm,厚度为 1.2mm 的单面记录盘片。盘片的膜层结构如图 7.18(a)所示,盘基为聚碳酸酯,反射层多为铝质,保护层为聚丙烯酸酯。最上层为印刷的盘标。

　　所有的只读型光盘系统都基于一个共同原理,即光盘上的信息以坑点形式分布,有坑点表示为"1",无坑点表示为"0",一系列的坑点(存储元)形成信息记录道,见图7.18(b)。对数据存储用的CD-ROM光盘来讲,这种坑点分布作为数字"1""0"代码的写入或读出标志。为此必须采用激光作为光源,并采用良好的光学系统才能实现。

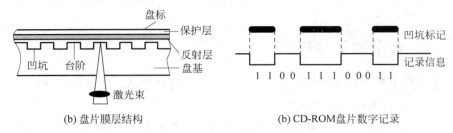

(b) 盘片膜层结构　　　　　　(b) CD-ROM盘片数字记录

图 7.18　CD-ROM 盘片存储机理

　　光盘的记录信息以凹坑方式永久性存储。读出时,当激光束聚焦点照射在凹坑上时将发生衍射,反射率低;而聚焦点照射在凸面上时大部分光将返回。根据反射光的光强变化进行光—电转换,即可读出记录信息。

　　信息记录的轨迹称为光道。光道上划分出一个个扇区,它是光盘的最小可寻址单位。扇区的结构如图7.19所示。

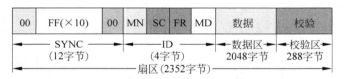

图 7.19　光盘扇区数据结构

　　光盘扇区分为4个区域。2个全0字节和10个全1字节组成同步(SYNC)区,标志着扇区的开始。4字节的扇区标识(ID)区用于说明此扇区的地址和工作模式。光盘的扇区地址编码不同于磁盘,它是以分(MN)、秒(SC)和分数秒(FR,1/75s)时间值作为地址。由于光盘的恒定线速度是每秒读出75个扇区,故FR的值实际上就是秒内的扇区号(0~74)。

　　ID区的MD为模式控制,用于控制数据区和校验区的使用。共有三种模式:模式0规定数据区和校验区的全部2336字节都是0,这种扇区不用于记录数据,而是用于光盘的导入区和导出区;模式1规定(0~74)0字节的校验区为4字节的检测码(EDO)、8字节的保留域(未定义)和276字节的纠错码(ECC),这种扇区模式有2048字节的数据并有很强的检测和纠错能力,适合保存计算机的程序和数据;模式2规定288字节的校验区也用于存放数据,用于保存声音、图像等对误码率要求不高的数据。

　　【例7.3】　CD-ROM光盘的外缘有5mm宽的范围因记录数据困难,一般不使用,故标准的播放时间为60分钟。计算模式1和模式2情况下光盘存储容量是多少?

　　解:扇区总数＝60 分×60 秒×75/扇区/秒＝270000 扇区

　　　　模式 1 存放计算机程序和数据,其存储容量为

$$270000×2048B/2^{20}=527MB$$

模式 2 存放声音、图像等多媒体数据,其存储容量为

$$270000 \times 2336B/2^{20} = 601MB$$

2. WORM、CD-R 光盘

WORM 表示一次写多次读,它是一种只能写一次的光盘。数据写到光盘后不可擦除但可多次读。记录信息时,低功率激光束在光盘表面灼烧形成微小的凹陷区。被灼烧的部分和未被灼烧的部分分别表示 1 和 0。

CD-R 实质上是 WORM 的一种,区别在于 CD-R 允许多次分段写数据。CD-R 光盘有与 CD-ROM 的相似的圆形轨道,但不再是机械地在盘面上烧印凹痕来表示数据。CD-R 使用激光将微型斑点烧在有机燃料表层。读取数据时,在超过标准温度的激光束的照射下,这些烧过的斑点颜色发生变化,呈现出比未被灼烧的地方较暗的亮度。因此,CD-R 光盘通过激光烧和不烧斑点表示 1 和 0,而 CD-ROM 则是通过凸凹区来表示。CD-R 光盘的数据一旦写上也不能擦除。

3. CD-RW 光盘

CD-RW 表示可重复写光盘,用于反复读写数据。与 CD-R 所使的基于染料的记录表层不同,CD-RW 光盘采用一种特殊的水晶复合物作为记录介质。当加热到一个确定的温度后,冷却时它即呈现出水晶状;但如果一开始把它加热到一个更高的温度,它会被熔化,随即冷却成一种非晶形的固态。写数据时,用激光束将待写区域加热至高温,使之熔化冷却成非晶形物质。由于非晶形区域比水晶形区域反射的光线强度弱,这样读数据时就可以区分出是 1 还是 0。这种光盘允许多次写,重写数据时只需将被写过的呈非晶形的区域重新加热,温度在可结晶温度和熔化温度之间,使之重新转化为水晶态即可。

4. DVD-ROM 光盘

最初 DVD 的全称是数字化视频光盘,但后来逐渐演变成数字化通用光盘的简称。DVD-ROM 的数据也是事先存储在光盘上,这与 CD-ROM 是相同的。不过,凹陷区的大小相对更小一些,使得圆形光道上存储的数据总量更大。CD-ROM 和 DVD-ROM 的主要区别是:CD 光盘是单面使用,而 DVD 光盘两面都可以写数据。另外,除了有两面可写的DVD 光盘,还有多层可写的光盘,在主数据层上还放置着多层透明的可写层,这种光盘的容量可以达到数十吉字节。读写这种多层数据光盘时,激光头每次都需要在层与层之间重新定位。

7.5.2　磁光盘存储设备

顾名思义,磁光盘存储设备是采用磁场技术和激光技术相结合的产物。磁光盘和磁盘一样,由磁道和扇区组成。磁光盘是重写型光盘,可以进行随机写入、擦除或重写信息。

磁光盘和纯磁盘的基本区别是:磁光盘的磁表面需要高温来改变磁极。因此,磁光盘在常温下是非常稳定的,数据不会改变。

  磁光盘的基本工作原理是利用热磁效应写入数据：当激光束将磁光介质上的记录点加热到居里点温度以上时，外加磁场作用改变记录点的磁化方向，而不同的磁化方向可表示数字"0"和"1"。利用磁光克尔效应读出数据：当激光束照射到记录点时，记录点的磁化方向不同，会引起反射光的偏振面发生不同结果，从而检测出所记录的数据"1"和"0"。图 7.20 示出了磁光盘操作的四种情况：

  图 7.20(a)表示未编码的磁盘，例如所有磁化点均存"0"。

  图 7.20(b)表示写操作：高功率激光束照射加热点（记录点），磁头线圈中外加电流后产生的磁场使其对应的记录点产生相反的磁性微粒，从而写入"1"。

  图 7.20(c)表示读操作：低功率的激光束反射掉相反极性的磁性粒子且使它的极性变化，如果这些粒子没有被反射掉，则反射激光束的极性是不变化的。

  图 7.20(d)表示擦除操作：高功率激光束照射记录点，外加磁场改变方向，使磁性粒子恢复到原始极性。

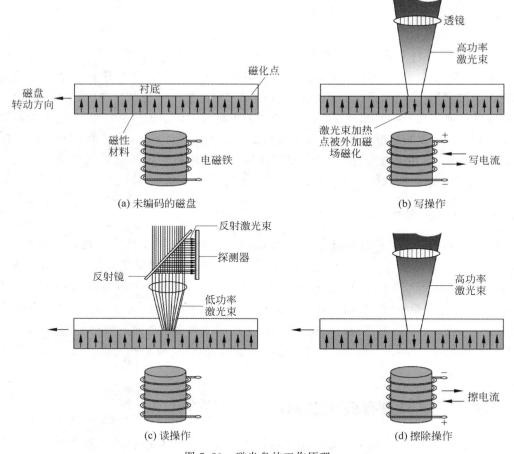

图 7.20　磁光盘的工作原理

  总之，磁光盘介质材料发生的物理特性改变是可逆变化，因此信息是可重写的。

7.6 显示设备

7.6.1 显示设备的分类与有关概念

以可见光的形式传递和处理信息的设备叫显示设备,它是目前计算机系统中应用最广泛的人机界面设备。

显示设备种类繁多。按显示设备所用的显示器件分类,有阴极射线管(CRT)显示器、液晶显示器(LCD)、等离子显示器等。按所显示的信息内容分类,有字符/图形显示器、图像显示器等。

在 CRT 显示设备中,以扫描方式不同,分成光栅扫描和随机扫描两种显示器;以分辨率不同,分成高分辨率显示器和低分辨率显示器;以显示的颜色分类,有单色(黑白)显示器和彩色显示器。以 CRT 荧光屏对角线的长度分类,有 14 英寸、16 英寸、19 英寸等。

1. 分辨率和灰度级

分辨率是指显示器所能表示的像素个数。像素越密,分辨率越高,图像越清晰。分辨率取决于显像管荧光粉的粒度、荧光屏的尺寸和 CRT 电子束的聚焦能力。同时刷新存储器要有与显示像素数相对应的存储空间,用来存储每个像素的信息。例如 12 英寸彩色 CRT 的分辨率为 640×480 像素。每个像素的间距为 0.31mm,水平方向的 640 个像素所占显示长度为 198.4mm,垂直方向 480 个像素按 4∶3 的长宽比例分配(640×3/4＝480)。按这个分辨率表示的图像具有较好的水平线性和垂直线性,否则看起来会失真变形,同样 16 英寸的 CRT 显示 1024 像素×768 像素也满足 4∶3 的比例。某些专用的方形 CRT 显示分辨率为 1024×1024 像素,甚至更多。

灰度级是指黑白显示器中所显示的像素点的亮暗差别,在彩色显示器中则表现为颜色的不同。灰度级越多,图像层次越清楚逼真。灰度级取决于每个像素对应刷新存储器单元的位数和 CRT 本身的性能。如果用 4 位表示一个像素,则只有 16 级灰度或颜色;如果用 8 位表示一个像素,则有 256 级灰度或颜色。字符显示器只用"0""1"两级灰度就可表示字符的有无,故这种只有两级灰度的显示器称为单色显示器。具有多种灰度级的黑白显示器称为多灰度级黑白显示器。图像显示器的灰度级一般在 256 级以上。

2. 刷新和刷新存储器

CRT 发光是由电子束打在荧光粉上引起的。电子束扫过之后其发光亮度只能维持几十毫秒便消失。为了使人眼能看到稳定的图像显示,必须使电子束不断地重复扫描整个屏幕,这个过程叫作刷新。按人的视觉生理,刷新频率大于 30 次/秒时才不会感到闪烁。

为了不断提供刷新图像的信号,必须把一帧图像信息存储在刷新存储器,也叫视频存储器。其存储容量 M 由图像分辨率和灰度级决定

$$M = r \times C \tag{7.4}$$

分辨率 r 越高,颜色深度 C 越多,刷新存储器容量越大。如分辨率为 1024×1024 像素、256 级颜色深度的图像,存储容量 $M = 1024 \times 1024 \times 8\text{bit} = 1\text{MB}$。刷新存储器的存取周

期必须满足刷新频率的要求。刷新存储器容量和存取周期是刷新存储器的重要技术指标。

7.6.2　字符/图形显示器

不同的计算机系统,显示器的组成方式也不同。在大型计算机中,显示器作为终端设备独立存在,即键盘输入和 CRT 显示输出是一个整体,通过标准的串行接口与主机相连。在微型机系统中,CRT 显示输出和键盘输入是两个独立的设备,显示系统由插在主机槽中的显示适配器卡和显示器两部分组成,而且将字符显示与图形显示结合为一体。

1. 字符显示

显示字符的方法以点阵为基础。点阵是由 $m \times n$ 个点组成的阵列,并以此来构造字符。将点阵存入由 ROM 构成的字符发生器中,在 CRT 进行光栅扫描的过程中,从字符发生器中依次读出某个字符的点阵,按照点阵中 0 和 1 代码不同控制扫描电子束的开或关,从而在屏幕上显示出字符,如图 7.21(a)所示。

点阵的多少取决于显示字符的质量和字符窗口的大小。字符窗口是指每个字符在屏幕上所占的点数,它包括字符显示点阵和字符间隔。在 IBM/PC 系统中,屏幕上共显示 80 列×25 行=2000 个字符,故字符窗口数目为 2000。在单色字符方式下,每个字符窗口为 9×14 点阵,字符为 7×9 点阵。

对应于每个字符窗口,所需显示字符的 ASCII 代码被存放在视频存储器 VRAM 中,以备刷新,故 VRAM 应有 2000 个单元存放被显示的字符信息。字符发生器 ROM 的高位地址来自 VRAM 的 ASCII 代码,低位地址来自光栅地址计数器的输出 $RA_3 \sim RA_0$,它具体指向这个字形点阵中的某个字节。在显示过程中,按照 VRAM 中的 ASCII 码和光栅地址计数器访问 ROM,依次取出字形点阵,就可以完成一个字符的输出,如图 7.21(b)所示。

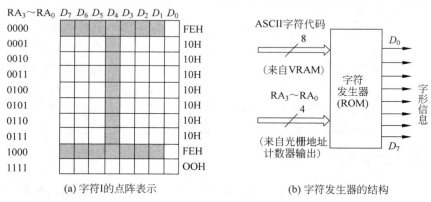

(a) 字符I的点阵表示　　　　　　　　(b) 字符发生器的结构

图 7.21　字符显示的基本原理

2. 图形显示

图形显示是指用计算机手段表示现实世界的各种事物,并形象逼真地加以显示。根据产生图形的方法,分随机扫描图形显示器和光栅扫描图形显示器。

(1)随机扫描图形显示器。工作原理是将所显示图形的一组坐标点和绘图命令组成显示文件存放在缓冲存储器,缓冲存储器中的显示文件送往矢量(线段)产生器,产生相应的模拟电压,直接控制电子束在屏幕上的移动。为了在屏幕上保留持久稳定的图像,需要按一定的频率对屏幕反复刷新。这种显示器的优点是分辨率高(可达 4096×4096 像素),显示的曲线平滑。目前高质量图形显示器采用这种随机扫描方式。

(2)光栅扫描图形显示器。产生图形的方法称为相邻像素串接法,即曲线是由相邻像素串接而成。因此光栅扫描图形显示器的原理是:把对应于屏幕上每个像素的信息都用刷新存储器存起来,然后按地址顺序逐个地刷新显示在屏幕上。

刷新存储器中存放一帧图形的形状信息,它的地址和屏幕上的地址一一对应,例如屏幕的分辨率为 1024 像素×1024 像素,刷新存储器就要有 1024 单元×1024 单元;屏幕上像素的灰度为 256 级,刷新存储器每个单元的字长就是 8 位。因此刷新存储器的容量直接取决于显示器的分辨率和灰度级。换言之,此时需要有 1MB 的刷新存储器与之对应。

光栅扫描图形显示器的优点是通用性强,灰度层次多,色调丰富,显示复杂图形时无闪烁现象;所产生的图形有阴影效应、隐藏面消除、涂色等功能。它的出现使图形学的研究从简单的线条图扩展到丰富多彩、形象逼真的各种立体及平面图形,从而成为目前流行的显示器。

【例 7.4】 图 7.22 为 IMB PC 机汉字显示原理图,请分析此原理图并进行说明。

解:在 IBM PC 系列微型计算机系统中,汉字输出是利用通用显示器和打印机,在主机内部由通用的图形显示卡形成点阵码以后,将点阵码送到输出设备,输出设备只要具有输出点阵的能力就可以输出汉字。以这种方式输出的汉字是在设备可以画点的图形方式下实现的,因此常称这种汉字为图形汉字。

如图 7.22 所示,通过键盘输入的汉字编码,首先要经代码转换程序转换成汉字机内代码,转换时要用输入码到码表中检索机内码,得到两个字节的机内码,字形检索程序用机内码检索字模库,查出表示一个字形的 32 字节字形点阵送显示输出。

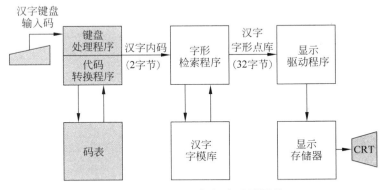

图 7.22 IBM PC 机汉字显示原理

7.6.3 图像显示设备

图像的概念与图形的概念不同。图形是用计算机表示和生成的图,称作主观图像。在计算机中表示图形,只需存储绘图命令和坐标点,没有必要存储每个像素点。而图像所处理的对象多半来自客观世界,即由摄像机摄取下来存入计算机的数字图像,这种图像称为客观图像。由于数字化以后逐点存储,因此图像处理需要占用非常庞大的主存空间。

　　图像显示器采用光栅扫描方式,其分辨率在 256 像素×256 像素或 512 像素×512 像素,与图形显示兼容的图像显示器已达 1024 像素×1024 像素,灰度级在 64～256 级。

　　图像显示器有两种类型。一种是图 7.23 所示的简单图像显示器,它仅仅显示由计算机送来的数字图像。图像处理操作在计算机中完成,显示器不做任何处理。虚线框中的 I/O 接口、图像存储器(刷新存储器)、A/D 与 D/A 变换等组成单独的一个部分,称为图像输入控制板或视频数字化仪。图像输入控制板的功能是实现连续的视频信号与离散的数字量之间的转换。图像输入控制板接收摄像机模拟视频输入信号,经 A/D 变换为数字量存入刷新存储器用于显示,并可传送到计算机进行图像处理操作。处理后的结果送回刷新存储器,经 D/A 变换成模拟视频输出,由监视器进行显示输出。监视器只包括扫描、视频放大等与显示有关的电路及显像管。也可以接入电视机的视频输入端来代替监视器。数字照相机的出现,更容易组成一个图像处理系统。

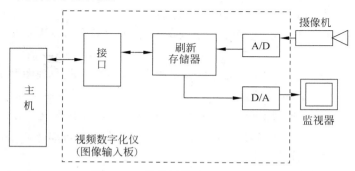

图 7.23　简单图像显示器原理图

　　另一种是图形处理子系统,其硬件结构较前一种复杂得多。它本身就是一个具有并行处理功能的专用计算机,不仅能完成显示操作,同时由于子系统内部有容量很大的存储器和高速处理器。可以快速执行许多图形处理算法,减轻主计算机系统的预算量。这种子系统可以单独使用,也可以连到通用计算机系统。目前流行的图形工作站就属于图形处理子系统。

　　由于新一代多媒体计算机的发展,图像的处理与显示技术越来越受到人们的重视。

7.6.4　VESA 显示标准

　　不同的显示标准所支持的最大分辨率和颜色数目是不同的。随着 IBM PC 系列机的升级发展,PC 机采用的显示标准经历了很多变化。

　　MDA 是 PC 机最早使用的显示标准。MDA 是单色字符显示适配器,采用 9×14 点阵的字符窗口,满屏显示 80 列×25 行字符,对应分辨率为 720 像素×350 像素。

　　VGA 显示标准可兼容字符和图形两种显示方式。字符窗口为 9×16 点阵,图形方式下分辨率为 640 像素×480 像素,16 种颜色。自 IBM 公司推出 VGA 后,VESA(美国视频电子标准协会)定义了一个 VGA 扩展集,将显示方式标准化,从而形成著名的 Super-VGA 模式。该模式除兼容 VGA 的显示方式外,还支持 1280 像素×1024 像素光栅,每像素点 24 位像素深度,刷新频率可达 75MHz。

　　当今显示适配器为主持视窗的 API 应用程序界面,几乎都安装图形加速器硬件,这样的适配器称为 AVGA。它在显示方式上除遵循 VESA 的 Super-VGA 模式外,并没有提出新的显示方式。但由于有了图形加速器硬件,并在视窗驱动程序的支持下,系统的图形显示性能得到显著改善。

表 7.1 中列出了 VESA 扩充的标准显示模式。早期的 MDA 等显示方式是由 BIOS 的一组功能调用(INT 10h)来设置和管理的,使用 7 位的方式码。VESA 保留了这种方式,将 VGA 类显示器和适配器所能支持的新的显示方式进行定义,并为新的显示方式指定了 15 位的方式码。方式码的 $b8$ 位为 VESA 标志位,$b14 \sim b9$ 为保留位,故 VESA 的显示方式号为 $1 \times \times$h。表 7.1 中括号内的数字,例如 5∶5∶5,指的是三原色 $R∶G∶B$ 每色所占的位数,有的还在前面有 1,表示 I(加亮)占 1 位。

表 7.1 VESA 扩充的显示模式

图 形 方 式			图 形 方 式		
方式码	分 辨 率	颜 色 数	方式码	分 辨 率	颜 色 数
100h	640×400	256	114h	800×600	64K(5∶6∶5)
101h	640×480	256	115h	800×600	16.8M(8∶8∶8)
102h	800×600	16	116h	1024×768	32K(1∶5∶5∶5)
103h	800×600	256	117h	1024×768	64K(5∶6∶5)
104h	1024×768	16	118h	1024×768	16.8M(8∶8∶8)
105h	1024×768	256	119h	1280×1024	32K(1∶5∶5∶5)
106h	1280×1024	16	11Ah	1280×1024	64K(5∶6∶5)
107h	1280×1024	256	11Bh	1280×1024	16.8M(8∶8∶8)
10Dh	320×200	32K(1∶5∶5∶5)	文 本 方 式		
10Eh	320×200	64K(5∶6∶5)	方式码	列　　数	行　　数
10Fh	320×200	16.8M(8∶8∶8)	108h	80	60
110h	640×480	32K(1∶5∶5∶5)	109h	132	25
111h	640×480	64K(5∶6∶5)	10Ah	132	43
112h	640×480	16.8M(8∶85∶8)	10Bh	132	50
113h	800×600	32K(1∶5∶5∶5)	10Ch	132	60

图 7.24 是显示适配器的结构框图,它由刷新存储器、显示控制器、ROM BIOS 三部分组成。

在奔腾系列中显示适配器大多做成插卡形式,插入一个 PCI(或 VESA VL)总线槽。它一方面与 32 位或 64 位的系统总线连接,另一方面通过一个 15 阵 D 形插口与显示器电缆连接,将水平、垂直同步信号(V_{SYNC},H_{SYNC})和红(R)、绿(G)、蓝(B)三色模拟信号送至显示器。显示适配器的顶部另有一个 VFC 插头,通过一个 24 芯扁平电缆与视频卡相连,通过传送像素的电平信号,还可以实现视频图像与 PC 图形的合成。

(1) **刷新存储器**。存放显示图案的点阵数据。其存储容量取决于设定的显示方式。例如,设定 VESA 显示模式中的方式码为 118h 时,其分辨率为 1024 像素×768 像素,颜色深度为 24 位(3 字节),则显示一屏画面需要 2304KB 的存储器容量。因此当前的刷新容量一般在 2～4MB,由高速的 DRAM 组成。刷存通过适配器内部的 32 位或 64 位总线与显示控制器连接。

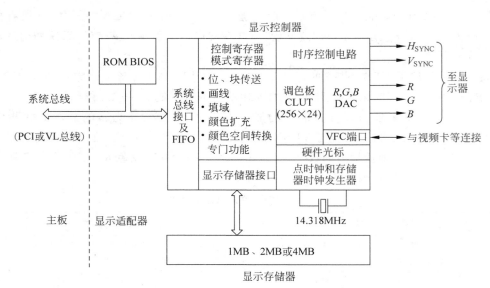

图 7.24　显示适配器结构框图

（2）**ROM BIOS**。含有少量的固化软件,用于支持显示器建立所要求的显示环境,此 BIOS 软件主要用于 DOS 操作系统。在视窗环境下,它的大部分功能不被使用,而由后者的设备驱动程序建立操作系统与适配器硬件的衔接。

（3）**显示控制器**。是适配器的心脏。它依据设定的显示工作方式,自主地、反复不断地读取显存中的图像点阵(包括图形、字符文本)数据,将它们转换成 R、G、B 三色信号,并配以同步信号送至显示器刷新屏幕。显示控制器还要提供一个由系统总线至刷存总线的通路,以支持 CPU 将主存中已修改好的点阵数据写入到刷存,以更新屏幕。这些修改数据一般利用扫描回程的消隐时间写入到刷存中,因此显示屏幕不会出现凌乱。

先进的显示控制器具有图形加速能力,这样的控制器芯片称为 AVGA 芯片。典型的图形加速功能有:①位和块传送,用于生成和移动一个矩形块(如窗口)数据;②画线,由硬件在屏上任意两点间画一向量;③填域,以预先指定的颜色或花样填满一个任意多边形;④颜色扩充,将一个单色的图像放到屏上某一位置后,给它加上指定的前景颜色和背景颜色。

思考题　显示适配器中为什么一定要具有显示存储器?

【例 7.5】　刷存的重要性能指标是它的带宽。实际工作时显示适配器的几个功能部分要争用刷存的带宽。假定总带宽的 50% 用于刷新屏幕,保留 50% 带宽用于其他非刷新功能。

（1）若显示工作方式采用分辨率为 1024 像素×768 像素,颜色深度为 3B,帧频(刷新速率)为 72Hz,计算刷存总带宽应为多少?

（2）为达到这样高的刷存带宽,应采取何种技术措施?

解：（1）因为刷新所需带宽＝分辨率×每个像素点颜色深度×刷新速率

所以　　$1024 \times 768 \times 3B \times 72/s = 165888KB/s = 162MB/s$

刷存总带宽应为　　$162MB/s \times 100/50 = 324MB/s$

（2）为达到这样高的刷存带宽,可采用如下技术措施:①使用高速的 DRAM 芯片组成刷存;②刷存采用多体交叉结构;③刷存至显示控制器的内部总线宽度由 32 位提高到 64 位,甚至 128 位;④刷存采用双端口存储器结构,将刷新端口与更新端口分开。

7.7 输入设备和打印设备

7.7.1 输入设备

常用的计算机输入设备分为图形输入、图像输入、声音输入等。

1. 键盘

键盘是字符和数字的输入装置,无论字符输入还是图形输入,键盘是一种最基本的常用设备。当需要输入坐标数据建立显示文件时,要利用键盘。另外,利用键盘上指定的字符与屏幕上的光标结合,可用来移动光标、拾取图形坐标、指定绘图命令等。

键盘是应用最普遍的输入设备。可以通过键盘上的各个键,按某种规范向主机输入各种信息,如汉字、外文、数字等。

键盘由一组排列成阵列形式的按键开关组成,如图 7.25 所示。键盘上的按键分字符键和控制功能键两类。字符键包括字母、数字和一些特殊符号键;控制功能键是产生控制字符的键(由软件系统定义功能),还有控制光标移动的光标控制键以及用于插入或消除字符的编辑键等。

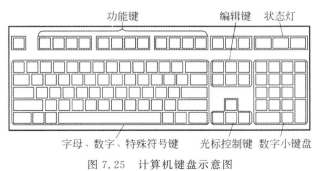

图 7.25 计算机键盘示意图

键盘输入信息分为以下 3 个步骤:

(1) 按下一个键。

(2) 查出按下的是哪个键。

(3) 将此键翻译成 ASCII 码,由计算机接收。

按键是由人工操作的,确认按下的是哪一个键可用硬件或软件的方法来实现。

采用硬件确认哪个键被按下的方法称为编码键盘法,它由硬件电路形成对应被按键的唯一编码信息。为了便于理解,下面以 8×8 键盘为例,说明硬件编码键盘法是如何通过对键盘扫描来识别被按键所对应的 ASCII 码的,其原理如图 7.26 所示。

图 7.26 中的 6 位计数器经两个八选一的译码器对键盘扫描。若键未按下,则扫描将随着计数器的循环计数而反复进行。一旦扫描发现某键被按下,则键盘通过一个单稳电路产生一个脉冲信号。该信号一方面使计数器停止计数,用以终止扫描,此刻计数器的值便与所

按键的位置相对应,该值可作为只读存储器(ROM)的输入地址,而该地址中的内容即为所按键的 ASCII 码。可见只读存储器存储的内容便是对应各个键的 ASCII 码。另一方面,此脉冲经中断请求触发器向 CPU 发中断请求,CPU 响应请求后便转入中断服务程序,在中断服务程序的执行过程中,CPU 通过执行读入指令,将计数器所对应的 ROM 地址中的内容,即所按键对应的 ASCII 码送入 CPU 中。CPU 的读入指令既可作为读出 ROM 内容的片选信号,而且经一段延迟后,又可用来清除中断请求触发器,并重新启动 6 位计数器开始新的扫描。

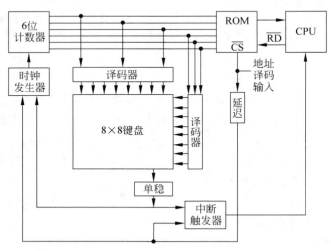

图 7.26　带只读存储器的编码键盘原理图

采用软件判断键是否按下的方法称为非编码键盘法,这种方法利用简单的硬件和一套专用键盘编码程序来判断按键的位置,然后由 CPU 将位置码经查表程序转换成相应的编码信息。这种方法结构简单,但速度比较慢。

在按键时往往会出现键的机械抖动,容易造成误动。为了防止形成误判,在键盘控制电路中专门设有硬件消抖电路,或采取软件技术,以便有效地消除因键的抖动而出现的错误。

此外,为了提高传输的可靠性,可采用奇偶校验码来验证信息的准确性。

随着大规模集成电路技术的发展,厂商已提供了许多种可编程键盘接口芯片,如 Intel 8279 就是可编程键盘/显示接口芯片,用户可以随意选择。近年来又出现了智能键盘,如 IBM PC 的键盘内装有 Intel 8048 单片机,用它可完成键盘扫描、键盘监测、消除重键、自动重发、扫描码的缓冲以及与主机之间的通信等任务。

2. 鼠标

鼠标是一种手持的坐标定位部件,有两种类型。一种是机械式的,在底座上装有一个金属球,在光滑的表面上摩擦,使金属球转动,球与四个方向上的点位器接触,就可以测量出上下左右四个方向的相对位移量。另一种是光电式的鼠标器,需要一片画满小方格的长方形金属板配合使用。当鼠标在板上移动时,安装在鼠标器底部的光电转换装置可以定位坐标点。光电式鼠标器比机械式鼠标器可靠性高,但需要附带一块金属板。另外,用相对坐标定位,必须和 CRT 显示的光标配合,计算机先要给定光标初始位置,然后用读取的相对位移移动光标。

3．触摸屏

触摸屏是一种对物体的接触或靠近能产生反应的定位设备。按原理的不同,触摸屏大致可分为 5 类:电阻式、电容式、表面超声波式、扫描红外线式和压感式。

电阻式触摸屏由显示屏上加一个两层高透明度的、并涂有导电物质的薄膜组成。在两层薄膜之间由绝缘支点隔开,其间隙为 0.0001 英寸,如图 7.27 所示。

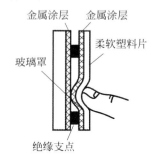

当用户触摸塑料薄膜片时,涂有金属导电物质的第一层塑料片与挨着玻璃罩上的第二层塑料片(也涂有金属导电物质)接触,这样根据其接触电阻的大小求得触摸点所在的 x 和 y 坐标位置。

电容式触摸屏是在显示屏幕上加一个内部涂有金属层的玻璃罩。当用户触摸此罩表面时,与电场建立了电容耦合,在触摸点产生小电流到屏幕 4 个角,然后根据 4 个电流大小计算出触摸点的位置。

图 7.27　电阻式触摸屏原理

表面超声波式触摸屏是由一个透明的玻璃罩组成的。在罩的 x 和 y 轴方向都有一个发射和接收压电转换器和一组反射器条,触摸屏还有一个控制器发送 5MHz 的触发信号给发射、接收转换器,让它转换成表面超声波,此超声波在屏幕表面传播。当用手指触摸屏幕时,在触摸位置上的超声波被吸收,使接收信号发生变化,经控制分析和数字转换为 x 和 y 的坐标值。

可见,任何一种触摸屏都是通过某种物理现象来测得人手触及屏幕上各点的位置,从而通过 CPU 对此做出响应,由显示屏再现所需的位置。由于物理原理不同,体现出各类触摸屏的不同特点及其适用的场合。例如,电阻式触摸屏能防尘、防潮,并可戴手套触摸,适用于饭店、医院等。电容式触摸屏亮度高,清晰度好,也能防尘、防潮,但不可戴手套触摸,并且易受温度、湿度变化的影响,因此,它适用于游戏机及供公共信息查询系统使用。表面超声波式触摸屏透明、坚固、稳定,不受温度、湿度变化的影响,是一种抗恶劣环境的设备。

4．图像输入设备

最理想的图像输入设备是数字摄像机。它可以摄取任何地点、任何环境的自然景物和物体,直接将数字图像存入磁盘。

当图像已经记录到某种介质上时,要利用读出装置读出图像。例如记录在录像带上的图像要用录像机读出,再将视频信号经图像板量化后输入计算机。记录在数字磁带上的遥感图像可以直接在磁带机上输入。如果想把纸上的图像输入计算机,一种方法是用摄像机对着纸上的图像摄像输入,另一种方法是利用装有 CCD(电荷耦合器件)的图文扫描仪或图文传真机。还有一种叫“扫描仪”的专业设备,可以直接将纸上的图像转换成数字图像。

由于一帧数字图像要占用很大的存储空间,图像数据的传输与存储问题将是一个十分重要的研究课题,目前普遍采用的方法是压缩-恢复技术。

5．语音输入设备

利用人的自然语音实现人机对话是新一代多媒体计算机的重要标志之一。图 7.28 示出了一种语音 I/O 设备的原理方框图。语音识别器作为输入设备,可以将人的语言声音转换成计算机能够识别的信息,并将这些信息送入计算机。而计算机处理的结果又可以通过语音合成器变成声音输出,以实现真正的人机对话。通常语音识别器与语言合成器放在一起做成语音 I/O 设备。图 7.28 中声音通过话筒进入语音识别器,然后送入计算机;计算机输出数据送入语音合成器变为声音,然后由喇叭输出。

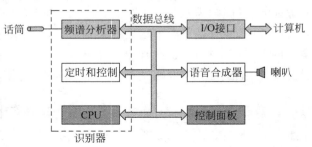

图 7.28　语音 I/O 原理框图

7.7.2　打印设备

打印输出是计算机最基本的输出方式。与显示器输出相比,打印输出可产生永久性记录,因此打印设备又称为硬复制设备。

1. 打印设备分类

打印机种类相当繁多,有多种分类方法。按印字原理可分为击打式和非击打式两大类。击打式是利用机械作用使印字机构与色带和纸相撞击而打印字符,因此习惯上将属于击打式打印方式的机种称为"打印机"。击打式设备成本低,缺点是噪声大,速度慢。非击打式是采用电、磁、光、喷墨等物理、化学方法印刷字符,因此习惯上将这类非击打式的机种称为"印字机",如激光印字机、喷墨印字机等。非击打式的设备速度快,噪声低,印字质量高,但价格较贵,有的设备还需要专用纸张。目前的发展趋势是机械化的击打式设备逐步转向电子化的非击打式设备。

另外还有能够输出图形/图像的打印机,具有彩色效果的彩色打印机等。

2. 激光印字机

激光印字机是激光技术和电子照相技术结合的产物,其基本原理与静电复印机相似。

激光印字机的结构如图 7.29 所示。激光器输出的激光束经光学透镜系统被聚焦成一个很细小的光点,沿着圆周运动的滚筒进行横向重复扫描。滚筒是记录装置,表面镀有一层具有光敏特性的感光材料,通常是硒,因此又将滚筒称为硒鼓。硒鼓在未被激光束扫描之前,首先在黑暗中充电,使鼓表面均匀地沉积一层电荷。此后根据控制电路输出的字符或图形,变换成数字信号来驱动激光器的打开与关闭。扫描时激光器将对鼓表面有选择地曝光,曝光部分产生放电现象,未曝光部分仍保留充电时的电荷,从而形成静电潜像。随着鼓的转动,潜像部分将通过装有碳粉盒的显影器,使得具有字符信息的区域吸附上碳粉,达到显影的目的。当鼓上的字符信息区和普通纸接触时,由于在纸的背面施以反向的静电电荷,鼓表面上的碳粉就会被吸附到纸上来,这个过程称为转印。最后,当记录有信息的纸经过定影辊高温加热,碳粉被熔化,永久性地黏附在纸上,达到定影的效果。

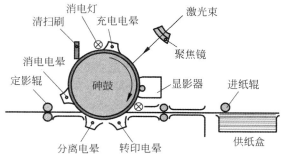

图 7.29 激光印字机结构示意图

另一方面,转印后的鼓面还留有残余的炭粉。因此先要除去鼓表面的电荷,然后经清扫刷,将残余的炭粉全部清除。清除以后的鼓表面又继续重复上述的充电、曝光、显影、转印、定影等一系列过程。

激光印字机是非击打式硬复制输出设备,输出速度快,印字质量高,可使用普通纸张。其印字分辨率达到每英寸 300 个点以上,缓冲存储器容量一般在 1MB 以上,对汉字或图形/图像输出,是理想的输出设备,因而在办公自动化及轻印刷系统中得到了广泛的应用。

本章小结

外围设备大体分为输入设备、输出设备、外存设备、数据通信设备、过程控制设备五大类。每一种设备,都是在它自己的设备控制器控制下进行工作,而设备控制器则通过 I/O 接口模块和主机相连,并受主机控制。

磁盘、磁带属于磁表面存储器,特点是存储容量大,位价格低,记录信息永久保存,但存取速度较慢,因此在计算机系统中作为辅助大容量存储器使用。

硬磁盘按盘片结构分为可换盘片式、固定盘片式两种,磁头也分为可移动磁头和固定磁头两种。温彻斯特磁盘是一种采用先进技术研制的可移动磁头、固定盘片的磁盘机,组装成一个不可拆卸的机电一体化整体,防尘性能好,可靠性高,因而得到了广泛的应用,成为最有代表性的硬磁盘存储器。磁盘存储器的主要技术指标有存储密度、存储容量、平均存取时间、数据传输速率。

磁盘阵列 RAID 是多台磁盘存储器组成的大容量外存系统,它实现数据的并行存储、交叉存储、单独存储,改善了 I/O 性能,增加了存储容量,是一种先进的硬磁盘体系结构。各种可移动硬盘的诞生,是磁盘先进技术的又一个重要进展。

光盘和磁光盘是近年发展起来的一种外存设备,是多媒体计算机不可缺少的设备。按读写性质分类有:①只读型,记录的信息只能读出,不能被修改;②一次型,用户可在这种盘上记录信息,但只能写一次,写后的信息不能再改变,只能读;③重写型,用户可对这类光盘进行随机写入、擦除或重写信息。光盘由于存储容量大、耐用、易保存等优点,因此成为计算机大型软件的传播载体和电子出版物的媒体。

不同的 CRT 显示标准所支持的最大分辨率和颜色数目是不同的。VESA 标准,是一个可扩展的标准,它除兼容传统的 VGA 等显示方式外,还支持 1280×1024 像素光栅,每像素点 24 位颜色深度,刷新频率可达 75MHz。显示适配器作为 CRT 与 CPU 的接口,由刷新存储器、显示控制器、ROM BIOS 三部分组成。先进的显示控制器具有图形加速能力。

常用的计算机输入设备有图形输入设备(键盘、鼠标)、图像输入设备、语音输入设备。常用的打印设备有激光打印机、彩色喷墨打印机等,它们都属于硬复制输出设备。

习题

题库

习题答案

1. 计算机的外围设备是指_____。
   A. I/O 设备　　　　　　　　　　　　B. 外存储器
   C. I/O 设备及外存储器　　　　　　　D. 除了 CPU 和内存以外的其他设备
2. 微型机系统中外围设备通过_____与主板的系统总线相连。
   A. 适配器　　　　B. 设备控制器　　　　C. 计数器　　　　D. 寄存器
3. CRT 的分辨率为 1024×1024 像素,像素的颜色数为 256,则刷新存储器的容量为_____。
   A. 512KB　　　　B. 1MB　　　　C. 256KB　　　　D. 2MB
4. 能够把设备的移动距离和方向变为脉冲信息传递给计算机,并转换成屏幕光标的坐标数据设备是_____。
   A. 键盘　　　　B. 鼠标　　　　C. 扫描仪　　　　D. 数字化仪
5. 在下列设备中,_____能把连续的视频图像数字化,并以字节为单位存入计算机。
   A. 鼠标　　　　B. 摄像头　　　　C. 键盘　　　　D. 扫描仪
6. 配备标准键盘的 PC 机,键盘向主机发送的代码是_____。
   A. 扫描码　　　　B. BCD 码　　　　C. ASCII 码　　　　D. 二进制码
7. 主机与键盘之间的信息流以_____通信方式进行传递。
   A. 并行　　　　B. 串行　　　　C. 先串行后并行　　　　D. 先并行后串行
8. 字符显示器中的 VRAM 用来存放显示字符的_____。
   A. ACSII 码　　　　B. BCD 码　　　　C. 字模　　　　D. 汉字内码
9. 从所给条件中选择正确的答案完成填空。
   磁盘上的磁道是___①___。在磁盘存储器中找道(查)时间是指___②___。活动头磁盘存储器的平均存取时间是指___③___。磁道长短不同,其所存储的数据量___④___。
   ① A. 记录密度不同的同心圆　　　　　　　B. 记录密度相同的同心圆
   　　C. 阿基米德螺线
   ② A. 磁头移动到要找的磁道的时间　　　　B. 在磁道上找到扇区的时间
   　　C. 在扇区中找到数据块的时间
   ③ A. 平均找道时间　　　　　　　　　　　　B. 平均找道时间＋平均等待时间
   　　C. 平均等待时间
   ④ A. 相同的　　　　B. 长的容量大　　　　C. 短的容量大

10. 什么是计算机的外部设备？试列出常用输入、输出设备各三种，并简要说明其用途。

11. 某磁盘存储器转速为 3000r/min，共 4 个记录面，每道记录信息为 12288B，道密度为 5T/mm，最小磁道直径为 230mm，共有 275 道，每个扇区 1024 字节。问：

（1）磁盘存储器的存储容量是多少？

（2）最高位密度和最低位密度是多少？

（3）磁盘的数据传输率是多少？

（4）平均等待时间是多少？

（5）给出一个磁盘地址格式方案。

12. 已知某磁盘存储器转速为 2400r/min，每个记录面道数为 200 道，平均找道时间为 60ms，每道存储容量为 96KB，求磁盘的存取时间与数据传输率。

13. 有一台磁盘机，其平均寻道时间为 30ms，平均等待时间为 10ms，数据传输率为 500B/ms，磁盘机中随机存放着 1000 块、每块为 3000B 的数据，现要把一块块数据取走，更新后再放回原地。假设一次取出或写入所需时间为：平均寻道时间＋平均等待时间＋数据传输时间。另外，使用 CPU 更新信息所需时间为 4ms，并且更新时间同输入输出操作不相重叠。试问：

（1）更新磁盘上的全部数据需多少时间？

（2）若磁盘机旋转速度和数据传输率都提高一倍，更新全部数据需要多少时间？

14. 某双面磁盘，每面有 220 道，已知磁盘转速 $r=4000$r/min，数据传输率为 185000B/s，求磁盘总容量。

15. 一个双面 CD-ROM 光盘，每面有 100 道，每道 9 个扇区，每个扇区存储 512B，请求出光盘格式化总容量。

第8章 输入输出系统

除了处理器和存储器,计算机系统的第三类关键部件是 I/O 逻辑模块。一个计算机系统的综合处理能力、系统的可扩展性、兼容性和性能价格比,都和 I/O 系统有密切关系。本章首先讲授程序查询方式,进而介绍程序中断方式、DMA 方式,最后介绍通道方式的工作原理。

8.1 外围设备的速度分级与信息交换方式

8.1.1 外围设备的速度分级

外围设备的种类相当繁多,有机械式和电动式,也有电子式和其他形式。其输入信号可以是数字式的电压,也可以是模拟式的电压和电流。从信息传输速率来讲,相差也很悬殊。例如,当用手动的键盘输入时,每个字符输入的间隔可达数秒钟。又如磁盘输入的情况下,在找到磁道以后,磁盘能以大于 30000B/s 的速率输入数据。

事实上,各种外围设备的数据传输速率相差甚大。如果把高速工作的处理机同不同速度工作的外围设备相连接,那么首先遇到的一个问题,就是如何保证处理机与外围设备在时间上同步? 这就是我们要讨论的外围设备的定时问题。

首先我们看看 I/O 设备同 CPU 交换数据的过程,如图 8.1 所示。

如果是输入过程,则至少需要包括下述三个步骤:

(1) CPU 把一个地址值放在地址总线上,这一步将选择某一输入设备。

(2) CPU 等候输入设备的数据成为有效。

(3) CPU 从数据总线读入数据,并放在一个相应的寄存器中。

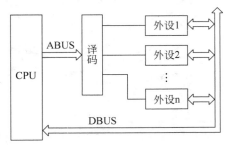

图 8.1 CPU 与外围设备交换信息逻辑图

如果是输出过程,则至少需要以下三个步骤:

(1) CPU 把一个地址值放在地址总线上,选择一个输出设备。

（2）CPU 把数据放在数据总线上。

（3）输出设备认为数据有效，从而把数据取走。

从上述 I/O 过程看出，问题的关键就在于：究竟什么时候数据才成为有效？很显然，由于 I/O 设备本身的速度差异很大，因此，对于不同速度的外围设备，需要有不同的定时方式，总的说来，CPU 与外围设备之间的定时，有以下三种情况。

1. 速度极慢或简单的外围设备

对这类设备，如机械开关、显示二极管等，CPU 总是能足够快地作出响应。简单外设与CPU 连接如图 8.2 所示。对机械开关来讲，CPU 可以认为输入的数据一直有效，因为机械开关的动作相对 CPU 的速度来讲是非常慢的。对显示二极管来讲，CPU 可以认为输出一定准备就绪，因为只要给出数据，显示二极管就能进行显示，所以，在这种情况下 CPU 只要接收或发送数据就可以了。

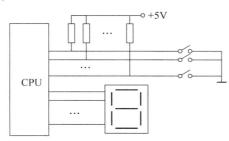

图 8.2 简单外设与 CPU 连接示意图

2. 慢速或中速的外围设备

由于这类设备的速度和 CPU 的速度并不在一个数量级，或者由于设备（如键盘）本身是在不规则时间间隔下操作的，因此，CPU 与这类设备之间的数据交换通常采用异步定时方式，如图 8.3 所示。

如果 CPU 从外设接收一个字，则它首先询问外设的状态，如果该外设的状态标志表明设备已"准备就绪"，那么 CPU 就从总线上接收数据。CPU 在接收数据以后，发出输入响应信号，告诉外设已经把数据总线上的数据取走。然后，外设把"准备就绪"的状态标志复位，并准备下一个字的交换。如果外设没有"准备就绪"，那么它就发出"忙"的标志。于是，CPU 将进入一个循环程序中等待，并在每次循环中询问外设的状态，一直到外设发出"准备就绪"信号以后，才从外设接收数据。

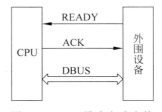

图 8.3 CPU 异步方式交换
数据示意图

CPU 发送数据的情况也与上述情况相似，外设先发出请求输出信号，而后，CPU 询问外设是否准备就绪。如果外设已准备就绪，CPU 便发出准备就绪信号，并送出数据。外设接收数据以后，将向 CPU 发出"数据已经取走"的通知。

通常，把这种在 CPU 和外设间用问答信号进行定时的方式叫作应答式数据交换。

3. 高速的外围设备

由于这类外设是以相等的时间间隔操作的,而 CPU 也是以等间隔的速率执行 I/O 指令的,因此,这种方式叫作同步定时方式。一旦 CPU 和外设发生同步,它们之间的数据交换便靠时钟脉冲控制来进行。例如,若外设是一条传送 2400b/s 的传输线,那么 CPU 每隔 1/2400s 执行一次串行的输入操作。

更快的同步传送要采用直接内存访问方式,这将在后面详细讨论。

8.1.2　信息交换方式

为便于理解,先讲一个例子,假设幼儿园一个阿姨带 10 个孩子,要给每个孩子分 2 块水果糖。要让孩子们把 2 块糖都吃完,她应该采用什么方法呢?

第一种方法:她先给孩子甲一块糖,盯着甲吃完,然后再给第二块。接着给孩子乙,其过程与孩子甲完全一样。依此类推,直至到第 10 个孩子发完 2 块糖。看来这种方法效率太低,重要之点还在于孩子们吃糖时她一直在守候,什么事也不能干。于是她想了第二种方法:每人发一块糖各自去吃,并约定谁吃完后就向她举手报告,再发第二块。看来这种新方法提高了工作效率,而且在未接到孩子们吃完糖的报告以前,她还可以腾出时间给孩子们改作业。但是这种方法还可以改进,于是她想了第三种方法,进行批处理:每人拿 2 块糖各自去吃,吃完 2 块糖后再向她报告。显然这种方法工作效率大大提高,她可以腾出更多的时间改作业。还有没有更好的方法呢?我们假定她给孩子们改作业是她的主要任务,那么她还可以采用第四种方法:权力下放,把发糖的事交给另一个人分管,只是必要时她才过问一下。

在计算机系统中,CPU 管理外围设备也有几种类似的方式。

1. 程序查询方式

程序查询方式是一种最简单的输入输出方式,数据在 CPU 和外围设备之间的传送完全靠计算机程序控制。这种方式的优点是 CPU 的操作和外围设备的操作能够同步,而且硬件结构比较简单。但问题是,外围设备动作很慢,程序进入查询循环时将白白浪费掉 CPU 很多时间。这种情况类似于上述例子中第一种方法。即使 CPU 采用定期地由主程序转向查询设备状态的子程序进行扫描轮询的办法,CPU 资源的浪费也是可观的。因此除单片机和数字信号处理机外,大型机中不使用程序查询方式。

2. 程序中断方式

中断是外围设备用来"主动"通知 CPU,准备送出输入数据或接收输出数据的一种方法。通常,当一个中断发生时,CPU 暂停它的现行程序,而转向中断处理程序,从而可以输入或输出一个数据。当中断处理完毕后,CPU 又返回到它原来的任务,并从它停止的地方开始执行程序。这种方式和我们前述例子的第二种方法类似。可以看出,它节省了 CPU 宝贵的时间,是管理 I/O 操作的一个比较有效的方法。中断方式一般适用于随机出现的服务,并且一旦提出要求,应立即进行。同程序查询方式相比,硬件结构相对复杂一些,服务开销时间较大。

3.直接内存访问方式

用中断方式交换数据时,每处理一次 I/O 交换,约需几十微秒到几百微秒。对于一些高速的外围设备,以及成组交换数据的情况,仍然显得速度太慢。

直接内存访问(DMA)方式是一种完全由硬件执行 I/O 交换的工作方式。这种方式既考虑到中断响应,同时又要节约中断开销。此时,DMA 控制器从 CPU 完全接管对总线的控制,数据交换不经过 CPU,而直接在内存和外围设备之间进行,以高速传送数据。这种方式和前述例子的第三种方法相仿,主要的优点是数据传送速度很高,传送速率仅受到内存访问时间的限制。与中断方式相比,需要更多的硬件。DMA 方式适用于内存和高速外围设备之间大批数据交换的场合。

4.通道方式

DMA 方式的出现已经减轻了 CPU 对 I/O 操作的控制,使得 CPU 的效率有显著的提高,而通道的出现则进一步提高了 CPU 的效率。这是因为 CPU 将部分权力下放给通道。通道是一个具有特殊功能的处理器,某些应用中称为输入输出处理器,它可以实现对外围设备的统一管理和外围设备与内存之间的数据传送。这种方式与前述例子的第四种方法相仿,大大提高了 CPU 的工作效率。然而这种提高 CPU 效率的办法是以花费更多硬件为代价的。

综上所述,外围设备的 I/O 方式可用图 8.4 表示。

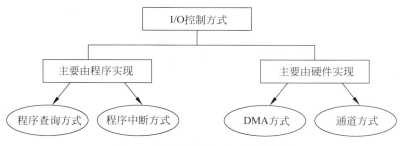

图 8.4 外围设备的 I/O 控制方式

程序查询方式和程序中断方式适用于数据传输率比较低的外围设备,而 DMA 方式、通道方式适用于数据传输率比较高的设备。目前,程序中断方式和 DMA 方式多用于微型机中,通道方式用在大型计算机中。

从下一节起,我们以信息交换方式为纲,介绍 4 种典型的 I/O 系统结构、工作原理及操作过程。

8.2 程序查询方式

程序查询方式又叫程序控制 I/O 方式。在这种方式中,数据在 CPU 和外围设备之间的传送完全靠计算机程序控制,是在 CPU 主动控制下进行的。当需要 I/O 时,CPU 暂停执行主程序,转去执行设备 I/O 的服务程序,根据服务程序中的 I/O 指令进行数据传送。这是一种最简单、最经济的 I/O 方式,只需要很少的硬件。

1. 设备编址

用程序实现 I/O 的数据传送,外围设备有两种不同的编址方法。一种是统一编址:I/O 设备中的控制寄存器、数据寄存器、状态寄存器等和内存单元一样看待,它们和内存单元联合在一起编排地址,这样就可用访问内存的指令(读、写指令)去访问 I/O 设备的某个寄存器,因而不需要专门的 I/O 指令组。另一种是单独编址:内存地址和 I/O 设备地址是分开的,访问内存和访问 I/O 设备使用不同操作码的指令,即访问 I/O 设备有专门的 I/O 指令组。

2. I/O 指令

当用程序实现 I/O 传送时,I/O 指令一般具有如下功能:

(1) 置"1"或置"0"I/O 接口的某些控制触发器,用于控制设备进行某些动作,如启动、关闭设备等。

(2) 测试设备的某些状态,如"忙""准备就绪"等,以便决定下一步的操作。

(3) 传送数据,当输入数据时,将 I/O 接口中数据寄存器的内容送到 CPU 某一寄存器;当输出数据时,将 CPU 中某一寄存器的内容送到 I/O 接口的数据寄存器。

不同的机器,所采用的 I/O 指令格式和操作也不相同。例如某机的 I/O 指令格式如下

01	$R_0 \sim R_7$	OP	控制	DMS
0 1	2 3 4	5 6 7	8 9	10 15

其中第 0~1 位 01 表示 I/O 指令;OP 表示操作码,用以指定 I/O 指令的 8 种操作类型;DMS 表示 64 个外部设备的设备地址,每个设备地址中可含有 A、B、C 三个数据寄存器;8、9 位表示控制功能,如 01 启动设备(S)、10 关闭设备(C)等;$R_0 \sim R_7$ 表示 CPU 中的 8 个通用寄存器。

上述 I/O 指令如用汇编语言写出时,指令"DOAS 2,13"表示把 CPU 中 R_2 的内容输出到 13 号设备的 A 数据缓冲寄存器中,同时启动 13 号设备工作。指令"DICC 3,12"表示把 12 号设备中 C 寄存器的数据送入 CPU 中通用寄存器 R_3,并关闭 12 号设备。

I/O 指令不仅用于传送数据和控制设备的启动与关闭,而且也用于测试设备的状态。如 SKP 指令是测试跳步指令,它是程序查询方式中常用的指令,其功能是测试外部设备的状态标志(如"就绪"触发器):若状态标志为"1",则顺序执行下一条指令;若状态标志为"0",则跳过下一条指令。

3. 程序查询方式的接口

"接口"是总线与外部设备之间的一个逻辑部件,它作为一个转换器,保证外部设备用计算机系统特性所要求的形式发送或接收信息。

由于主机和外部设备之间进行数据传送的方式不同,因而接口的逻辑结构也相应有所不同。程序查询方式的接口是最简单的,如图 8.5 所示。

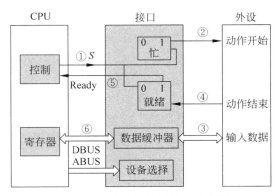

图 8.5 程序查询方式接口示意图

程序查询方式的接口电路包括如下部分：

（1）**设备选择电路**。接到总线上的每个设备预先都给定了设备地址码。CPU 执行 I/O 指令时需要把指令中的设备地址送到地址总线上，用以指示 CPU 要选择的设备。每个设备接口电路都包含一个设备选择电路，用它判别地址总线上呼叫的设备是不是本设备。如果是，本设备就进入工作状态，否则不予理睬。设备选择电路实际上是设备地址的译码器。

（2）**数据缓冲寄存器**。当输入操作时，用数据缓冲寄存器来存放从外部设备读出的数据，然后送往 CPU；当输出操作时，用数据缓冲寄存器来存放 CPU 送来的数据，以便送给外部设备输出。

（3）**设备状态标志**。是接口中的标志触发器，如"忙""准备就绪""错误"等，用来标志设备的工作状态，以便接口对外设动作进行监视。一旦 CPU 用程序询问外部设备时，将状态标志信息取至 CPU 进行分析。

4. 程序查询 I/O 方式

程序查询方式是利用程序控制实现 CPU 和外部设备之间的数据传送。程序执行的动作如下：

（1）先向 I/O 设备发出命令字，请求进行数据传送。

（2）从 I/O 接口读入状态字。

（3）检查状态字中的标志，看看数据交换是否可以进行。

（4）假如这个设备没有准备就绪，则第（2）、第（3）步重复进行，一直到这个设备准备好交换数据，发出准备就绪信号 Ready 为止。

（5）CPU 从 I/O 接口的数据缓冲寄存器输入数据，或者将数据从 CPU 输出至接口的数据缓冲寄存器。与此同时，CPU 将接口中的状态标志复位。

图 8.5 中用①～⑥表示了 CPU 从外设输入一个字的过程。

按上述步骤执行时 CPU 资源浪费严重，故实际应用中做如下改进：CPU 在执行主程序的过程中可周期性地调用各外部设备询问子程序，而询问子程序依次测试各 I/O 设备的状态触发器"Ready"。如果某设备的 Ready 为"1"，则转去执行该设备的服务子程序；如该设备的 Ready 为"0"，则依次测试下一个设备。

图 8.6 示出了典型的程序查询流程图。图的右边列出了汇编语言所写的查询程序，其

中使用了跳步指令 SKP 和无条件转移指令 JMP。第 1 条指令"SKP DZ 1"的含义是,检查
1 号设备的 Ready 标志是否为"1"? 如果是,接着执行第 2 条指令,即执行 1 号设备的设备
服务子程序 PTRSV;如果 Ready 标志位"0",则跳过第 2 条指令,转去执行第 3 条指令。依
此类推,最后一条指令返回主程序断点 mp。

　　设备服务子程序的主要功能是:①实现数据传送。输入时,由 I/O 指令将设备的数据
送至 CPU 某寄存器,再由访内指令把寄存器中的数据存入内存;输出时,其过程正好相反;
②修改内存地址,为下一次数据传送做准备;③修改传送字节数,以便修改传送长度;④进
行状态分析或其他控制功能。

　　某设备的服务子程序执行完以后,接着查询下一个设备。被查询设备的先后次序由查
询程序决定,图 8.6 中以 1、2、3、4 为序。也可以用改变程序的办法来改变查询的次序。一
般说,总是先询问数据传输率高的设备,后询问数据传输率低的设备,因而后询问的设备要
等待更长的时间。

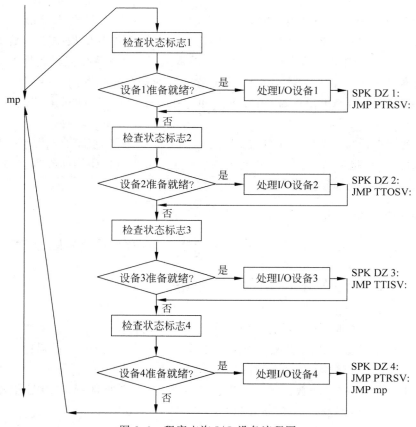

图 8.6　程序查询 I/O 设备流程图

　　【例 8.1】　在程序查询方式的输入输出系统中,假设不考虑处理时间,每一次查询操作
需要 100 个时钟周期,CPU 的时钟频率为 50MHz。现有鼠标和硬盘两个设备,而且 CPU
必须每秒对鼠标进行 30 次查询,硬盘以 32 位字长为单位传输数据,即每 32 位被 CPU 查询
一次,传输率为 2MB/s(此处 $K=10^3$,$M=10^6$)。求 CPU 对这两个设备查询所花费的时间
比率? 由此可得出什么结论?

解：（1）CPU 每秒对鼠标进行 30 次查询,所需的时钟周期数为

$$100 \times 30 = 3000$$

根据 CPU 的时钟频率为 50MHz,即每秒 50×10^6 个时钟周期,故对鼠标的查询占用 CPU 的时间比率为

$$[3000/(50 \times 10^6)] \times 100\% = 0.006\%$$

可见,对鼠标的查询基本不影响 CPU 的性能。

（2）对于硬盘,每 32 位被 CPU 查询一次,故每秒查询

$$2MB/4B = 500K 次$$

则每秒查询的时钟周期数为

$$100 \times 500 \times 1000 = 50 \times 10^6$$

故对磁盘的查询占用 CPU 的时间比率为

$$[(50 \times 10^6)/(50 \times 10^6)] \times 100\% = 100\%$$

可见,即使 CPU 将全部时间都用于对硬盘的查询才能满足磁盘传输的要求,因此 CPU 一般不采用程序查询方式与磁盘交换信息。

8.3 程序中断方式

8.3.1 中断的基本概念

中断是指 CPU 暂时中止现行主程序,转去处理随机发生的紧急事件,处理完后自动返回原来的主程序的过程。中断系统是计算机实现中断功能的软硬件总称。一般在 CPU 中设置中断机构,在外设接口中设置中断控制器,在软件上设置相应的中断服务程序。

图 8.7 示出了中断示意图。主程序只在设备 A、B、C 数据准备就绪时,才去处理 A、B、C,进行信息交换。在速度较慢的外部设备准备自己的数据时,CPU 照常执行自己的主程序。在这个意义上说,CPU 和外围设备的一些操作是并行进行的,因而同串行进行的程序查询方式相比,计算机系统的效率是大大提高了。

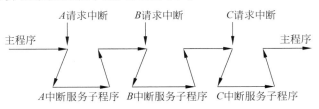

图 8.7　中断处理示意图

实际的中断过程还要复杂一些,图 8.8 示出了中断处理过程的详细流程图。当 CPU 执行完一条现行指令时,如果外设向 CPU 发出中断请求,那么 CPU 在满足响应条件的情况下,将发出中断响应信号,与此同时关闭中断（"中断屏蔽"触发器置"1"）,表示 CPU 不再受理另外一个设备的中断。这时,CPU 将寻找中断请求源是哪一个设备,并保存 CPU 自己的程序计数器（PC）的内容。然后,它将转移到处理该中断源的中断服务程序。CPU 在保存现场信息、设备服务（如交换数据）以后,将恢复现场信息。在这些动作完成以后,开放中断

("中断屏蔽"触发器置"0"),并返回到原来被中断的主程序的下一条指令。

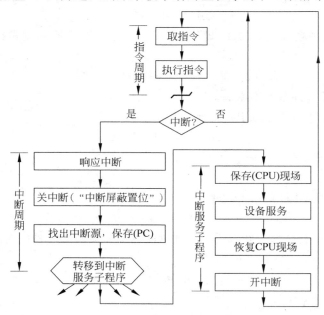

图 8.8　中断处理过程流程图

以上是中断处理的大致过程,但是有一些问题需要进一步加以说明。

第一个问题,尽管外界中断请求是随机的,但 CPU 只有在当前一条指令执行完毕后,即转入公操作时才受理设备的中断请求,这样才不至于使当前指令的执行受到干扰。所谓公操作,是指一条指令执行结束后 CPU 所进行的操作,如中断处理、直接内存传送、取下一条指令等。外界中断请求信号通常存放在接口中的中断源锁存器里,并通过中断请求线连至 CPU,每当一条指令执行到末尾,CPU 便检查中断请求信号。若中断请求信号为"1",则 CPU 转入"中断周期",受理外界中断。

第二个问题,为了在中断服务程序执行完毕以后,能够正确地返回到原来主程序被中断的断点(PC 内容)而继续执行主程序,必须把程序计数器的内容,以及当前指令执行结束后 CPU 的状态(包括寄存器的内容和一些状态标志位)都保存到堆栈中。这些操作叫作保存现场。

第三个问题,当 CPU 响应中断后,正要去执行中断服务程序时,可能有另一个新的中断源向它发出中断请求。为了不致造成混乱,在 CPU 的中断管理部件中必须有一个"中断屏蔽"触发器,它可以在程序的控制下置"1"(设置屏蔽)或置"0"(取掉屏蔽)。只有在"中断屏蔽"标志为"0"时,CPU 才可以受理中断。当一条指令执行完毕、CPU 接受中断请求并作出响应时,它一方面发出中断响应信号 INTA,另一方面把"中断屏蔽"标志置"1",即关闭中断。这样,CPU 不能再受理另外的新的中断源发来的中断请求。只有在 CPU 把中断服务程序执行完毕以后,它才重新使"中断屏蔽"标志置"0",即开放中断,并返回主程序。因此,中断服务程序的最后必须有两条指令,即开中断指令和返主指令,同时在硬件上要保证返主指令执行以后才受理新的中断请求。

第四个问题,中断处理过程是由硬件和软件结合来完成的。如图 8.8 所示,"中断周期"由硬件实现,而中断服务程序由机器指令序列实现。后者除执行保存现场、恢复现场、开放中断并返回主程序任务外,还要对要求中断的设备进行服务,使其同 CPU 交换一个字的数据,或作其他服务。至于在中断周期中如何转移到各个设备的中断服务程序将在后面进行介绍。

8.3.2　程序中断方式的基本 I/O 接口

程序中断方式的基本接口示意图如图 8.9 所示。接口电路中有一个工作标志触发器 BS,就绪标志触发器 RD,还有一个控制触发器,它叫允许中断触发器(EI)。

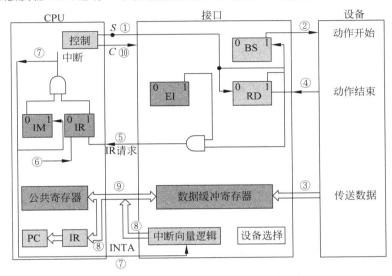

图 8.9　程序中断方式基本接口示意图

程序中断由外设接口的状态和 CPU 两方面来控制。在接口方面,有决定是否向 CPU 发出中断请求的机构,主要是接口中的"准备就绪"标志(RD)和"允许中断"标志(EI)两个触发器。在 CPU 方面,有决定是否受理中断请求的机构,主要是"中断请求"标志(IR)和"中断屏蔽"标志(IM)两个触发器。上述四个标志触发器的具体功能如下:

(1) **准备就绪触发器**(RD)。一旦设备做好一次数据的接收或发送,便发出一个设备动作完毕信号,使 RD 标志置"1"。在中断方式中,该标志用作为中断源触发器,简称中断触发器。

(2) **允许中断触发器**(EI)。可以用程序指令来置位。EI 为"1"时,某设备可以向 CPU 发出中断请求;EI 为"0"时,不能向 CPU 发出中断请求,这意味着某中断源的中断请求被禁止。设置 EI 标志的目的就是通过软件来控制是否允许某设备发出中断请求。

(3) **中断请求触发器**(IR)。它暂存中断请求线上由设备发出的中断请求信号。当 IR 标志为"1"时,表示设备发出了中断请求。

(4) **中断屏蔽触发器**(IM)。是 CPU 是否受理中断或批准中断的标志。IM 标志为"0"时,CPU 可以受理外界的中断请求,反之,IM 标志为"1"时,CPU 不受理外界的中断。

图 8.9 中,标号①～⑧表示由某一外设输入数据的控制过程。①表示由程序启动外设,将该外设接口的"忙"标志 BS 置"1","准备就绪"标志 RD 清"0";②表示接口向外设发出启

动信号;③表示数据由外设传送到接口的缓冲寄存器;④表示当设备动作结束或缓冲寄存器数据填满时,设备向接口送出一控制信号,将数据"准备就绪"标志 RD 置"1";⑤表示允许中断标志 EI 为"1"时,接口向 CPU 发出中断请求信号;⑥表示在一条指令执行末尾 CPU 检查中断请求线,将中断请求线的请求信号接收到"中断请求"标志;⑦表示如果"中断屏蔽"标志 IM 为"0"时,CPU 在一条指令执行结束后受理外设的中断请求,向外设发出响应中断信号并关闭中断;⑧表示转向该设备的中断服务程序入口;⑨表示在中断服务程序通过输入指令把接口中数据缓冲寄存器的数据读至 CPU 中的寄存器;⑩表示 CPU 发出控制信号 C 将接口中的 BS 和 RD 标志复位。

8.3.3 单级中断

1. 单级中断的概念

根据计算机系统对中断处理的策略不同,可分为单级中断系统和多级中断系统。单级中断系统是中断结构中最基本的形式。在单级中断系统中,所有的中断源都属于同一级,所有中断源触发器排成一行,其优先次序是离 CPU 近的优先权高。当响应某一中断请求时,执行该中断源的中断服务程序。在此过程中,不允许其他中断源再打断中断服务程序,即使优先权比它高的中断源也不能再打断。只有该中断服务程序执行完毕之后,才能响应其他中断。图 8.10 示出了单级中断示意图和单级中断系统结构图。

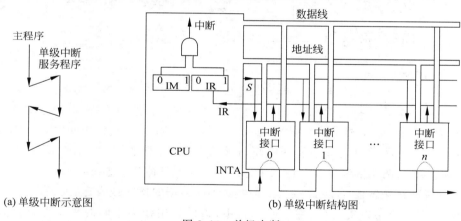

(a) 单级中断示意图　　　　　　(b) 单级中断结构图

图 8.10　单级中断

图 8.10(b)中所有的 I/O 设备通过一条线向 CPU 发出中断请求信号。CPU 响应中断请求后,发出中断响应信号 INTA,以链式查询方式识别中断源。这种中断结构与第六章讲的链式总线仲裁相对应,中断请求信号 IR 相当于总线请求信号 BR。

2. 单级中断源的识别

如何确定中断源并转入被响应的中断服务程序入口地址,是中断处理首先要解决的问题。

在单级中断中,采用串行排队链法来实现具有公共请求线的中断源判优识别。其逻辑电路如图 8.11 所示。

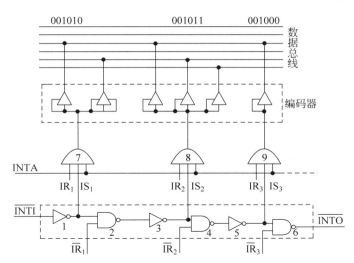

图 8.11 串行排队链判优识别逻辑及中断向量的产生

图 8.11 中下面的虚线部分是一个串行的优先链,称作中断优先级排队链。IR_i 是从各中断源设备来的中断请求信号,优先顺序从高到低为 IR_1、IR_2、IR_3。而 IS_1、IS_2、IS_3 是与 IR_1、IR_2、IR_3 相对应的中断排队选中信号,若 $IS_i=1$,即表示该中断源被选中。$\overline{INTI}$ 为中断排队输入,$\overline{INTO}$ 中断排队输出。若没有更高优先级的中断请求时,$\overline{INTI}=0$,门 1 输出高电平,即 $IS=1$,若此时中断请求 $IR_1=1$(有中断请求),当 CPU 发来中断识别信号 $INTA=1$ 时,发出 IR_1 请求的中断源被选中,选中信号经门 7 送入编码电路,产生一个唯一对应的设备地址,并经数据总线送往 CPU 的主存地址寄存器,然后执行该中断源设备的中断服务程序。

另一方面,由于此时 $\overline{IR_1}$ 为 0,封锁门 2,使 IS_2、IS_3 全为低电平,即排队识别工作不再向下进行。

若 IR_1 无请求,则 $IR_1=0$,门 7 被封锁,不会向编码电路送入选中信号。与此同时,因 $\overline{IR_1}=1$,经门 2 和门 3,使 $IS_2=1$,如果 $IR_2=1$,则被选中。否则查询链继续向下查询,直至找到发出中断请求信号 IR_i 的中断源设备为止。

3. 中断向量的产生

由于存储器的地址码是一串布尔量的序列,因此常常把地址码称为向量地址。当 CPU 响应中断时,由硬件直接产生一个固定的地址(即向量地址),由向量地址指出每个中断源设备的中断服务程序入口,这种方法通常称为向量中断。显然,每个中断源分别有一个中断服务程序,而每个中断服务程序又有自己的向量地址,当 CPU 识别出某中断源时,由硬件直接产生一个与该中断源对应的向量地址,很快便引入中断服务程序。向量中断要求在硬件设计时考虑所有中断源的向量地址,而实际中断时只能产生一个向量地址。图 8.11 中上面部分即为中断向量产生逻辑,它是由编码电路实现的。

有些计算机中由硬件产生的向量地址不是直接地址,而是一个"位移量",这个位移量加上 CPU 某寄存器里存放的基地址,最后得到中断处理程序的入口地址。

还有一种采用向量地址转移的方法。假设有 8 个中断源,由优先级编码电路产生 8 个对应的固定地址码（例如 0，1，2，…，7），这 8 个单元中存放的是转移指令，通过转移指令可转入设备各自的中断服务程序入口。这种方法允许中断处理程序放在内存中任何地方，非常灵活。

8.3.4 多级中断

1. 多级中断的概念

多级中断系统是指计算机系统中有相当多的中断源，根据各中断事件的轻重缓急程度不同而分成若干级别，每一中断级分配给一个优先权。一般说来，优先权高的中断级可以打断优先权低的中断服务程序，以程序嵌套方式进行工作。如图 8.12(a) 所示，三级中断优先权高于二级，而二级中断优先权又高于一级。

根据系统的配置不同，多级中断又可分为一维多级中断和二维多级中断，如图 8.12(b) 所示。一维多级中断是指每一级中断中只有一个中断源，而二维多级中断是指每一级中断中有多个中断源。图中虚线左边结构为一维多级中断，如果去掉虚线则成为二维多级中断结构。

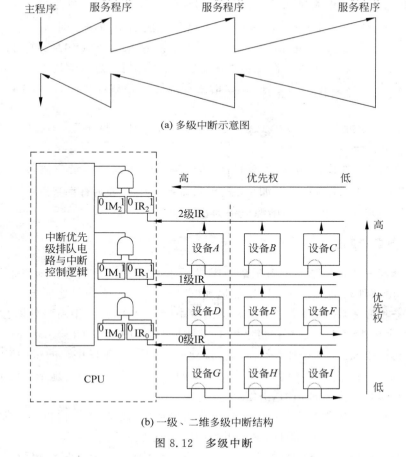

(a) 多级中断示意图

(b) 一级、二维多级中断结构

图 8.12 多级中断

对多级中断,我们着重说明如下几点:

第一,一个系统若有 n 级中断,在 CPU 中就有 n 个中断请求触发器,总称为中断请求寄存器;与之对应的有 n 个中断屏蔽触发器,总称为中断屏蔽寄存器。与单级中断不同,在多级中断中,中断屏蔽寄存器的内容是一个很重要的程序现场,因此在响应中断时,需要把中断屏蔽寄存器的内容保存起来,并设置新的中断屏蔽状态。一般在某一级中断被响应后,要置"1"(关闭)本级和优先权低于本级的中断屏蔽触发器,置"0"(开放)更高级的中断屏蔽触发器,以此来实现正常的中断嵌套。

第二,多级中断中的每一级可以只有一个中断源,也可以有多个中断源。在多级中断之间可以实现中断嵌套,但是同一级内有不同中断源的中断是不能嵌套的,必须是处理完一个中断后再响应和处理同一级内其他中断源。

第三,设置多级中断的系统一般都希望有较快的中断响应时间,因此首先响应哪一级中断和哪一个中断源,都是由硬件逻辑实现,而不是用程序实现。图 8.13 中的中断优先级排队电路,就是用于决定优先响应中断级的硬件逻辑。另外,在二维中断结构中,除了由中断优先级排队电路确定优先响应中断级外,还要确定优先响应的中断源,一般通过链式查询的硬件逻辑来实现。显然,这里采用了独立请求方式与链式查询方式相结合的方法决定首先响应哪个中断源。

第四,和单级中断情况类似,在多级中断中也使用中断堆栈保存现场信息。使用堆栈保存现场的好处是:①控制逻辑简单,保存和恢复现场的过程按先进后出顺序进行;②每一级中断不必单独设置现场保护区,各级中断现场可按其顺序放在同一个栈里。

2. 多级中断源的识别

在多级中断中,每一级均有一根中断请求线送往 CPU 的中断优先级排队电路,对每一级赋予了不同的优先级。显然这种结构就是独立请求方式的逻辑结构。

图 8.13 示出了独立请求方式的中断优先级排队与中断向量产生的逻辑结构。每个中断请求信号保存在"中断请求"触发器中,经"中断屏蔽"触发器控制后,可能有若干个中断请求信号 IR_i' 进入虚线框所示的排队电路。排队电路在若干中断源中决定首先响应哪个中断源,并在其对应的输出线 IR_i 上给出"1"信号,而其他各线为"0"信号($IR_1 \sim IR_4$ 中只有一个信号有效)。之后,编码电路根据排上队的中断源输出信号 IR_i,产生一个预定的地址码,转向中断服务程序入口地址。

例如,假设图 8.13 中请求源 1 的优先级最高,请求源 4 的优先级最低。又假设中断请求寄存器的内容为 1111,中断屏蔽寄存器的内容为 0010,那么进入排队器的中断请求是1101。根据优先次序,排队器输出为 1000,然后由编码器产生中断源 1 所对应的向量地址。

在多级中断中,如果每一级请求线上还连接有多个中断源设备,那么在识别中断源时,还需要进一步用串行链式方式查询。这意味着要用二维方式来设计中断排队逻辑。

【例 8.2】 参见图 8.12 所示的二维中断系统,请问:①在中断情况下,CPU 和设备的优先级如何考虑? 请按降序排列各设备的中断优先级。②若 CPU 先执行设备 B 的中断服务程序,IM2、IM1、IM0 的状态是什么? 如果 CPU 执行设备 D 的中断服务程序,IM2、IM1、IM0 的状态又是什么? ③每一级的 IM 能否对某个优先级的个别设备单独进行屏蔽? 如果不能,采取什么办法可达到目的? ④假如设备 C 一提出中断请求,CPU 立即进行响应,

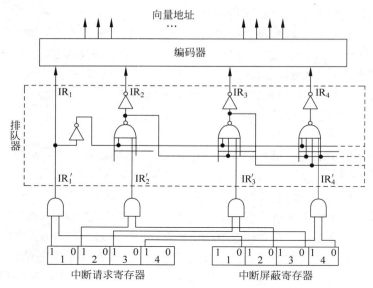

图 8.13　独立请求方式的优先级排队逻辑

如何调整才能满足此要求?

解:(1) 在中断情况下,CPU 的优先级最低。各设备的优先次序是

$$A \rightarrow B \rightarrow C \rightarrow D \rightarrow E \rightarrow F \rightarrow G \rightarrow H \rightarrow I \rightarrow CPU$$

(2) 执行设备 B 的中断服务程序时:$IM_2 IM_1 IM_0 = 111$。

执行设备 D 的中断服务程序时:$IM_2 IM_1 IM_0 = 011$。

(3) 每一级的 IM 标志不能对某个优先级的个别设备进行单独屏蔽。可将接口中的 EI(中断允许)标志清"0",它禁止设备发出中断请求。

(4) 要使设备 C 的中断请求及时得到响应,可将设备 C 从第 2 级取出来,单独放在第 3 级上,使第 3 级的优先级最高,即令 $IM_3 = 0$ 即可。

8.3.5　中断控制器

8259 中断控制器是一个集成电路芯片,它将中断接口与优先级判断等功能汇集于一身,常用于微型机系统。其内部结构如图 8.14 所示。

8 位中断请求寄存器(IR)接受 8 个外部设备送来的中断请求,每一位对应一个设备。

中断请求寄存器的各位送入优先权判断器,根据中断屏蔽寄存器(IM)各位的状态来决定最高优先级的中断请求,并将各位的状态送入中断状态寄存器(IS)。IS 保存着判优结果。由控制逻辑向 CPU 发出中断请求信号 INT,并接受 CPU 的中断响应信号 INTA。

数据缓冲器用于保存 CPU 内部总线与系统数据总线之间进行传送的数据,读/写逻辑决定数据传送的方向,其中 $\overline{IOR}$ 为读控制,$\overline{IOW}$ 为写控制,$\overline{CS}$ 为设备选择,A_0 为 I/O 端口识别。

每个 8259 中断控制器最多能控制 8 个外部中断信号,但是可以将多个 8259 进行级联以处理多达 64 个中断请求,在这种情况下允许有一个主中断控制器和多个从中断控制器,称为主从系统。主从控制器的级联是由级联总线 C_0、C_1、C_2 实现的,并将从控制器的中断

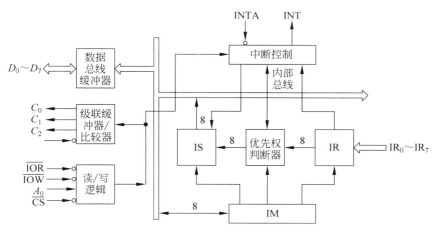

图 8.14 8259 中断控制器内部结构

请求 INT 连入主控制器的某个 IR 端。当有从控制器的中断请求得到响应时,主控制器将得到响应的从控制器编码经级联总线送往从控制器的级联缓冲器,并和从控制器自己的编码相比较,比较一致的从控制器立即向数据总线发送被其选中的 I/O 设备的中断向量。

8259 的中断优先级选择方式有四种:①完全嵌套方式:是一种固定优先级方式,连至 IR_0 的设备优先级最高,IR_7 的优先级最低。这种固定优先级方式对级别低的中断不利,在有些情况下最低级别的中断请求可能一直不能被处理。②轮换优先级方式 A:每个级别的中断保证有机会被处理,将给定的中断级别处理完后,立即把它放到最低级别的位置上。③轮换优先级方式 B:要求 CPU 可在任何时间规定最优优先级,然后顺序地规定其他 IR 线上的优先级。④查询方式:由 CPU 访问 8259 的中断状态寄存器,一个状态字能表示出正在请求中断的最高优先级,并能表示出中断请求是否有效。

8259 提供了两种屏蔽方式:①简单屏蔽方式,提供 8 位屏蔽字,每位对应着各自的 IR 线。被置位的任一位则禁止了对应 IR 线上的中断。②特殊屏蔽方式,允许 CPU 让来自低优先级的外设中断请求去中断高优先级的服务程序。当 8 位屏蔽位的某位置"0"时,例如屏蔽字为 11001111,说明 IR_4 和 IR_5 线上的中断请求可中断任何高级别的中断服务程序。

8259 中断控制器的不同工作方式是通过编程来实现的。CPU 送出一系列的初始化控制字和操作控制字来执行选定的操作。

8.4 DMA 方式

8.4.1 DMA 的基本概念

直接内存访问(DMA),是一种完全由硬件执行 I/O 交换的工作方式。在这种方式中,DMA 控制器从 CPU 完全接管对总线的控制,数据交换不经过 CPU,而直接在内存和 I/O 设备之间进行。DMA 方式一般用于高速传送成组数据。DMA 控制器将向内存发出地址和控制信号,修改地址,对传送的字的个数计数,并且以中断方式向 CPU 报告传送操作的结束。

　　DMA 方式的主要优点是速度快。由于 CPU 根本不参加传送操作,因此省去了 CPU 取指令、取数、送数等操作。在数据传送过程中,没有保存现场、恢复现场之类的工作。内存地址修改、传送字个数的计数等,也不是由软件实现,而是用硬件线路直接实现的。所以 DMA 方式能满足高速 I/O 设备的要求,也有利于 CPU 效率的发挥。正因为如此,包括微型机在内,DMA 方式在计算机中被广泛采用。

　　目前由于大规模集成电路工艺的发展,很多厂家直接生产大规模集成电路的 DMA 控制器。虽然 DMA 控制器复杂程度差不多接近于 CPU,但使用起来非常方便。

　　DMA 的种类很多,但多种 DMA 至少能执行以下一些基本操作:

　　(1) 从外围设备发出 DMA 请求。

　　(2) CPU 响应请求,把 CPU 工作改成 DMA 操作方式,DMA 控制器从 CPU 接管总线的控制。

　　(3) 由 DMA 控制器对内存寻址,即决定数据传送的内存单元地址及数据传送个数的计数,并执行数据传送的操作。

　　(4) 向 CPU 报告 DMA 操作的结束。

　　注意,在 DMA 方式中,一批数据传送前的准备工作以及传送结束后的处理工作均由管理程序承担,而 DMA 控制器仅负责数据传送的工作。

8.4.2　DMA 传送方式

　　DMA 技术的出现,使得外围设备可以通过 DMA 控制器直接访问内存,与此同时,CPU 可以继续执行程序。那么 DMA 控制器与 CPU 怎样分时使用内存呢?通常采用以下三种方法:①停止 CPU 访内;②周期挪用;③DMA 与 CPU 交替访内。

1. 停止 CPU 访问内存

　　当外围设备要求传送一批数据时,由 DMA 控制器发一个停止信号给 CPU,要求 CPU 放弃对地址总线、数据总线和有关控制总线的使用权。DMA 控制器获得总线控制权以后,开始进行数据传送。在一批数据传送完毕后,DMA 控制器通知 CPU 可以使用内存,并把总线控制权交还给 CPU。图 8.15(a)是这种传送方式的时间图。很显然,在这种 DMA 传送过程中,CPU 基本处于不工作状态或者说保持状态。

　　这种传送方法的优点是控制简单,它适用于数据传输率很高的设备进行成组传送。缺点是在 DMA 控制器访内阶段,内存的效能没有充分发挥,相当一部分内存工作周期是空闲的。这是因为,外围设备传送两个数据之间的间隔一般总是大于内存存储周期,即使高速 I/O 设备也是如此。例如,软盘读出一个 8 位二进制数大约需要 $32\mu s$,而半导体内存的存储周期小于 $0.2\mu s$,因此许多空闲的存储周期不能被 CPU 利用。

2. 周期挪用

　　在这种 DMA 传送方法中,当 I/O 设备没有 DMA 请求时,CPU 按程序要求访问内存;一旦 I/O 设备有 DMA 请求,则由 I/O 设备挪用一个或几个内存周期。

　　I/O 设备要求 DMA 传送时可能遇到两种情况:一种是此时 CPU 不需要访内,如 CPU 正在执行乘法指令。由于乘法指令执行时间较长,此时 I/O 访内与 CPU 访内没有冲突,即

I/O 设备挪用一二个内存周期对 CPU 执行程序没有任何影响。另一种情况是,I/O 设备要求访内时 CPU 也要求访内,这就产生了访内冲突,在这种情况下 I/O 设备访内优先,因为 I/O 访内有时间要求,前一个 I/O 数据必须在下一个访内请求到来之前存取完毕。显然,在这种情况下 I/O 设备挪用一二个内存周期,意味着 CPU 延缓了对指令的执行,或者更明确地说,在 CPU 执行访内指令的过程中插入 DMA 请求,挪用了一二个内存周期。图 8.15(b)是周期挪用的 DMA 方式示意图。

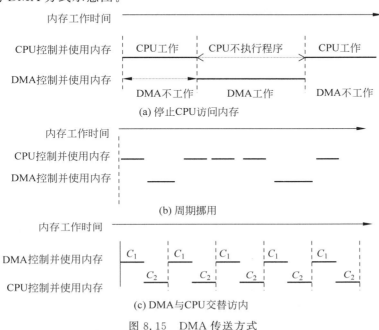

图 8.15 DMA 传送方式

与停止 CPU 访内的 DMA 方法比较,周期挪用的方法既实现了 I/O 传送,又较好地发挥了内存和 CPU 的效率,是一种广泛采用的方法。但是 I/O 设备每一次周期挪用都有申请总线控制权、建立总线控制权和归还总线控制权的过程,所以传送一个字对内存来说要占用一个周期,但对 DMA 控制器来说一般要 2～5 个内存周期(视逻辑线路的延迟而定)。因此,周期挪用的方法适用于 I/O 设备读写周期大于内存存储周期的情况。

3. DMA 与 CPU 交替访内

如果 CPU 的工作周期比内存存取周期长很多,此时采用交替访内的方法可以使 DMA 传送和 CPU 同时发挥最高的效率,其原理示意图如图 8.15(c)所示。假设 CPU 工作周期为 $1.2\mu s$,内存存取周期小于 $0.6\mu s$,那么一个 CPU 周期可分为 C_1 和 C_2 两个分周期,其中 C_1 专供 DMA 控制器访内,C_2 专供 CPU 访内。

这种方式不需要总线使用权的申请、建立和归还过程,总线使用权是通过 C_1 和 C_2 分时控制的。CPU 和 DMA 控制器各自有自己的访内地址寄存器、数据寄存器和读/写信号等控制寄存器。在 C_1 周期中,如果 DMA 控制器有访内请求,可将地址、数据等信号送到总线上。在 C_2 周期中,如有访内请求,同样传送地址、数据等信号。事实上,对于总线这是用 C_1、C_2 控制的一个多路转换器,这种总线控制权的转移几乎不需要什么时间,所以对 DMA

传送来讲效率是很高的。

这种传送方式又称为"透明的 DMA"方式,其来由是这种 DMA 传送对 CPU 来说,如同透明的玻璃一般,没有任何感觉或影响。在透明的 DMA 方式下工作,CPU 既不停止主程序的运行,也不进入等待状态,是一种高效率的工作方式。当然,相应的硬件逻辑也就更加复杂。

8.4.3 基本的 DMA 控制器

1. DMA 控制器的基本组成

一个 DMA 控制器,实际上是采用 DMA 方式的外围设备与系统总线之间的接口电路。这个接口电路是在中断接口的基础上再加 DMA 控制器组成。

图 8.16 示出了一个最简单的 DMA 控制器组成示意图,它由以下逻辑部件组成:

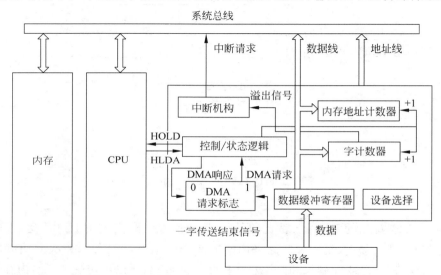

图 8.16 简单的 DMA 控制器组成

(1) **内存地址计数器**。用于存放内存中要交换的数据的地址。在 DMA 传送前,须通过程序将数据在内存中的起始位置(首地址)送到内存地址计数器。而由 DMA 传送时,每交换一次数据,将地址计数器加"1",从而以增量方式给出内存中要交换的一批数据的地址。

(2) **字计数器**。用于记录传送数据块的长度(多少字数)。其内容也是在数据传送之前由程序预置,交换的字数通常以补码形式表示。在 DMA 传送时,每传送一个字,字计数器就加"1",当计数器溢出即最高位产生进位时,表示这批数据传送完毕,于是引起 DMA 控制器向 CPU 发送中断信号。

(3) **数据缓冲寄存器**。用于暂存每次传送的数据(一个字)。当输入时,由设备(如磁盘)送往数据缓冲寄存器,再由缓冲寄存器通过数据总线送到内存。反之,输出时,由内存通过数据总线送到数据缓冲寄存器,然后再送到设备。

(4) **DMA 请求标志**。每当设备准备好一个数据字后给出一个控制信号,使"DMA 请求"标志置"1"。该标志置位后向"控制/状态"逻辑发出 DMA 请求,后者又向 CPU 发出总线使用权的请求(HOLD),CPU 响应此请求后发回响应信号 HLDA,"控制/状态"逻辑接收此信号后发出 DMA 响应信号,使"DMA 请求"标志复位,为交换下一个字做好准备。

(5) **控制/状态逻辑**。由控制和时序电路以及状态标志等组成,用于修改内存地址计数器和字计数器,指定传送类型(输入或输出),并对"DMA 请求"信号和 CPU 响应信号进行协调和同步。

(6) **中断机构**。当字计数器溢出时(全 0),意味着一组数据交换完毕,由溢出信号触发中断机构,向 CPU 提出中断报告。这里的中断与上一节介绍的 I/O 中断所采用的技术相同,但中断的目的不同,前面是为了数据的输入或输出,而这里是为了报告一组数据传送结束。因此它们是 I/O 系统中不同的中断事件。

2. DMA 数据传送过程

DMA 的数据块传送过程可分为三个阶段:传送前预处理、正式传送、传送后处理。

预处理阶段由 CPU 执行几条输入输出指令,测试设备状态,向 DMA 控制器的设备地址寄存器中送入设备号并启动设备,向内存地址计数器中送入起始地址,向字计数器中送入交换的数据字个数。在这些工作完成后 CPU 继续执行原来的主程序。

当外设准备好发送数据(输入)或接收数据(输出)时,它发出 DMA 请求,由 DMA 控制器向 CPU 发出总线使用权的请求(HOLD)。图 8.17 示出了停止 CPU 访内方式的 DMA 传送数据的流程图。

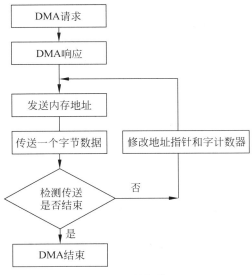

图 8.17　DMA 数据传送过程

当外围设备发出 DMA 请求时,CPU 在指令周期执行结束后响应该请求,并使 CPU 的总线驱动器处于第三态(高阻状态)。之后,CPU 与系统总线相脱离,而 DMA 控制器接管数据总线与地址总线的控制,并向内存提供地址,于是,在内存和外围设备之间进行数据交换。每交换一个字,则地址计数器和字计数器加"1",当计数值到达零时,DMA 操作结束,DMA 控制器向 CPU 提出中断报告。

DMA 的数据传送是以数据块为基本单位进行的,因此,每次 DMA 控制器占用总线后,无论是数据输入操作,还是输出操作,都是通过循环来实现的。当进行输入操作时,外围设备的数据(一次一个字或一个字节)传向内存;当进行输出操作时,内存的数据传向外围设备。

DMA 的后处理进行的工作是,一旦 DMA 的中断请求得到响应,CPU 停止主程序的执行,转去执行中断服务程序做一些 DMA 的结束处理工作。这些工作包括校验送入内存的数据是否正确;决定是继续用 DMA 方式传送下去还是结束传送;测试在传送过程中是否发生了错误等。

基本上 DMA 控制器与系统的连接可采用两种方式:一种是公用的 DMA 请求方式,另一种是独立的 DMA 请求方式,这与中断方式类似。

【例 8.3】　一个 DMA 接口可采用周期窃取方式把字符传送到存储器,它支持的最大批量为 400 字节。若存取周期为 100ns,每处理一次中断需 $5\mu s$,现有的字符设备的传输率为 9600b/s。假设字符之间的传输是无间隙的,若忽略预处理所需的时间,试问采用 DMA 方式每秒因数据传输需占用处理器多少时间? 如果完全采用中断方式,又需占用处理器多少时间?

解:根据字符设备的传输率为 9600b/s,则每秒能传输
$$9600/8 = 1200B(1200 \text{ 个字符})$$

若采用 DMA 方式,传送 1200 个字符共需 1200 个存取周期,考虑到每传 400 个字符需中断处理一次,因此 DMA 方式每秒因数据传输占用处理器的时间是
$$0.1\mu s \times 1200 + 5\mu s \times (1200/400) = 135\mu s$$

若采用中断方式,每传送一个字符要申请一次中断请求,每秒因数据传输占用处理器的时间是
$$5\mu s \times 1200 = 6000\mu s$$

【例 8.4】　假设磁盘采用 DMA 方式与主机交换信息,其传输速率为 2MB/s,而且 DMA 的预处理需 1000 个时钟周期,DMA 完成传送后处理中断需 500 个时钟周期。如果平均传输的数据长度为 4KB,试在硬盘工作时,50MHz 的处理器需用多少时间比率进行 DMA 辅助操作(预处理和后处理)?

解:4KB 传送过程包括预处理、数据传送和后处理 3 个阶段。传送的数据长度需要
$$(4KB)/(2MB/s) = 0.002s$$

如果磁盘不断进行传输,每秒所需 DMA 辅助操作的时钟周期数为
$$(1000 + 500)/0.002 = 750000$$

故 DMA 辅助操作占用 CPU 的时间比率为
$$[750000/(50 \times 10^6)] \times 100\% = 1.5\%$$

8.4.4　选择型和多路型 DMA 控制器

前面介绍的是最简单的 DMA 控制器,一个控制器只控制一个 I/O 设备。实际中经常采用的是选择型 DMA 控制器和多路型 DMA 控制器,它们已经被做成集成电路片了。

1. 选择型 DMA 控制器

图 8.18 是选择型 DMA 控制器的逻辑框图,它在物理上可以连接多个设备,而在逻辑

上只允许连接一个设备。换句话说,在某一段时间内只能为一个设备服务。

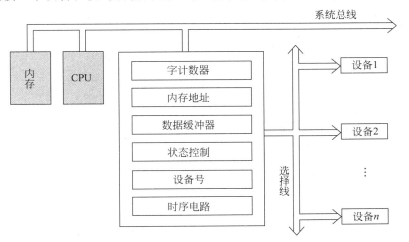

图 8.18 选择型 DMA 控制器的逻辑框图

选择型 DMA 控制器工作原理与前面的简单 DMA 控制器基本相同。除了前面讲到的基本逻辑部件外,还有一个设备号寄存器。数据传送是以数据块为单位进行的,在每个数据块传送之前的预置阶段,除了用程序中 I/O 指令给出数据块的传送个数、起始地址、操作命令外,还要给出所选择的设备号。从预置开始,一直到这个数据块传送结束,DMA 控制器只为所选设备服务。下一次预置再根据 I/O 指令指出的设备号,为另一选择的设备服务。显然,选择型 DMA 控制器相当于一个逻辑开关,根据 I/O 指令来控制此开关与某个设备连接。

选择型 DMA 控制器只增加少量硬件,达到了为多个外围设备服务的目的,它特别适合数据传输率很高以至接近内存存取速度的设备。在很快地传送完一个数据块后,控制器又可为其他设备服务。

2. 多路型 DMA 控制器

选择型 DMA 控制器不适用于慢速设备,但是多路型 DMA 控制器却适用于同时为多个慢速外围设备服务。图 8.19 表示独立请求方式的多路型 DMA 控制器的原理图。

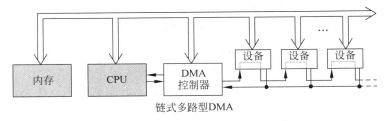

图 8.19 多路型 DMA 控制器原理示意图

多路型 DMA 不仅在物理上可以连接多个外围设备,而且在逻辑上也允许这些外围设备同时工作,各设备以字节交叉方式通过 DMA 控制器进行数据传送。

由于多路型 DMA 同时要为多个设备服务,因此对应多少个 DMA 通路(设备),在控制器内部就有多少组寄存器用于存放各自的传送参数。

图 8.20 是一个多路型 DMA 控制器的芯片内部逻辑结构,通过配合使用 I/O 通用接口,它可以对 8 个独立的 DMA 通路(CH)进行控制,使外围设备以周期挪用方式对内存进行存取。

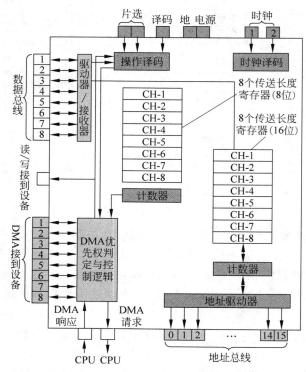

图 8.20　一个多路 DMA 控制器的芯片内部逻辑结构

8 条独立的 DMA 请求线或响应线能在外围设备与 DMA 控制器之间进行双向通信。一条线上进行双向通信是通过分时和脉冲编码技术实现的。也可以分别设立 DMA 请求线和响应线实现双向通信。每条 DMA 线在优先权结构中具有固定的位置,一般 DMA_0 线具有最高优先权,DMA_7 线具有最低优先权。

控制器中有 8 个 8 位的控制传送长度的寄存器,8 个 16 位的地址寄存器。每个长度寄存器和地址寄存器对应一个设备。每个寄存器都可以用程序中的 I/O 指令从 CPU 送入控制数据。每一寄存器组各有一个计数器,用于修改内存地址和传送长度。

当某个外围设备请求 DMA 服务时,操作过程如下:

(1) DMA 控制器接到设备发出的 DMA 请求时,将请求传送到 CPU。

(2) CPU 在适当的时刻响应 DMA 请求。若 CPU 不需要占用总线则继续执行指令;若 CPU 需要占用总线,则 CPU 进入等待状态。

(3) DMA 控制器接到 CPU 的响应信号后,进行以下操作:①对现有 DMA 请求中优先权最高的请求给予 DMA 响应;②选择响应的地址寄存器的内容驱动地址总线;③根据所选设备操作寄存器的内容,向总线发送读、写信号;④外围设备向数据总线传送数据,或从数据总线接收数据;⑤每个字节传送完毕后,DMA 控制器使相应的地址寄存器和长度寄存器加"1"或减"1"。

以上是一个 DMA 请求的过程,在一批数据传送过程中,要多次重复上述过程,直到外围设备表示一个数据块已传送完毕,或该设备的长度控制器判定传送长度已满。

【例 8.5】 图 8.21 中假设有磁盘、磁带、打印机三个设备同时工作。磁盘以 $30\mu s$ 的间隔向控制器发送 DMA 请求,磁带以 $45\mu s$ 的间隔发送 DMA 请求,打印机以 $150\mu s$ 间隔发送 DMA 请求。根据传输速率,磁盘优先权最高,磁带次之,打印机最低,图中假设 DMA 控制器每完成一次 DMA 传送所需的时间是 $5\mu s$。若采用多路型 DMA 控制器,请画出 DMA 控制器服务三个设备的工作时间图。

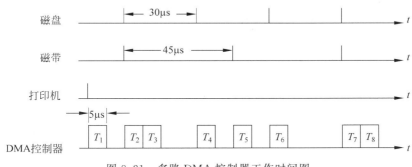

图 8.21 多路 DMA 控制器工作时间图

解: 由图看出,T_1 间隔中控制器首先为打印机服务,因为此时只有打印机有请求。T_2 间隔前沿磁盘、磁带同时有请求,首先为优先权高的磁盘服务,然后为磁带服务,每次服务传送一个字节。在 $120\mu s$ 时间阶段中,为打印机服务只有一次(T_1),为磁盘服务 4 次(T_2、T_4、T_6、T_7),为磁带服务 3 次(T_3、T_5、T_8)。从图上看到,在这种情况下 DMA 尚有空闲时间,说明控制器还可以容纳更多设备。

8.5 通道方式

通道是大型计算机中使用的技术。随着时代进步,通道的设计理念有新的发展,并应用到大型服务器甚至微型计算机中。

8.5.1 通道的功能

1. 通道的功能

DMA 控制器的出现已经减轻了 CPU 对数据输入输出的控制,使得 CPU 的效率有显著的提高。而通道的出现则进一步提高了 CPU 的效率。这是因为通道是一个特殊功能的处理器,它有自己的指令和程序专门负责数据输入输出的传输控制,而 CPU 将"传输控制"的功能下放给通道后只负责"数据处理"功能。这样,通道与 CPU 分时使用存储器,实现了 CPU 内部运算与 I/O 设备的并行工作。

图 8.22 是典型的具有通道的计算机系统结构图。它具有两种类型的总线,一种是系统总线,它承担通道与存储器、CPU 与存储器之间的数据传输任务。另一种是通道总线,即 I/O 总线,它承担外围设备与通道之间的数据传送任务。这两类总线可以分别按照各自的时序同时进行工作。

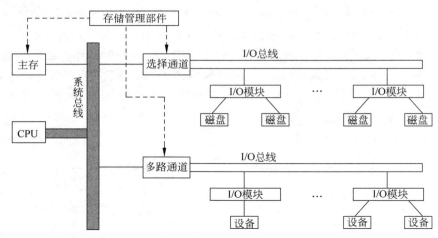

图 8.22　通道结构

由图 8.22 看出,通道总线可以接若干个 I/O 模块,一个 I/O 模块可以接一个或多个设备。因此,从逻辑结构上讲,I/O 系统一般具有四级连接:CPU 与存储器←→通道←→I/O 模块←→外围设备。为了便于通道对各设备的统一管理,通道与 I/O 模块之间用统一的标准接口,I/O 模块与设备之间则根据设备要求不同而采用专用接口。

具有通道的机器一般是大型计算机和服务器,数据流量很大。如果所有的外设都接在一个通道上,那么通道将成为限制系统效能的瓶颈。因此大型计算机的 I/O 系统一般都接有多个通道。显然,设立多个通道的另一好处是,对不同类型的外设可以进行分类管理。

存储管理部件是存储器的控制部件,它的主要任务是根据事先确定的优先次序,决定下一周期由哪个部件使用系统总线访问存储器。由于大多数 I/O 设备是旋转性的设备,读写信号具有实时性,不及时处理会丢失数据,所以通道与 CPU 同时要求访问存储器时,通道优先权高于 CPU。在多个通道有访存请求时,选择通道的优先权高于多路通道,因为前者一般连接高速设备。

通道的基本功能是执行通道指令、组织外围设备和内存进行数据传输、按 I/O 指令要求启动外围设备、向 CPU 报告中断等,具体有以下 5 项任务:

(1) 接受 CPU 的 I/O 指令,按指令要求与指定的外围设备进行通信。

(2) 从存储器选取属于该通道程序的通道指令,经译码后向 I/O 控制器模块发送各种命令。

(3) 组织外设和存储器之间进行数据传送,并根据需要提供数据缓存的空间,以及提供数据存入存储器的地址和传送的数据量。

(4) 从外围设备得到设备的状态信息,形成并保存通道本身的状态信息,根据要求将这些状态信息送到存储器的指定单元,供 CPU 使用。

(5) 将外设的中断请求和通道本身的中断请求,按次序及时报告 CPU。

2. CPU 对通道的管理

CPU 是通过执行 I/O 指令以及处理来自通道的中断,实现对通道的管理。来自通道的中断有两种,一种是数据传送结束中断,另一种是故障中断。

通常把 CPU 运行操作系统的管理程序的状态称为管态,而把 CPU 执行目的程序时的状态称为目态。大型计算机的 I/O 指令都是管态指令,只有当 CPU 处于管态时,才能运行 I/O 指令,目态时不能运行 I/O 指令。这是因为大型计算机的软、硬件资源为多个用户所共享,而不是分给某个用户专用。

3. 通道对设备控制器的管理

通道通过使用通道指令来控制 I/O 模块进行数据传送操作,并以通道状态字接收 I/O 模块反映的外围设备的状态。因此,I/O 模块是通道对 I/O 设备实现传输控制的执行机构。I/O 模块的具体任务如下:

(1) 从通道接受通道指令,控制外围设备完成所要求的操作。

(2) 向通道反映外围设备的状态。

(3) 将各种外围设备的不同信号转换成通道能够识别的标准信号。

8.5.2 通道的类型

根据通道的工作方式,通道分为选择通道、多路通道两种类型。一个系统可以兼有两种类型的通道,也可以只有其中一种。

1. 选择通道

选择通道又称高速通道,在物理上它可以连接多个设备,但是这些设备不能同时工作,在某一段时间内通道只能选择一个设备进行工作。选择通道很像一个单道程序的处理器,在一段时间内只允许执行一个设备的通道程序,只有当这个设备的通道程序全部执行完毕后,才能执行其他设备的通道程序。

选择通道主要用于连接高速外围设备,如磁盘、磁带等,信息以数据块方式高速传输。由于数据传输率很高,所以在数据传送期间只为一台设备服务是合理的。但是这类设备的辅助操作时间很长,如磁盘机平均找道时间是 10ms,磁带机走带时间可以长达几分钟。在这样长的时间里通道处于等待状态,因此整个通道的利用率不是很高。

2. 多路通道

多路通道又称多路转换通道,在同一时间能处理多个 I/O 设备的数据传输。它又分为数组多路通道和字节多路通道。

数组多路通道是对选择通道的一种改进,它的基本思想是当某设备进行数据传送时,通道只为该设备服务;当设备在执行寻址等控制性动作时,通道暂时断开与这个设备的连接,挂起该设备的通道程序,去为其他设备服务,即执行其他设备的通道程序。所以数组多路通道很像一个多道程序的处理器。

数组多路通道不仅在物理上可以连接多个设备,而且在一段时间内能交替执行多个设备的通道程序,换句话说在逻辑上可以连接多个设备,这些设备应是高速设备。

由于数组多路通道既保留了选择通道高速传送数据的优点,又充分利用了控制性操作的时间间隔为其他设备服务,使通道效率充分得到发挥,因此数组多路通道在大型系统中得到较多应用。

字节多路通道主要用于连接大量的低速设备,如键盘、打印机等,这些设备的数据传输率很低。例如数据传输率是 1000B/s,即传送一个字节的时间是 1ms,而通道从设备接收或发送一个字节只需要几百纳秒,因此通道在传送两个字节之间有很多空闲时间,字节多路通道正是利用这个空闲时间为其他设备服务。

字节多路通道和数组多路通道有共同之处,即它们都是多路通道,在一段时间内能交替执行多个设备的通道程序,使这些设备同时工作。

字节多路通道和数组多路通道也有不同之处,主要是:①数组多路通道允许多个设备同时工作,但只允许一个设备进行传输型操作,其他设备进行控制型操作。而字节多路通道不仅允许多个设备同时操作,而且也允许它们同时进行传输型操作。②数组多路通道与设备之间数据传送的基本单位是数据块,通道必须为一个设备传送完一个数据块以后,才能为别的设备传送数据块。而字节多路通道与设备之间数据传送的基本单位是字节,通道为一个设备传送一个字节后,又可以为另一个设备传送一个字节,因此各设备与通道之间的数据传送是以字节为单位交替进行。

8.5.3　通道结构的发展

通道结构的进一步发展,出现了两种计算机 I/O 系统结构。

一种是通道结构的 I/O 处理器,通常称为输入输出处理器(IOP)。IOP 可以和 CPU 并行工作,提供高速的 DMA 处理能力,实现数据的高速传送。但是它不是独立于 CPU 工作的,而是主机的一个部件。而有些 IOP 例如 Intel 8089 IOP,还提供数据的变换、搜索以及字装配/拆卸能力。这类 IOP 可应用于服务器及微计算机中。

另一种是外围处理机(PPU)。PPU 基本上是独立于主机工作的,它有自己的指令系统,完成算术/逻辑运算、读/写主存储器、与外设交换信息等。有的外围处理机干脆就选用已有的通用机。外围处理机 I/O 方式一般应用于大型高效率的计算机系统中。

本章小结

各种外围设备的数据传输率相差很大,如何保证主机与外围设备在时间上的同步,则涉及外围设备的定时问题。

在计算机系统中,CPU 对外围设备的管理方式有程序查询方式、程序中断方式、DMA 方式、通道方式。每种方式都需要硬件和软件结合起来进行。

程序查询方式是 CPU 管理 I/O 设备的最简单方式,CPU 定期执行设备服务程序主动来了解设备的工作状态。这种方式浪费 CPU 的宝贵资源。

程序中断方式是各类计算机中广泛使用的一种数据交换方式。当某一外设的数据准备就绪后,它"主动"向 CPU 发出请求信号。CPU 响应中断请求后,暂停运行主程序,自动转移到该设备的中断服务子程序,为该设备进行服务,结束时返回主程序。中断处理过程可以嵌套进行,优先级高的设备可以中断优先级低的中断服务程序。

DMA 技术的出现,使得外围设备可以通过 DMA 控制器直接访问内存,与此同时,CPU 可以继续执行程序。

通道是一个特殊功能的处理器,它有自己的指令和程序专门负责数据输入输出的传输控制,从而使 CPU 将"传输控制"的功能下放给通道,CPU 只负责"数据处理"功能。这样,通道与 CPU 分时使用内存,实现了 CPU 内部的数据处理与 I/O 设备的平行工作。

习题

1. 单级中断系统中,中断服务程序的执行顺序是_____。

Ⅰ 保护现场　　　　Ⅱ 开中断　　　Ⅲ 关中断　　　Ⅳ 保存断点
Ⅴ 中断事件处理　　Ⅵ 恢复现场　　Ⅶ 中断返回

A. Ⅰ、Ⅴ、Ⅵ、Ⅱ、Ⅶ　　　　　　B. Ⅲ、Ⅰ、Ⅴ、Ⅶ

C. Ⅲ、Ⅳ、Ⅴ、Ⅵ、Ⅶ　　　　　　D. Ⅳ、Ⅰ、Ⅴ、Ⅵ、Ⅶ

2. 如果有多个中断同时发生,系统将根据中断优先级响应优先级高的中断请求。若要调整中断事件的处理次序,可以利用_____。

A. 中断嵌套　　　B. 中断向量　　　C. 中断响应　　　D. 中断屏蔽

3. 某计算机有 4 级中断,优先级从高到低为 1→2→3→4。若将优先级顺序修改,改后 1 级中断的屏蔽字为 1011,2 级中断的屏蔽字为 1111,3 级中断的屏蔽字为 0011,4 级中断屏蔽字为.0001,则修改后的优先次序是_____。

A. 3→2→1→4　　　　　　　　　B. 1→3→4→2

C. 2→1→3→4　　　　　　　　　D. 2→3→1→4

4. 下列陈述中正确的是_____。

A. 中断响应过程是由硬件和中断服务程序共同完成的

B. 每条指令的执行过程中,每个总线周期要检查一次有无中断请求

C. 检验有无 DMA 请求,一般安排在一条指令执行过程的末尾

D. 中断服务程序的最后一条指令是无条件转移指令

5. 采用 DMA 方式传输数据时,数据传送是_____。

A. 在总线控制器发出的控制信号控制下完成的

B. 由 CPU 执行的程序完成的

C. 在 DMA 控制器本身发出的控制信号控制下完成的

D. 由 CPU 响应硬中断处理完成的

6. 下列有关 DMA 方式进行输入/输出的描述中,正确的是_____。

A. 一个完整的 DMA 过程,部分由 DMAC 控制,部分由 CPU 控制

B. 一个完整的 DMA 过程,完全由 CPU 控制

C. 一个完整的 DMA 过程,完全由 CPU 采用周期窃取方式控制

D. 一个完整的 DMA 过程,完全由 DMAC 控制,CPU 不介入任何控制

7. 如果认为 CPU 等待设备的状态信号是处于非工作状态(即踏步等待),那么在下面几种与设备之间的数据传送中:_____主机与设备是串行工作的;_____主机与设备是并行工作的;_____主程序与设备是并行运行的。

A. 无条件传送方式　　　　　　　B. 程序查询方式

C. 程序中断方式　　　　　　　　D. DMA 方式

8. 中断向量地址是_____。

　　A. 子程序入口地址　　　　　　　　B. 中断服务程序入口地址

　　C. 中断服务程序入口地址指示器　　D. 例行程序入口地址

9. 采用 DMA 方式传送数据时,每传送一个数据就要占用一个_____的时间。

　　A. 指令周期　　　B. 机器周期　　　C. 存储周期　　　D. 总线周期

10. 结合程序查询方式的接口电路,说明其工作过程。

11. 说明中断向量地址和入口地址的区别和联系。

12. 在什么条件下,I/O 设备可以向 CPU 提出中断请求?

13. 在什么条件和时间,CPU 可以响应 I/O 的中断请求?

14. 设某机有 5 级中断:I_0、I_1、I_2、I_3、I_4,其中断响应优先次序为:I_0 最高,I_1 次之,I_4 最低,现在要求将中断处理次序改为 $I_1 \rightarrow I_3 \rightarrow I_0 \rightarrow I_4 \rightarrow I_2$,试问:

　　① 表 8.1 中各级中断处理程序的各中断屏蔽值如何设置(每级对应一位,该位为"0"表示允许中断,该位为"1"表示中断屏蔽)? ②若这 5 级中断同时都发出中断请求,按更改后的次序画出进入各级中断处理程序的过程示意图。

表 8.1　各级中断处理程序的各中断级屏蔽位

中断处理程序	中断处理级屏蔽位				
	I_0	I_1	I_2	I_3	I_4
I_0 中断处理程序					
I_1 中断处理程序					
I_2 中断处理程序					
I_3 中断处理程序					
I_4 中断处理程序					

15. 一个 8 级中断系统中,硬件响应中断从高到低的优先顺序是 1、2、3、4、5、6、7、8,设置中断屏蔽寄存器后,中断处理的优先顺序变为 1、5、8、3、2、4、6、7。

　　(1) 应如何设置中断屏蔽码?

　　(2) 如果 CPU 在执行一个应用程序时有 5、6、7 级 3 个中断请求同时到达,中断请求 8 在 6 没处理完之前到达,在处理 8 时中断请求 2 又到达 CPU,试画出 CPU 响应这些中断的顺序示意图。

参 考 文 献

[1] 谷赫,邹凤华,李念峰.计算机组成原理[M].北京:清华大学出版社,2013.

[2] 唐朔飞.计算机组成原理[M].3版.北京:高等教育出版社,2020.

[3] 白中英,戴志涛.计算机组成原理[M].6版.北京:科学出版社,2021.

[4] 蒋本珊.计算机组成原理[M].4版.北京:清华大学出版社,2019.

[5] 艾伦·克莱门茨(Alan Clements).计算机组成原理[M].北京:机械工业出版社,2017.

图 书 资 源 支 持

感谢您一直以来对清华版图书的支持和爱护。为了配合本书的使用，本书提供配套的资源，有需求的读者请扫描下方的"书圈"微信公众号二维码，在图书专区下载，也可以拨打电话或发送电子邮件咨询。

如果您在使用本书的过程中遇到了什么问题，或者有相关图书出版计划，也请您发邮件告诉我们，以便我们更好地为您服务。

我们的联系方式：

清华大学出版社计算机与信息分社网站：https://www.shuimushuhui.com/

地　　址：北京市海淀区双清路学研大厦 A 座 714

邮　　编：100084

电　　话：010-83470236　　010-83470237

客服邮箱：2301891038@qq.com

QQ：2301891038（请写明您的单位和姓名）

资源下载：关注公众号"书圈"下载配套资源。

资源下载、样书申请

书 圈

图书案例

清华计算机学堂

观看课程直播